图书在版编目（CIP）数据
旅游度假区规划设计．自然篇 / 杨安主编．
上海：同济大学出版社，2015.12
（理想空间；69）
ISBN 978-7-5608-6090-9
Ⅰ．①理... Ⅱ．①杨… Ⅲ．①城市空间－丛刊②旅游度假村－建筑设计 Ⅳ．① TU984.11-55 ② TU247.9
中国版本图书馆 CIP 数据核字（2015）第 278422 号

理想空间
2015-12(69)

主办单位　上海同济城市规划设计研究院
承办单位　上海怡立建筑设计事务所
地　　址　上海市杨浦区中山北二路 1111 号同济规划大厦 1107 室
邮　　编　200092
征订电话　021-65988891
传　　真　021-65988891-8015
邮　　箱　idealspace2008@163.com
售 书 QQ　575093669
淘 宝 网　http://shop35410173.taobao.com/
网站地址　http://idspace.com.cn
广告代理　上海旁其文化传播有限公司

出版发行　同济大学出版社
策划制作　《理想空间》编辑部
印　　刷　上海锦佳印刷有限公司
开　　本　635mm x 1000mm　1/8
印　　张　16
字　　数　320 000
印　　数　1-10 000
版　　次　2015 年 12 月第 1 版　2015 年 12 月第 1 次印刷
书　　号　ISBN 978-7-5608-6090-9
定　　价　55.00 元

理想空间 68 辑更正信息
120 页《基于空间错视觉感知的隧道安全引导设计——以日本京都稻荷山隧道内壁涂饰设计为例》作者山田幸一郎英文名改为 Koichiro Yamada

编者按

美国的未来学家甘赫曼将人类社会发展第四次浪潮预言为“休闲时代”，生产力高度发达后，人们的生活水平极大提高，既有经济能力、又有闲暇时间，对度假休闲旅游的需求越来越旺。

根据国际旅游市场的发展规律，当人均 GDP 达到 3 000 美元后，度假游兴旺。从现实情况来看，我国已跨入“休闲时代”的门槛，休闲时代的来临，为我国休闲度假产业提供了极大的发展动力。

1992 年，12 个国家旅游度假区的设立标志着我国旅游度假区的建设正式起步。截止至 2010 年，全国各级旅游度假区的总数已达 158 个。最近几年，全国各地的新建旅游度假区更是如雨后春笋般涌现出来。

随着旅游度假区数量的增加，度假区类型也趋于多样化，除较为传统的温泉度假旅游区、山地度假旅游区、滨海度假旅游区外，更是出现了以乡村度假旅游、医疗养生旅游、体育健身旅游为主题特色的旅游度假区。

2013 年，国家相关部门陆续颁布《旅游法》、《国民旅游休闲纲要》等重要法律和文件，标志着国家正式把旅游业作为战略性支柱产业加以培育。发展休闲度假产品也将成为旅游产业转型升级、提升整体发展质量的关键环节，旅游度假区在休闲度假产品的开发建设中将起到龙头和导向作用。因此，加快旅游度假区地建设发展具有重要的战略意义。

旅游度假区一般都拥有较大的占地面积和较高的投资规模，投资风险也较高。因此，在建设发展之前进行高水平的整体规划和设计是十分有必要的。本辑理想空间以“旅游度假区规划设计自然篇”为主题，集中介绍国内外近期完成的二十余处旅游度假区规划设计精品项目，希望能为广大旅游度假区的管理者、设计者和开发者抛砖引玉。

上期封面：

CONTENTS 目录

人物访谈

专题案例

滨河（湖）旅游度假区

滨海旅游度假区

冰雪、温泉旅游度假区

森林（山地）旅游度假区

其他主题度假区

Interviews

Subject Case

Riverfront Resort

Coastal Resort

Spa Resort

Forest Mountain Resort

Othe Theme Resort

人物访谈
Interviews

新常态、新型城镇化背景下的乡村旅游规划
——朱胜萱访谈

Under the Background of the New Normal, New Urbanization of the Rural Tourism Planning
—Zhu Shengxuan Interviews

杨 安
Yang An

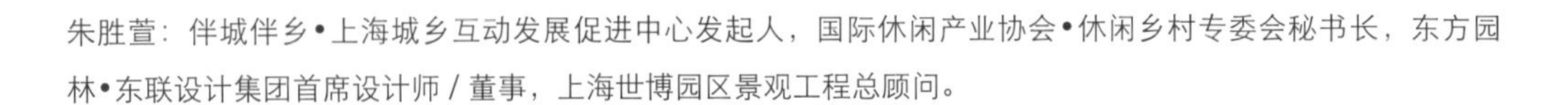

朱胜萱：伴城伴乡•上海城乡互动发展促进中心发起人，国际休闲产业协会•休闲乡村专委会秘书长，东方园林•东联设计集团首席设计师／董事，上海世博园区景观工程总顾问。

伴随日益渐长的个人影响力，朱胜萱先生肩负起更多的社会责任。在活跃于国际休闲产业的同时，也作为上海伴城伴乡城乡互动促进发展中心发起人，致力于城乡关系研究。在都市农业主义方面，用极具创新的理念指导提出V-life理论和商业模式，创造以“天空菜园”为品牌的都市农业休闲新方式。在乡镇开发模式方面，朱胜萱先生更亲自推动以“清境休闲”为品牌的一系列城乡统筹计划，从改变乡村生产方法、生活品质、生意模式出发，构筑顺应当代农业发展趋势的乡村生态圈，在“莫干山计划”中打造了中国首个乡村文创园庾村1932并同期发展以“清境•原舍”为品牌的民宿文化。于此同时，其提出的新田园主义理念造就了国内首个田园综合体“田园东方”、南京首个城乡双行线“桦墅双行”及苏州昆山“新乡村、新锦溪”。朱胜萱先生搭建起多元乡建平台模式，集结了知名设计大师、高校机构、公益社团及农业组织等各方力量进行积极研究和实践，共同推进生态文明，搭建城乡联动桥梁。

记者（以下简称“记”）：朱老师，您好！2010年上海世博会后，您将更多的注意力转向乡村旅游与都市农业实践。首先，请您就东方园林集团在该领域的成绩做一下点评。

朱胜萱（以下简称“朱”）：首先，这与个人和团队的诉求有关。在城市化的过程中，无论建筑师还是规划师没有起到太大的作用，只是用了快速的方式做刷城的工作，把城市很多的东西给抹杀掉。我觉得这个行业或者这批人应该对社会有一定的正能量，体现设计的社会价值。在城镇化或新型城镇化的背景下是否能够通过设计师的创造力整合出一些新的产品，既符合国家的主流推动又创造一些可以对社会有积极意义的东西。这就是我们团队决定做这件事情的主要原因。其次，东方园林作为一个上市公司，它在转型的过程中会在不同的领域做尝试。近几年，涉足多个行业，从婚礼、苗木到我们现在做的田园综合体，以及即将建成的精品度假区。原本我们关注更多的是市政工程领域的城市环境建设，现在慢慢转向偏旅游度假这个板块。最主要的原因是业务线的拉长。比如东方园林的苗圃，如果简单理解为一个生产工具，它仅仅是一个简单、标准化的生产过程。但是，如果在精细化过程中它可以承担一部分作用的话，就对偏郊区的经济、环境产生带动作用。比如，把苗圃生产跟旅游观光结合起来。所以，我觉得东方园林在这个转型过程中所做的贡献就是尝试。东方园林作为一个设计施工一体化的工程公司在转型的过程中并没有特别多的优势，我们所要做的就是改变现有的这些模式，去创造新的模式。所以今天我们能够看到莫干山清境•原舍、田园东方及即将建成的南京桦墅双行等项目。

记：在新型城镇化背景下，请您结合自身丰富的实践经验谈一谈城乡统筹互动中，乡村旅游度假承担的角色和体现的价值？

朱：城市化进程带来的矛盾正成为城乡空间规划发展的首要问题。城市发展中存在资源相对短缺、城市道路拥堵、生态环境破坏等问题，而乡村发展则遇到了如资源利用率低、农村用地空置、经济发展滞后、乡村特色文化消失等阻碍。城市过于快速地向乡村扩张，并不断向乡村索取资源。这一矛盾亟需新型的发展模式来解决。在这个过程中，乡村旅游度假作为一个桥梁，构建城乡交融的社会生产和社会活动。

记：请您点评一下，新常态背景下，相比传统旅游度假区的发展，乡村旅游度假区（产品）发展的优劣势。

朱：乡村旅游的优势、劣势同时卡在一个点上。无论城市化或者大景区，它唯一的毛病就是对个性的抹杀。乡村旅游度假区比起传统的旅游度假区，最大的优势就是它的多元化。从市级到县级再到村级，每一个项目的条件是完全不一样的。与优势相对应的就是它的多元化在开发和建造的过程中

1-2.莫干山原舍

是不可复制的。作为设计师只有对当地的资源特别了解，用非常巧妙的方法去创造它，然后才能把原有的资源留下，以及去面对旅游和休闲带来的各种各样的需求。

记：乡村野奢度假产品受到追捧，并出现类似产品的投资热潮，请您就乡村野奢度假产品发展中的问题和趋势做一下点评。

朱：野墅类度假产品从短期的商业利益和特色旅游产品打造上是成功的，但其对生态环境的人工干预破坏以及对土地财政的绑架造成其不可持续性。其次，这类产品通过土地的占有进行资本的运作，在新型城镇化或乡村的促进和发展方面并未起到良好的作用。莫干山清境•原舍采用土地租赁的方式，它是一个产业的二次转型。荒废的小学、拆村并镇留下的村公社等闲置资产并没有被商业占有，而是通过设计师将当地的风土人情和城里的资源融合将它变成有价值的旅游产品，让城里人获得乡村的体验。二十年后将回归村集体所有。并且，在这个过程中帮助当地建立农村合作社、开展乡村微创业。通过电商和品牌包装开发乡村物质和非物质文化资源。在庾村我们植入文化集市的概念，通过对当地资源的挖掘、不同业态产品的植入和主题活动的策划来恢复乡村活力，解决乡村问题。相比较裸心谷，只是一个孤立的旅游产品，很难和当地产生互动。

记：传统的乡村自然及历史人文环境受到冲击，大量劳动力流失和空心村出现，日趋严重的乡村地区老龄化及乡村社会空间的破碎化，这些都对乡村地区的长期稳定发展形成严峻挑战，那么如何让游客在乡村旅游中获得真实、完整的乡村体验?

朱：这是最重要的一个问题，也是人的问题。很多的项目中决策者和设计师都在试图创造一种新的生活方式在里面，但是很难。乡村体验不仅仅是空间的体验，最重要的是如何把人和生活导入乡村，这种人和生活需要是真实的。乡村旅游度假区不是一个封闭独立、纯粹的观光，它需要有原汁原味的乡村人的生活。

当前，以资本运作为背景的乡村旅游开发很难意识到这个问题的重要性，由于开发商的急功近利，注重物质空间的建设却忽略乡土人文的建设。很少有人把人的生活和需求真实地考虑进来。在具体的项目中没有人去研究乡村中人的行为和生活方式。在这个过程中我们通过经验的积累会花大量的时间和精力来做这方面的事情。比如我们和中国乡建院合作的村民工作团队来制定村民公约，然后引导农民怎样审美。首先选出一部分农户做房屋置换，然后对这些置换空间通过设计将旅游景点融入其中，并不是把所有的村民排除在外。

记：农民作为乡村旅游开发中的利益主体之一，应该如何提高本地农民参与开发的积极性并协调他们与企业、政府的关系?

朱：在协调三者之间关系之前首先要清楚三者的诉求是什么。当然，每一个项目遇到的问题都不一样。以目前我们正在进行的南京桦墅项目为例，我们作为企业，利益最大化是最大的诉求。对于村民，除了提高收入和就业机会外，如何做到和企业利益捆绑?对于政府，除了社会效应的诉求外，如何将政府的投入也获得收益?因此，如何把村民的利益、政府的利益和开发商的利益完美地做一个盘算，这个构架需要去设计。其实这是一个大的市场，但很少有人去研究。为解决这个问题，我们现在叫“三线导入”，第一个线是非政府组织（NGO）和社会企业，二者承担了非常多社会问题的解决，在中国才刚刚开始。第二个线是资金和资本的导入，因为一个地方如果没有商业运作，纯粹靠NGO和社会企业是解决不了问题的。第三个线就是政府平台和政府资源的调动和介入。只有这三条线并入才能解决这些问题，因为各方利益诉求是不一样的。首先，资本不会优先考虑老百姓的问题，它以追求利益为目的，在不违反法律和触碰道德底线的前提下我们是没有理由指责的。但是要

3.清境农园
4.清境原舍
5.无锡阳山餐厅
6.无锡阳山香草园
7.无锡阳山拾房书院
8-11.庾村1932文创园水景照片

解决社会问题的过程中不单是需要政府，还需要有社会企业和NGO这样的企业和组织去监督、管理、呼吁和推动政府。所以我觉得只有这三条线同时介入才能保证三者利益的公平性。很多项目我们其实只有一条线，要么资本做，要么政府做，顶多政府跟资本合作，很少有社会企业跟资本或政府结合在一起。社会企业一直被孤立在外。但我现在身份双重的，第一我有自己的NGO社会企业。第二我也有我自己的东方园林东联设计集团。这两个平台我同时和政府合作，就是三线并入。因为有NGO你就关注的点不一样了，你要关注妇女的就业问题，孩子的教育问题，老人、留守儿童生活的问题等，你能量多大，你就关注多大。

记：目前，国内较好的乡村旅游度假产品主要集中在东部发达省份，全国差异性较大，请您能否就中西部地区发展类似产业给出您的建议和展望。

朱：乡村休闲度假长三角爆发，但现在我觉得已经全国热，所有人对这种东西的热爱是一样的，它不分区域。但对于产品而言长三角还是走在了前面，运营模式的思考、资源的整合还是比其他地区要发达。主要是经济基础的支撑，其次是消费方式和习惯的引导。只要引导是完全可能的，所以我想2015—2016年我会选择做不同的区域城市。

记：互联网经济时代，您认为互联网+、大数据对未来乡村旅游规划、服务及管理会产生怎样的影响?

朱：大家现在都在谈这些事情，我也认为这是未来最大的机会。移动互联网和信息化的高速发展给乡村打开一个新的窗口，对乡村的服务和管理也会产生巨大的影响。已经完全改变了我们现在在乡村里面所有的可能性。以前我们没有钱去做推广和营销，现在移动互联网给了一个平台，而这个新的平台未必你有钱能做得好。清境•原舍这个项目没有做过任何一个花钱的推广，当部分人群对它认可后会自发地去帮你做营销。这种传播方式的改变，我认为已经给乡村旅游和这种项目产品完全不一样的起点。这就证明，我们现在很多规划也好，服务也好，管理也好，它在效应上不像以前只有一个单一的出口，现在它有各种各样的出口。

记：乡村旅游的可持续发展有赖于科学规划、完善产业链及创新旅游产品等方面，您在这些方面有什么具体的经验与专业从业人员分享?

朱：所谓的旅游或者休闲改变不了乡村，只有产业，才能带来新的复苏。我一直说旅游或乡村观光起不到我们现在所谓的经济助推。所以我们才能够看到新型城镇化如火如荼的开始，因为它是大产业。国家发展需要GDP，它不是靠你这样的非常小众的旅游和休闲能够拉动起来的。因此，我认为改变乡村靠旅游是一个较错误的说法。但是，如果借助乡村把城里面的资源和人带过去，就会有很多新型的产业在当地崛起。把产业植入现在的休闲和旅游构成当中，并且通过产业链的延长，构建完善的产业链。因此，如果没有产业的思维方式去做，是做不起来的，它只能完成短时间的一个利益，这个利益取得，要么就是传统景区的门票收入，要么像新型的旅游度假村、精品旅游度假村。所以更多的是要去补充产业链的东西。其次，多团队、多专业的合作更为重要。因为在一个项目的架构中需要设计、策划、运营管理及项目的投资等多个环节环环相扣。我们现在把工作组分得很细，仅仅设计这个阶段就分为建筑、景观，旅游规划、城市规划专业，在继续细分为建筑修复、文化挖掘等各种各样的团队。我们自己把产业链延伸到下游去了，很多东西我们自己设计、施工、品牌推广、文化创意、运营管理。其中品牌中心甚至包括政府微信、微博的公众账号的运营。当然想建立这样完善的团队是很难的，因为这里需要各个方面的人才。因此，我们就尝试和不同团队、单位合作，每一个板块都有合作的团队，这些团队中包括文人、艺术家等。在这个过程中我们只是起到一个牵头的作用，准确说是搭建了一个专业综合的平台，和参与者一起分享这个过程和利益。

记：相比传统旅游度假产品设计，乡村旅游度假产品的设计从专业背景、工作模式等方面应该都有很大的不同，请您给设计从业人士提供一些职业发展上的建议。

朱：我们这些“专业人员”，如果是做跟传统旅游产品不一样的东西，它是完全没有可照抄性的，因为每个资源都非常多元化的，而解决多元化的东西一定不能用传统的思维方式去看待它。其实我们习惯了被模式化了，我们建筑学和规划毕业的人员拿到一个标准的东西习惯性地去套用，但是，在面对我们现在多元化产品的时候，一定是创新型的东西，而这个创新就是要求我们不能走老路，对于设计师，从一开始的入手点就不应该去走老路。就是创新，你必须不停地创新，每个点你都要有创新。第二个呢，我认为，大家在创新的过程当中，应该要比较谨慎。我一直说城市已经沦陷了，其实我们就剩下点乡村了，并且中国大量的文化和根基都在乡村。因此，无论自然系统和文化系统我们都必须慎重对待。第三就是对场地的尊重和了解，对于其潜在的文化价值设计师一定走进去才可能感受到，包括风土人情、老百姓的生活方式与习惯等。

记：最后，请您就东方园林接下来在乡村度假旅游方面的战略发展安排做一下简要的介绍。

朱：在接下来的时间里我们会比较坚定地走文化旅游这条线。我们希望能够通过文化和旅游将农业和观光植入进来。即使做房地产也一定是和田园生活息息相关的。我们会把田园东方的这个模式做升级和异化，沿着田园东方的这个路子走下去。因为它是人们对乡村生活向往的一种表达。通过现代城市生活的植入带动新型城镇化的发展。随着项目的更新和升级它的组成方式会改变，但是核心还是田园。因此，文化旅游和农业将是我们未来战略的重点。在这个过程中我们会更多地建设团队，通过设计师去主导整个项目的过程，包括设计、施工、运营等。我们通过设计师的创造力和想象力构建不同的产品，三到五年的尝试后做产品的复制和扩张。但是这个复制和扩张的过程一定会谨慎对待。通过我们自己的努力推进，我们相信在更多人风起云涌地涌向农业这片红海的时候我们已经学会了游泳，那时我们的团队主要不是为了资本和钱去做这个事情，而是希望能够把现在所学的经验和大家分享，通过不同的案例和示范告诉大家如何去做，避免快速城镇化过程中对乡村这片净土的伤害。

采访整理

杨　安，国家注册规划师，同济大学城市规划硕士。

8

9

10

11

让健康与亲情回归自然
——长兴图影旅游度假区规划

Let the Health and Family back to Nature
—Tourist Resort Planning of Tuying, Changxing

陈国生
Chen Guosheng

[摘　要]　规划全面分析区域经济背景、发挥基地资源优势、整合国际度假新理念，以“健康与亲情回归自然”为主题目标，打造长三角两小时交通圈内的首选大型度假胜地——晴空世界、山水小镇，在原生态而充满健康魅力的自然山水环境中，让健康与亲情回归自然。

[关键词]　健康与亲情；回归自然；图影；旅游度假区

[Abstract]　The planning scheme analyses economic background of the region, makes full use of the resource advantages and integrates the new concept of international resorts. It targets to release the health and family back to the nature. We are designing a large-scale preferred resort within 2-hour commuter zone in the Yangtze River Delta. It is a place in the mountains and waters, and in the sunshine. It is the ultimate destination where can let the health and family back to nature.

[Keywords]　Health and Family; Back to Nature; Tuying; Tourist Resort District

[文章编号]　2015-69-P-008

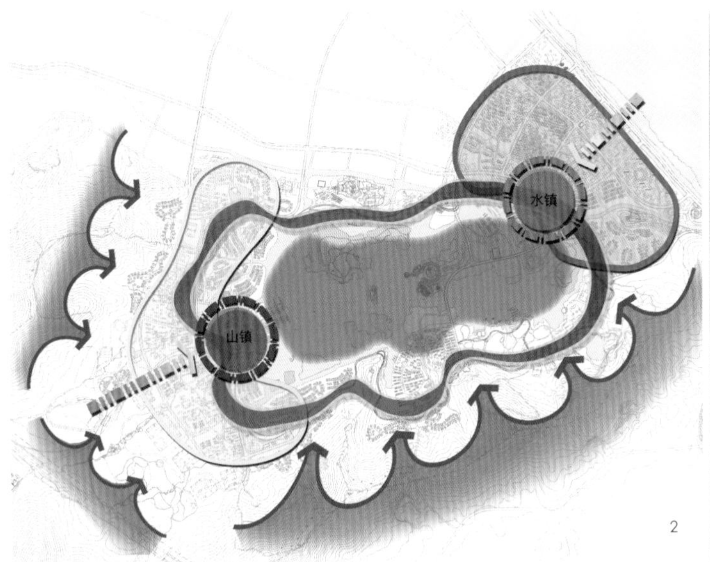

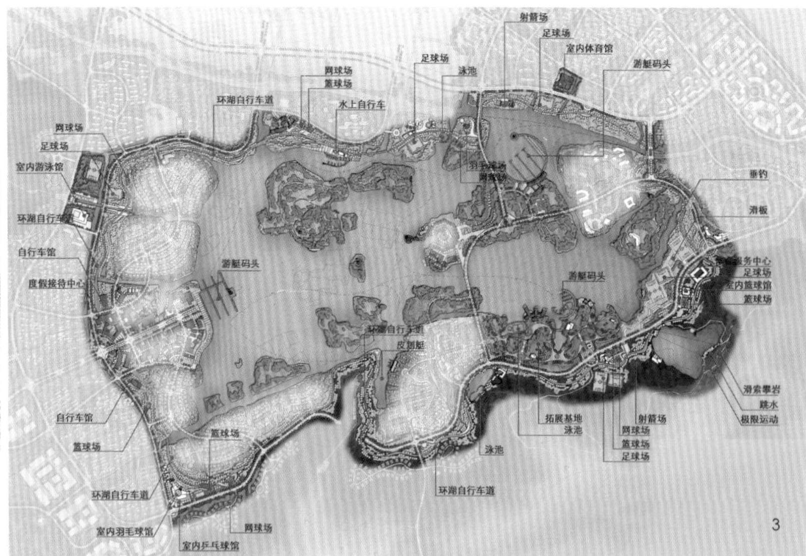

1.太湖方向鸟瞰图
2.规划空间结构图
3.十公里长的开放式环状体育公园

一、项目背景

“智者乐水，仁者乐山”，在大城市高密度、快节奏、亚健康等生活环境的压迫下，都市人渴望亲近自然山水，尽情地有氧呼吸、释放心情、体验文化，享受健康乐活的生活方式。伴随经济增长与休闲度假时代的到来，“5+2”生活模式被越来越多的家庭所接受，回归健康与亲情的休闲度假生活不再是梦想，更成为时代发展的主旋律。

度假，是生活的一部分，经济发达的长三角，已率先迈入休闲度假时代。在以“体验经济”“文化产业”“健康养生”“亲情教育”等主题引领的新时代，太湖东岸的苏锡常掀起主题乐园模式的开发浪潮。长兴，正阔步迈进新的“太湖时代”。全长21.5km的滨湖景观大道全面实施，如一道彩虹、一道靓丽的风景线，画出160km^{2}的滨湖发展区。长兴图影旅游度假区作为南部起点的先导项目，是环太湖开发最后的原生态处女地。

二、资源条件

长兴，地处申苏浙皖高速公路与杭宁高速公路的交汇处，距离长三角三大核心城市上海、杭州、南京均为180km，形成便捷的两小时自驾生活圈。正在计划兴建的长三角城际铁路，将进一步缩短长兴到达三大都市的交通时间。

图影，位于长三角生态核心太湖的西南岸，毗邻湖州太湖度假区。东临浩瀚的太湖，西、南、北环绕有秀丽的弁山，内含神秘、广阔的湿地，拥有“三面环山、面朝太湖、腹拥湿地”的独特旅游景观资源优势。

基地内荡漾湿地遍布，河港交叉纵横，生态环境良好，内部有大荡漾、周渡漾、陈湾漾、鸭兰漾四个大面积水域，以及数量众多的大小河道穿梭于湿地、岛屿之间，形成自然湿地、林地及荒草地镶嵌的原生态景观基质。现有图影村、碧岩寺、陈湾村、大荡漾村等五个行政村，包含陈和斗、大公斗、小桥头漾等约29个自然村，现有居民约6 500人。现状建筑大部分为典型的当代浙江村民住宅，独立占地，多为3至4层。

图影名字源于基地东南的独姥山下的图影桥。每年清明，村民会通过观测图影桥下的石头水位淹没线来判断来年的水位；基地西南的弁山上壁岩寺的巨石上刻着“清空世界”四个大字，传说为苏东坡所写，为基地增添了浓郁的文化内涵与神秘色彩。

三、设计构想

如何发挥基地的自然山水、乡土文化、区位交通等资源优势，脱离环太湖旅游产品的竞争红海，打造主题鲜明、健康自然、可持续发展的旅游度假区，是规划面临的挑战。

1. 扣准发展目标定位

在长三角区域中，太湖具有生态休闲中心的地位，规划全面分析区域经济背景，发挥基地资源优势，整合国际度假新理念，立足长三角，面向全国乃至世界打造高端特色休闲度假区，倡导健康与亲情的度假新理念。通过突出特色度假产品、发掘文化内涵、融入产业服务三大目标，打造长三角地区重要的现代休闲度假服务产业基地。

2. 健康与亲情的主题

把握体验经济、文化产业、健康养生、亲子教育、有氧运动等时代脉搏，规划提出“让健康与亲情回归自然”的发展主题，为长三角的都市亚健康状态群体提供健康休闲的生态化场所环境，使家庭度假的群体在原生态的山水环境中回归亲情与健康养生。

3. 生态保护优先原则

规划保护原生态的河湖荡漾、自然山水、湿地生物，以及有机生长的自然村落，突出生态优先的开发原则，协调山水生态、人文资源保护利用与休闲度假区开发建设的相互关系，使人与自然环境、原住民与游客等和融共生，引领地区的可持续发展。

4. 统筹村镇特色创新

统筹规划范围的村落和原住民，保护有特色的村落与街道肌理空间，延续地方文脉特色，以及乡村的民俗风情、生活气息，创新性地赋予新的功能与特色。以旅游度假促进农林牧渔业等第一产业的发展，提升其经济价值。同时，完善村镇的公共配套和市政基础设施建设，为居民提供就业机会与工作岗位，通过旅游业、文化产业拉动新型城镇化建设。

四、目标定位

总体规划以生态、健康、亲情为主题，目标定位为：长三角两小时交通圈内的首选大型度假胜地——晴空世界，山水小镇。回归健康生活、回归田园牧歌、回归人文情怀、回归体验记忆，在太湖西岸原生态的山水环境中，容纳真正意义的休闲、度假生活，让健康和亲情回归自然。

图影旅游度假区以自然山水、生态湿地为背景，以生态、健康、亲情为主题的休闲度假生活方式为主要吸引点，通过开发生态旅游、健康养生、亲子教育、有氧运动、湿地公园、文化旅游、水上运动、滨湖观光等休闲度假产品，以及商务会议、主题论坛、企业会所、主题酒店、主题地产等功能的培育，将图影打造成为长三角地区重要的现代休闲度假服务产业基地。

根据湖滨型山水休闲度假小镇特征预测，规划区总用地14km^2范围内，人口规模控制为7万人为宜，其中，常驻人口约3万人，日接待游客最大容量4万人。

五、规划策略

1. 产业策略

以旅游度假为引擎，导入现代服务业、文化产业等功能，整合一产、二产、三产互动，完善产业链条，为新型城镇化建设提供产业支撑，产程融合，相互促进。

（1）旅游拉动三产

以旅游度假为引擎，培育酒店、民俗、旅居、餐饮、休闲、体验等职能，发掘旅游度假的商务会议论坛经济潜力，在山镇中心区布置滨水的花园办公——企业会所、会议论坛等功能，水镇太湖西岸布

4.绿地水系规划图
5.蓝线控制图
6.绿线控制图
7.交通系统规划图
8.规划总平面图

置科技园和研发基地等职能。并通过文化植入，培育太湖文化创意产业的繁荣与发展。

（2）培育现代农业

将农业、林业等传统产业与旅游休闲度假产业结合起来，促进产业链的完善及地区传统产业的升级。充分发挥当地农业基础优势，提供社区农业、种植采摘、田园采风、绿色食品等多元生活体验方式与健康的有机食品供应，延展旅游度假经济的产业链条。拉动周边区域的传统农业向现代观光农业、有机农业、食品加工方面转型，走产业化发展之路。

2. 空间策略

规划以基地的内湖湿地公园为生态景观核心，倚仗弁山、面向太湖，形成“山水相拥、一环两镇”的规划格局。

（1）一环——十公里长的环状体育公园

以健康有氧的户外休闲运动为主题，沿内湖湿地公园创新性地构建了一条十公里长的环状体育公园，犹如一条翡翠项链串联起两座美轮美奂的休闲度假小镇。体育公园容纳了环湖自行车道、健身器材、各类球场、主题广场等多种户外有氧体育活动设施，触手可及的休闲设施、有吸引力的项目、开发式的和谐氛围、原生态的自然环境、便利的慢行交通体系，让度假者自然而然地融入其中、乐在其中。

（2）东临太湖的“水镇”

利用鲜花种植基地，形成一条连接太湖和内湖的景观轴线，将太湖自然风光渗透进入水镇，使公共空间融入到自然山水中。布置有商业服务、文化娱乐、健身休闲、度假酒店、旅居地产、商务花园等功能与设施，成为“水镇”的公共服务中心。花园式的软件产业园区、令人向往的滨水度假酒店、配套服务设施完善的高级度假社区、游艇到达每户庭院的超级别墅、滨水风情的餐饮商业街、大规模的开放式鲜花基地、游艇码头俱乐部、焕然一新的农家乐新村，仿佛从大地上生长出来一般，有机地融入太湖的怀抱。

（3）青山环抱的“山镇”

从申苏浙皖高速公路进入“山镇”中心，一条景观大道及其两侧的林带花丛形成“山镇”的景观轴线。占地面积约4km^2，布置有游客接待中心、商务会议酒店、企业会所和商业中心、健康养生中心、亲子乐园等功能设施，构成“山镇”的综合服务中心。

9

10

森林竹海中的组团式服务外包产业基地、城堡式的私人养马庄园、企业会所式的超级酒店、天堂般的高端居住岛屿、配套完善的休闲度假居住区、提供贴心服务的原住民社区、山麓的个性化住宅，被清澈的山泉编织在一起，被十公里长的环状体育公园串联起来，焕发出无限的生机。

3. 生态策略

（1）保护与开发并重

保护生态，倡导健康，促进生境多样性。保护图影度假区以内湖湿地为生态核心内的山体、湿地、河道、驳岸等自然生态环境，以及现存的人文景观资源。依据确定的功能与规模定位，并根据度假区开发建设的实际，延续和完善度假区整体空间形态，合理进行用地功能布局，配置相应的休闲度假设施，深化道路交通联系及景观风貌建设等方面，在开发建设的同时切实保护好生态环境资源，划定蓝线与绿线的控制范围。

（2）特色与创新兼顾

显山露水，资源联动，发挥地方的自然山水和人文景观资源特色，实现湿地科普观赏、水上景观活动价值。在规划设计中发掘和强化休闲度假区山水特色，充分挖掘和利用特色文化资源，并力争在原有地方特色的基础上进行创新，导入生态体验、文化创意等功能。延续度假区整体的山水空间形态，创造太湖南岸独一无二的生态山水休闲度假区特色。

4. 交通策略

（1）高速公路点对点衔接

规划在申苏浙皖高速公路图影度假区段，开辟互通式立交出入口，形成度假区与上海、杭州、南京三大都市高速公路点对点的交通连接；利用湖滨景观大道、长洪公路加强与长兴县城、湖州度假区及其他景点联系。

（2）构建丰富的慢行体系

度假区内构建道路等级分工明确的循环系统，在东西两个主要出入口设置社会停车场进行交通截流，内部建立水陆联运的多样性公共交通系统，以及连续的环湖自行车道、登山步道与步行系统，形成人性化的慢行交通环境，匹配慢生活的度假主题，便捷地接触自然山水环境。环内湖湿地公园的10km长的自行车道，串联体育公园的各个节点及各项公共设施。

5. 村镇策略

（1）保护与保留特色区域

保留现有的具有地方特色的村庄，尤其是具有

9.水镇夜景俯瞰图
10.山镇日景俯瞰图
11.山镇滨水透视图

典型的太湖西岸民居特色，有助于保持大都市人群所向往的“田园风光”。在规划保留村落内，完善生活配套公共服务设施与市政基础设施，满足村民生活需求，并可兼顾服务于度假区。有机梳理现状村庄道路，满足交通条件与消防等市政及综合防灾要求；改善村民现状居住环境，丰富水系与绿化系统。

（2）集中安置与完善配套

规划保留和新建村落共形成5个新农村社区。按照中心村标准配置农村社区公共服务设施，包括幼儿园、小学、中学、青少年活动室、老年活动室、卫生服务中心等。整体基础设施布局实现道路分级、雨污水分流、垃圾分类处理等。

（3）提供就业机会与岗位

居住在村庄的居民既可在度假区内从事与旅游度假产业相关的第一产业的生产，如鲜花种植、生态观光果林业、娱乐性水产养殖等；又可在度假区内从事与旅游度假产业配套服务的物业管理、日常维护；还可将整治后的民居室内加以装饰改造成为度假型的旅馆或是农家乐进行经营。

六、创新与特色

（1）本规划在协调“山水生态、人文资源保护利用与休闲度假区开发建设”的相互关系方面进行了成功的探索和尝试。

规划基地内同时具备山地、湖泊、湿地、岛屿等多种自然生态资源，本规划首先在确保山水生态系统完整与改善的基础上，利用大规模的弁山山体绿地、生态湿地、河道水系等生态资源，形成以自然生态为基础的休闲度假区生态格局。规划还发掘和利用基地内独姥山、碧岩寺、图影桥、“清空世界”巨石等丰富的人文景观资源，增添了度假区人文内涵和吸引力，从而实现了自然、人文资源的保护利用与休闲度假区开发建设相互协调，有机统一。

（2）本规划通过分析研究国内外休闲度假新趋势，提出了以生态、健康、亲情为主题的总体定位，并在方案中创新性地构建了一条十公里长的体育公园。

规划全面分析研究了图影度假区在长三角区域休闲度假市场面临的发展机遇，并融合了国际休闲度假的新理念，通过营造一条十公里长的环状开放式体育公园——“体育环”，将度假区中各类体育运动设施有机地串联，并展示“山镇、水镇”这两个不同特色的度假小镇面貌和景观特色，“体育环”也代表了“生态”“健康”“有氧”的休闲度假新生活轨迹。

（3）本规划紧扣休闲度假区的特点，突出强调控制性详细规划与城市设计密切结合，并通过专题研究提高了规划的可操作性。

通过总体规划与城市设计的视角对度假区的定位规模、功能布局、景观视廊、岸线利用、节点控制等方面进行系统、全面地分析研究，为度假区控制性详细规划的指标确定提供了充分的依据。针对规划基地内存在的村民安置、防洪水利等现实问题，在充分调查研究的基础上，规划进行了专题研究，为规划的实施提供了科学的依据，也使得本规划具有很强的可操作性。

作者简介

陈国生，悉地国际设计顾问（深圳）有限公司上海分公司，设计总监，高级规划师，国家注册城市规划师。

水上运动旅游度假区规划
——以彭水水上运动旅游区为例

Aquatics Feature Tourist Resort Planning
—Pengshui Aquatics Tourist Area Case Study

1.城区水上比赛区鸟瞰图
2.彭水鹿角体育训练区场地布局图
3.彭水城区水上比赛区场地布局图
4.彭水水上运动旅游区总体空间结构图

孙艺松 邓 冰
Sun Yisong Deng Bing

[摘　要]　休闲运动是旅游度假活动中重要组成部分，常见有高尔夫度假、山地度假、温泉疗养度假等。水上休闲运动具有形式新颖、内容丰富、亲水性好、环境品质高等特点，非常适合作为旅游度假核心活动内容，并可以构成一个独特的度假类型。水上运动多在自然环境中开展，具有亲近自然、强身健体、休闲性娱乐性强等特点，非常适合在旅游度假区内开展。虽然我国水上运动起步较晚，但随着人民生活水平的提高，回归大自然已经成为一种时尚的社会观念，而亲水、玩水也正在成为人们追求的生活和娱乐方式。水上运动项目正在成为滨水旅游度假区的重要活动之一。本文以彭水水上运动旅游区为例，将专业的水上运动知识与城乡规划的实践经验相结合，探索以水上运动休闲为主题的旅游度假区的规划方法和理论。

[关键词]　水上运动；旅游度假；赛艇；皮划艇

[Abstract]　Creational sports play significance in tourist resorts, including golf resort, mountain resort and spa health resort, etc. Features of leisure aquatics present novel form, rich content, aquatic adaptation, quality environment etc. Aquatics play in natural environment displaying closeness to nature, body building and high fitness of amusement and entertaining. They work for tourist resort activities. Aquatics in China develop lately. However, with the advance of living standard, a fashion view, living in nature popularizes in social concepts. Water-related events are pursued in living and entertainment. Therefore, aquatics project is increasing importance in Tourist Area.

The case study is about Pengshui Aquatics Tourist Area. Professional knowledge of aquatics and city planning are integrated. Tourist resort planning approaches and theories are proposed for the explosion of leisure water-sports.

[Keywords]　Aquatics; Tourist Resort; Rowing; Canoes

[文章编号]　2015-69-P-014

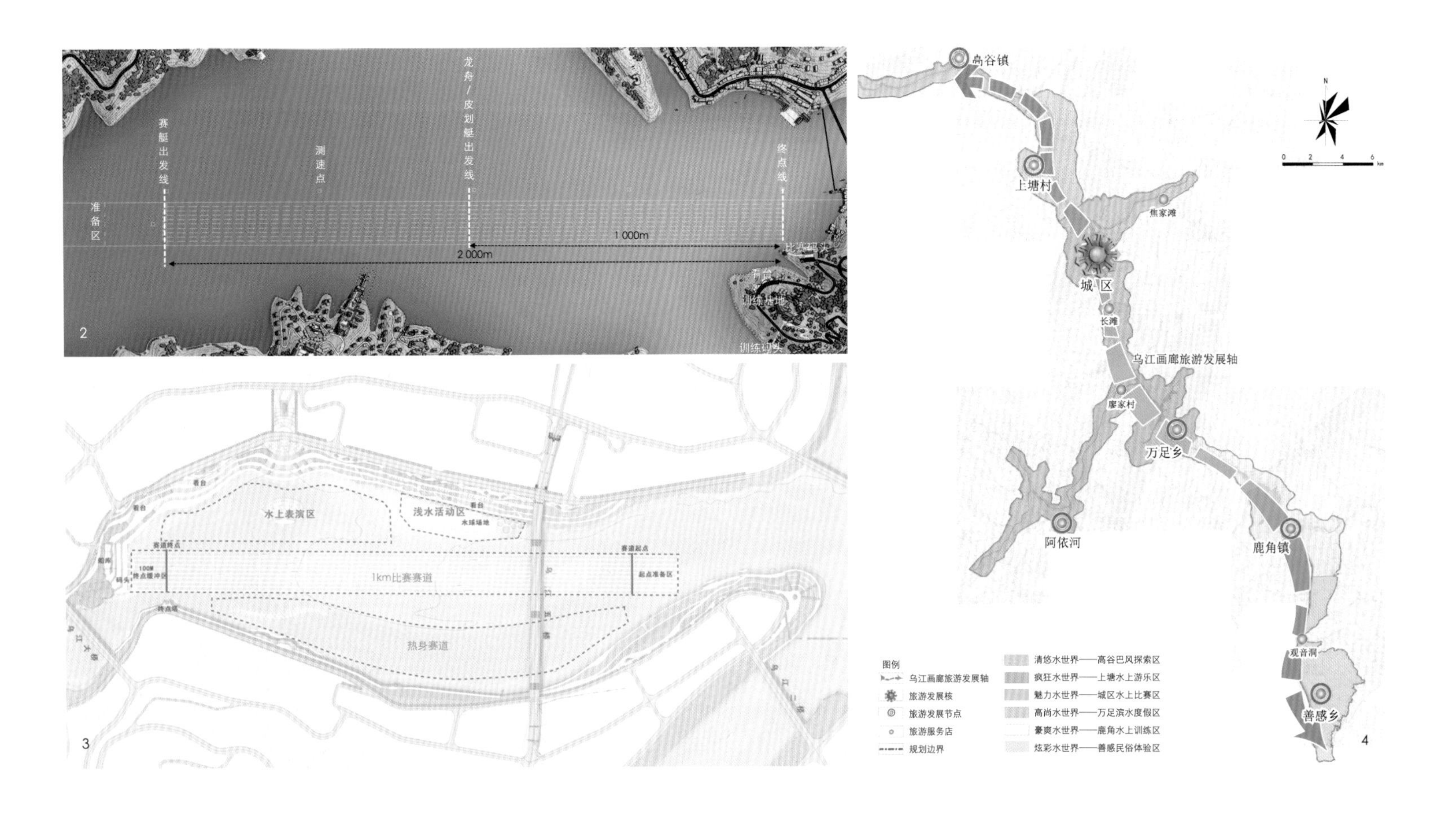

一、引言与综述

水上运动泛指与水有关的运动、休闲、竞技活动。水上运动在我国起步较晚，但近年来随着人民生活水平的提高以及休闲运动需求的增长，水上休闲运动正逐渐被专业爱好者和高端消费群体所青睐，并已经形成专业组织和稳定的客户群体。

休闲运动是旅游度假活动中重要组成部分，并以此形成不同的度假类型，常见有高尔夫度假、山地度假、温泉疗养度假等。水上休闲运动具有形式新颖、内容丰富、亲水性好、环境品质高等特点，非常适合作为旅游度假核心活动内容，并可以构成一个独特的度假类型。

重庆市彭水县地处武陵山区，百里乌江画廊从中穿过。近年来借助漂流、垂钓等特色水上运动，彭水的旅游业发展渐有起色，并已形成相对稳定的市场和客户群体，旅游活县已成为彭水经济发展的重要战略。为抓住这一契机，彭水与国家体育总局水上运动的主管部门合作，利用乌江彭水段优美的自然环境和水域条件，大力发展水上运动，力争打造国家级水上休闲运动旅游度假区，将彭水建设成重庆及大西南地区专业的水上休闲运动旅游度假区。本文以彭水实际项目为案例，结合水上运动和现状场地特点，提出以水上运动为主题的旅游度假区的规划方法，总结水上运动场所设计的经验和技术特点。

二、水上运动

1. 水上运动的含义

水上运动的概念广泛，目前没有公认定义，泛指与水有关的运动、休闲、竞技活动。水上运动项目包括摩托艇、方程式赛艇等有动力项目，以及皮划艇、帆船等无动力项目，同时还涵盖了钓鱼、潜水等非竞技性的娱乐活动。本文所提及的水上运动是指可以在河流、湖泊等内陆水域开展的水上运动和活动。

2. 水上运动的分类

水上运动是奥运会的一个大项，赛艇、皮划艇、帆船帆板三项的金牌数共41枚，约占奥运会金牌总数的13%。除奥运正式比赛项目外，目前国内外比较流行的水上运动还包括F1摩托艇、F4摩托艇、滑水、索道滑水等的非奥运项目。这些项目都具有自己的专业组织和比赛，观赏程度极佳。另外，竞钓、游艇、水上步行球等水上休闲运动项目也渐渐被国民接受，成为时尚休闲活动的代表。

表1　　主要水上运动项目列表

类别	主要项目
奥运项目	赛艇、皮划艇、帆船、游泳、水球、激流回旋
非奥运项目	摩托艇、滑水、龙舟、竞钓、漂流、潜水等

3. 水上运动的场地要求

（1）水域面积和距离

不同的运动项目有不同尺度大小的场地面积。如在赛艇、皮划艇、龙舟等静水水上竞速项目中，赛艇项目的对赛道的长度要求最高，最远距离比赛需要全长2km的赛道，同时两端还需要保留各100m的准备区和缓冲区。龙舟和皮划艇对距离的要求则相对较短。另外同一赛道也可通过变换出发点的位置适应不同的比赛，例如全长1km的赛道可兼具龙舟、皮划艇的比赛，全长2km则可举行以上三项任何一项比赛。每种比赛对赛道宽度的要求也不近相同，这就需要在选址时按照不同的水域面积设计不同的水上运动项目。

（2）水域的水深

水深是水上运动选址和设计的重要条件。如大众化游泳和戏水应选择水深较浅处，水深上限以2.4m为宜，水底坡度平均，不应有暗礁、水草等障

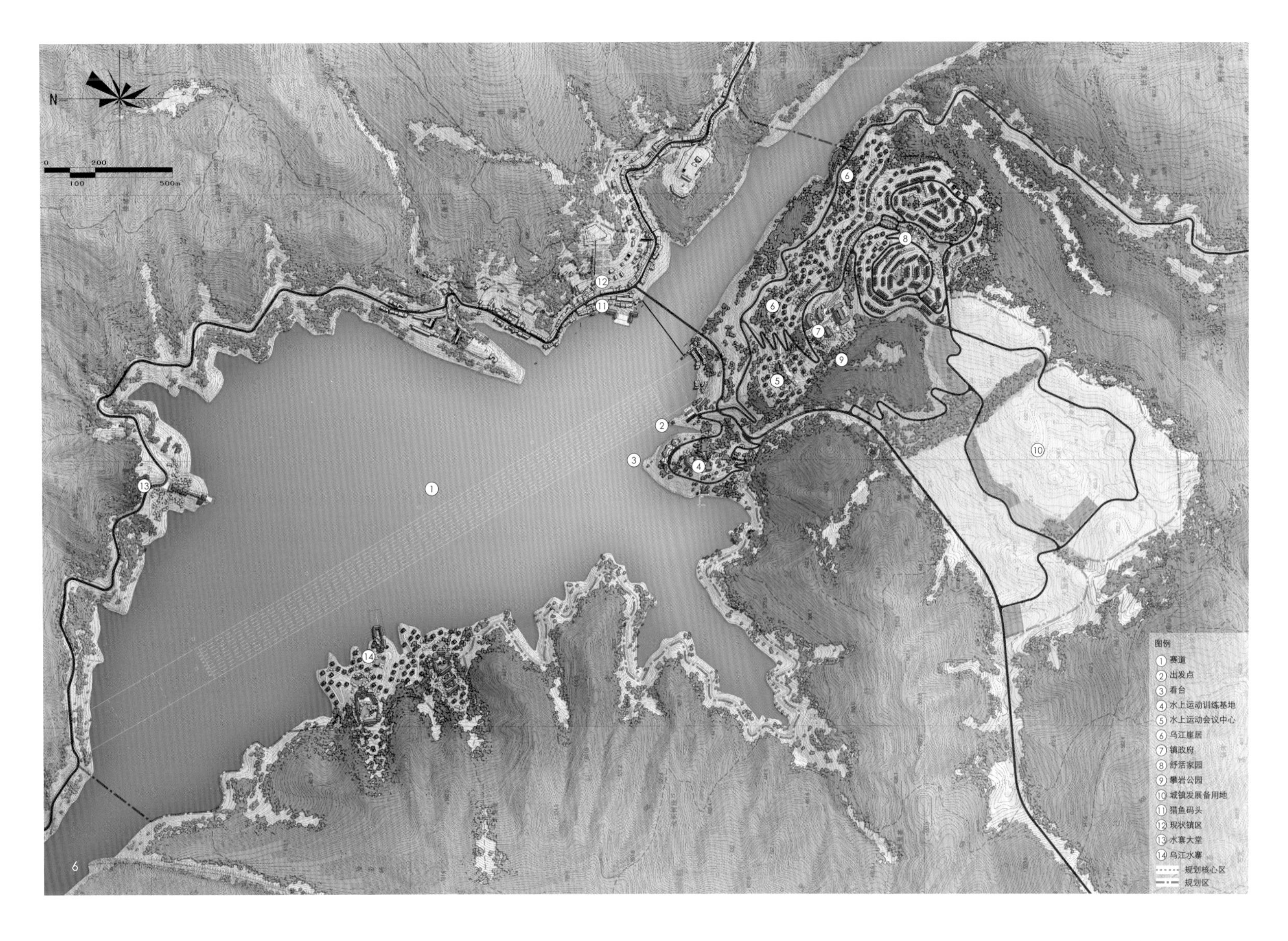

5.万足滨水度假区鸟瞰图

6.鹿角水上训练区总平面图

碍物。赛艇、皮划艇、龙舟等舟船运动项目则对水深的下限有具体要求。如龙舟航道最浅处水深不得少于2.5m，航道内不得有水草、暗礁和木桩，航道外5m内应无障碍物。赛艇的赛道如果水深均匀，则不应少于2m，如不均匀，最浅处不应少于3m。皮划艇则要求赛道水深不低于2m。

表2　主要水上运动项目场地尺度

项目	距离			赛道宽度（m）	赛道数（条）
	准备区（m）	最长项目赛道距离（m）	缓冲区（m）		
赛艇	100	2 000	100	12.5～15	6～8
皮划艇	100	1 000	100	9	9
龙舟	100	1 000	100	9～13.5	2～8

（3）水流与水速

水上运动大体可分为静水和动水两种类型。如赛艇、皮划艇、龙舟为静水水上运动，要求水体流速低、水面平静，而漂流和激流回旋的场地则要求水面有一定的落差和流速。另外，摩托艇、拖拽滑水等有动力的运动项目，其船只的尾波会对静水项目造成干扰，不可同时进行。

（4）陆上配套设施

水上运动的配套设施是比赛场地的重要组成部分。一般包括码头、出发台、测速点、终点塔、看台、船库等设施，这其中出发台和测速点如陆上不具备设置条件也可设置于水面之上。另外还应配备为选手和观众服务的配套设置更衣室、休息室、卫生间等辅助设施，以及赛事期间选手和游客的住宿和餐饮问题，在有条件的情况下配套建设酒店、宾馆等接待设施。对于有专业运动员住训或专业的俱乐部还应考虑设置单独的宿舍和管理培训用房。

（5）外部环境要求

水上运动场地的选址对交通、区位、生态等自然环境等方面都有相对的要求。首先，水上运动场地应布置在交通便利的区域，应临近城镇的主要道路或公路，能够比较便捷地疏散观赛游客，保障运动员或水上运动参与者的顺利到达；另外，舟船类项目须有车行道路直接到达出发码头，以便于比赛设备的运输。其次，水上运动场地的区位应尽量临近城镇商业设施，以便于为水上运动的爱好者、游人或选手提供便捷的食宿、零售等服务，由赛事和休闲运动吸引的人流可促进商业设施的发展。最后，休闲锻炼增强国民体质是开展水上运动的最核心的目的，需要良好的自然生态环境作为保障，运动场地的选址和设计应为参与者提供清新的空气、洁净的水体和优美的环境。

7

8

9

三、水上运动旅游度假区的规划理念

1. 明确水上运动的旅游价值

市场和客源是旅游度假区发展的基础。水上运动旅游这一新的类别更需要从区域旅游市场环境、旅游资源等级等因素来明确旅游区的发展定位。以彭水为例，虽然重庆地区具有庞大的休闲度假市场，但临近地区有武隆“天生三桥”、仙女山、酉阳龚滩古镇等众多的高等级旅游资源，对彭水形成了屏蔽效应；且沿乌江各地区都在打造乌江画廊品牌，乌江本身成为不了垄断性旅游资源。需要寻求错位发展，引入特色项目。彭水近年来多次举办水上运动赛事，已经在区域内形成比较优势，非常适合将水上运动作为旅游发展的核心竞争力。并且可以联动武隆，在渝东南形成观山、玩水的精品旅游廊道。

2. 突出水上运动特色，营造水上休闲娱乐环境

亲水、近水是人的本性，水上运动本身具有体验好、观赏性高、参与性强等特点。水上运动旅游度假区必须发挥好自身特色，为游客提供高品质、专业化水上运动体验，同时融入垂钓、戏水等易于群众参与的休闲娱乐项目。以专业的运动项目形成核心吸引力，以水上休闲娱乐带动旅游发展。

3. 专业比赛引领，带动群众参与

水上运动在我国起步较晚，如皮划艇、赛艇等专业比赛项目的群众基础比较薄弱。水上运动市场需要经历一段时间的培育才能形成固定的消费习惯和客户群体。在培育市场的过程中可以采取举办专业赛事活动的方法，以精彩的水上赛事来普及水上运动，吸引游客的兴趣；同时引入专业的俱乐部、运动队等组织为游客提供教学指导和相应的运动器材。

4. 结合地形、水文，因地制宜的设置水上项目和配套设施

水上运动对场地要求比较特殊，各项运动均对水域的面积、形状、水深、流速及岸上配套设施有不同的要求，需在规划过程中充分研究地形及水域情况，运用GIS等技术手段，统筹布局运动项目和设施。同时需兼顾旅游度假的需求，将水上运动与休闲、观光、娱乐等旅游活动相结合，形成若干功能板块。

5. 融合地域文化，打造自身特色

旅游活动需要具有唯一性和不可复制的资源，唯有挖掘地域独特的文化资源，方能凸显旅游区独一无二的性格特征。具有魅力的地域文化可为水上运动旅游度假区提供良好的主题营造素材，并在项目设置、景观营造、游览组织等方面均应体现，进而形成不可复制的特色环境，加强旅游度假区的可识别性。

四、彭水水上运动旅游度假区规划布局

1. 总体布局

彭水水上运动旅游度假区涵盖了乌江彭水段，流域全长30km，总体规划面积170km^2。总体规划统筹考虑沿线水文、地形、景观、交通及城镇发展水平等诸多条件，结合水上运动的技术要求和旅游度假的发展规律，综合配置各种水上运动场地及休闲度假设施。

规划整体呈现“一轴六区”的空间结构，重点打造上塘镇、彭水城区、万足镇、鹿角镇、善感镇和高谷镇六大精品河段。六大精品河段按照其自身环境特点分别设置水上游乐、竞技比赛、水上表演、不夜乌江、漂流运动、游艇度假、乌江垂钓、训练教学、苗族水寨、风情体验等十大核心项目。形成“六大重点片区引领、十大核心项目支撑”的“六加十”发展格局，打造整个旅游区的核心吸引力，带动体育运动事业和旅游产业发展。

2. 重点片区设计

水上运动旅游度假区是水上休闲运动和旅游度假结合体，需要在六大片区中合理分配运动和度假的职能。其中善感和高谷的功能以民俗体验和观光旅游为主，而水上运动设施则集中布置于上塘水上游乐区、城区水上比赛区、万足滨水休闲区和鹿角水上训练区四个片区。

（1）上塘水上游乐区

上塘片区北邻渝湘高速出口，是客流来往的主要方向，且该片区水深较浅、水流平缓。规划该区以水上休闲游乐为主，吸引大众参与，打造活力的入口形象。规划重点建设索道滑水项目，该项目借助索道的牵引在水面上完成各种滑水动作，具有观赏性好、投资小、场地要求低等特点。结合索道滑水设置综合型水上乐园，在优美的自然山水环境中，为游客打造一处高品质的亲水休闲场所。

（2）城区水上比赛区

该区位于彭水县城的中部，水面开阔，交通便利，配套完善，是整个水上公园内最适合开展大型赛事活动的区域。规划以水上赛事、水上表演作为片区核心项目，通过举办皮划艇、龙舟、F4摩托艇等大型国内、国际赛事和水上文艺表演来向外界展现水上运动的魅力，提升城市形象。

城区水域空间可划分为比赛区、热身区、表演区和浅水活动区。比赛区根据国际标准布置全长1km水上运动赛道，可举办国际级的皮划艇比赛和全国性的龙舟比赛。结合赛道配套设置船库、码头、看台、终点塔等相关辅助设施。此外，在同一水域还可举行F4摩托艇等国际职业比赛。表演区设置水上漂浮舞台，可结合看台进行大型水上文化表演。

（3）万足滨水休闲区

万足片区位于彭水乌江水库流域，水面宽广，景色宜人。规划借助良好的生态环境及开阔的水面条件，开展游艇度假、乌江垂钓、潜水探古等水上运动项目；同时结合水上高尔夫、温泉度假等配套项目，组建水上高端休闲活动集群，形成一处高端休闲运动基地。规划结合地势适宜处建设游艇俱乐部、游艇码头，满足高端休闲运动需求。江面西侧依托原有的钓鱼基地，开辟为一处专业河钓基地。结合滨水酒店设置水中高尔夫练习场，满足高端休闲运动的需求。

（4）鹿角水上训练区

鹿角片区水域开阔平静，适合作为赛艇、皮划艇等静水水上运动的训练教学基地。规划设置2km水上赛道，可以满足赛艇、皮划艇、龙舟等所有静水水上竞速项目的需要，也可作为城区的备用场地或分赛场。规划借助专业的水上运动训练、比赛条件，打造专业水上运动基地，培育专业玩家市场，吸引大众体验参与，进而推动整个片区水上运动的发展。同时，沿乌江建设苗族水寨、崖上居、舒活小镇等配套旅游度假设施，以满足赛事观众、专业玩家及度假游客对接待设施的需要，进而形成以水上运动带动片区旅游发展的格局。

五、结论

水上运动特色旅游度假区是以滨水休闲运动为核心吸引力，融观光、度假、旅游等多种功能为一体的新型旅游度假区。其规划设计重点在于对水上运动项目及场所的安排，以及运动与休闲度假之间的统筹安排。本文通过彭水水上运动旅游区规划的实践，探讨水上运动旅游区的规划方法和思路；通过与水上运动专业机构合作，梳理水上运动场所规划的技术要点。

虽然我国水上运动过去起步较晚，但随着人们生活水平的提高，回归大自然已经成为一种时尚的社会观念，而亲水、玩水也正在成为人们追求的生活和娱乐方式。水上运动项目正在成为滨水旅游度假区的活动之一。以水上运动为主题的旅游度假区的规划建设有助于引导市民参与到水上运动中来，发展体育项目，增强国民体质，将游憩休闲空间拓展到水面之上。

参考文献

[1] 聂瑶，于海漪．水上运动主题对日照城市建设的影响[J]．北方工业大学学报，2011（6）：89－94．

[2] 李伟．滨海水上运动公园规划研究：以日照奥林匹克水上公园为例[D]．武汉：华中农业大学林学学院，2008：9－26．

[3] 邵颖莹．旅游度假区可持续规划方法初探[D]．南京：东南大学，2004：26－52．

[4] 李青青．顺义奥林匹克水上公园规设计研究[J]．风景园林，2008（3）：31－34．

[5] 李丹．顺义奥林匹克水上公园的规划理念与建筑特色[J]．建筑学报，2007（l）：46－52．

[6] 董健．我国海岸带综合管理模式及其运行机制研究[D]．青岛：中国海洋大学，2006：171－180．

[7] 胡海波，张孟哲．大连城市滨水区规划与建设[J]．规划师，2000（16）：55－58．

[8] 黄翼．城市滨水空间的设计要素[J]．城市规划，2002（10）：93－95．

[9] 李瑛，郝心华．论海滨旅游度假区季节性供求特征及应对策略：以北戴河为例[J]．西北大学学报，2003（5）：53－59．

[10] 孟祥彬，于滨．园林中的健康运动空间：城市健康运动公园[J]．中国园林，2003（12）：47－50．

[11] 孟祥彬．关于中国体育公园的现代认识[J]．中国园林．2004（9）：147－158．

作者简介

孙艺松，北京清华同衡规划设计研究院，旅游与风景区规划所，项目经理；

邓　冰，北京清华同衡规划设计研究院，旅游与风景区规划所，项目经理。

7.城区水上比赛区中心广场效果图
8.上塘水上游乐区鸟瞰图
9.鹿角水上训练区鸟瞰图

世界滨海旅游度假区，珠江东岸黄金岛链
——以深圳市大鹏新区旅游发展策划及行动计划为例

The Global Coastal Tourism Resort, the Golden Islands Chain along the Eastern Pearl River
—Shenzhen Dapeng New District Tourism Development Planning and Action Plan

季正嵘
Ji Zhengrong

[摘　要]　本文以深圳市大鹏新区旅游发展及行动为例，通过研究大鹏的都市化属性及资源属性，探讨大鹏的国际化特征与深圳的关系，进而研究地区的价值及发展方向。分别从旅游者、原住民及原生态三个方面研讨旅游发展的行动计划。提出将滨海旅游发展规划中的公共交通体系、市政与生活设施体系及生态补偿政策作为滨海旅游实施计划的重点并挖掘不同的地域特色。

[关键词]　滨海旅游；旅游发展；行动计划

[Abstract]　This paper introduces Shenzhen Dapeng new district tourism development planning and action plan. With the study of urbanization and resource attributes in Dapeng Island, the paper explores the relationship between internationalization features with Shenzhen, and reveals the value of Dapeng Island. It studies three aspects of tourism development plan with the tourists, indigenous people and the original ecological. The planning of coastal tourism development takes the public transport system, municipal and living facility system and ecological compensation policy as the keyimplementalstrategy, while differencing regional characteristics.

[Keywords]　Coastal Tourism; Tourism Development; Action Plan

[文章编号]　2015-69-P-020

1.综合土地利用图
2.深圳大鹏半岛的资源汇总分析图
3.大鹏半岛入岛交通系统分析

2013年8月，由深圳市城市公共艺术中心及大鹏新区管委会共同组织的“深圳市大鹏新区旅旅游发展及产业策划国际咨询”正式展开，本次国际咨询由五家国际与国内的设计单位共同同参与，围绕在“世界级滨海生态旅游度假区”的发展目标之下，分五个赛段进行研究与讨论，以更开放的工作方法，提出一系列发展思路与发展计划。

至2014年1月23日，第五赛段“实施旅游岛”顺利落下帷幕，作为本次竞赛的参赛咨询单位之一，我们团队与其他四个团队共7家设计公司进行了充分的互动，为主办方和业主方提供了新颖的思路和鲜明的观点。本文就第五赛段中我们团队关于大鹏岛旅游策划的行动计划进行解析，探讨基于大鹏半岛现状和现实的旅游规划行动计划。

一、世界级滨湖旅游度假新区——大鹏半岛的魅力何在

深圳市大鹏新区凭借着深圳市目前面积最大、保存最完好的“生态净土”和“中国最美的海岸”之一等优势，将打造成为世界级滨海生态旅游度假区。深圳本身是一个最早发展都市旅游的城市，从最早的香蜜湖、华侨城直至今天的东部华侨城与大鹏，深圳一直引领着中国城市旅游的潮流。然而，大鹏半岛所拥有的资源并不比中国其他任何一个旅游区更有优势，如何使之成为世界级的滨湖度假新区非常具有挑战。

根据最新公布的“大鹏新区保护与发展综合规划（2013—2020）”大鹏半岛定位为世界级滨海生态旅游度假区，包括生态与生物资源重点保护区、国际旅游度假胜地、战略性新兴产业集聚区、全国海洋经济科学发展示范市核心区四大核心板块。规划至2020年，城市建设用地规模为32.37km^2（不包括核电站控制用地10.07km^2），较2011年净增8.95km^2，建设用地清退成农用地和其他用地5.67km^2，新增建设用地可达14.62km^2。严格控制常住人口规模，合理控制管理人口和旅游人口容量。2020年，规划常住人口规模19万人，管理服务人口49万人，旅游容量800万人次/年。2030年，规划常住人口规模23万人，管理服务人口64万人，旅游容量1 200万人次/年。

从突显生态环境特征、构建综合服务体系、协调城区内部功能、强化滨海旅游特色的角度出发，构建新区空间结构，即“三山两湾”生态格局，“三城四区五镇”城区结构。

“三山两湾”生态格局：马峦山系在大鹏半岛北部形成一道天然屏障，排牙山系横亘于半岛中北部，七娘山系兀立于半岛南端，大亚湾和大鹏湾分别东西夹拥半岛。

“三城四区五镇”城区结构：自然生态格局下，城区空间集散有度，形成规模分级、功能分区的组团式布局。

三个核心小城：葵涌新城、坝光生态科学小城、大鹏旅游服务小城；

四个特色旅游区：下沙、西涌、东涌、桔钓沙；

五个滨海小镇：南澳墟镇、鹏城、新大—龙岐湾、溪涌、土洋—官湖。

规划通过制度创新来保障生态文明建设，尤其需要在政绩考核指标中增加生态保护指标的比重，开展专题研究以生态文明为导向的生态指标考核机制，以切实保护海陆资源、统筹海陆发展、建立可持续的发展模式，使原住民充分享受到生态保护带来的收益，实现人与人、人与自然、人与社会和谐共生。通过各级建设控制区之间的开发权转移，即将一些有生态保

护价值地段无法达到的容积率转移到其他地段上，在新区范围内平衡发展建设和生态保护之间的矛盾。

从本次竞赛前四个赛段给出的功能定位策划与发展空间分析，我们得出以下三个核心判断：

（1）大鹏空间魅力在于生态永续与原生文化的体验；

（2）大鹏国际化进程深港合作及经济强度紧密相关；

（3）大鹏旅游承载力的提升在于旅游产业的整合与设施的支撑。

根据以上三个核心判断，我们将行动计划聚焦于三个属性，一是体现在都市便捷联系与慢都市生活延伸的“都市性”；二是体现在民众可平等共享生态绿核与黄金海岸的“公共性”；三是体现在立足敬仰自然、尊重生态为未来留下足够可能的“未来性”。将行动计划的三个属性与大鹏的特质予以吻合，是解决本次旅游策划的关键。

二、大鹏半岛的第一行动计划——“旅游者的永无岛”

提出“旅游者的永无岛”——旅游配套实施计划，包括三个子计划：公交改善计划、民宿改造计划和俱乐部游导计划，共同应对“旅游人口骤变”的核心问题。根据预测，未来大鹏半岛的旅游人口将达到1 800万～2 000万人次/年（2050年），规模是目前的3～4倍。首先，必须解决“怎么来”的问题，我们提出公共交通改善计划，期望未来以轨道交通、游轮、公交、直升机等公共交通方式入岛比例达到80%。根据“大鹏新区保护与发展规划（2012—2020）”所示，预计在葵涌设计一个私家车集散中心，大鹏和新大各设立一个集散中心。根据坝光未来的旅游人次及与城际轨交对接等因素，建议在葵涌、坝光两地设立私家车为主的集散中心，大鹏建设综合集散中心。应优先打造位于大鹏的综合集散中心，北部的两个集散中心应根据轨道交通建设进度安排实施。提出用快速交通串联西海岸，西海岸及南海岸四个单元规划旅游人口约6.57万人次/日，是总游客量的59.6%，建议以有轨观光火车作为快速直达的交通工具，在每个集散节点以新能源公交车疏散。

公交改善计划的另外三个重要内容是：一、改造穿越生态保护区的道路，串联葵涌、坝光、鹏城至下沙，南澳至西涌及东涌的总长约26.3km的穿越道路；二、实施穿越公共道路的动物走廊；三、对滨海航线进行生态修正，并对游船码头进行生态改造。

其次，解决“怎么住”的问题，我们提出民宿改造计划。目前大鹏已经形成了一定数量的民宿与酒店，14家星级酒店，296家民宿，其床位数1.69万张，仅能满足11%的到访游客，不能满足游客数量，需要继续进行酒店与民宿的建设以满足出行要求（引自第二轮整合报告）。通过与民宿主人的交流，一般而言工期较短的民宿改造比工期较长的酒店

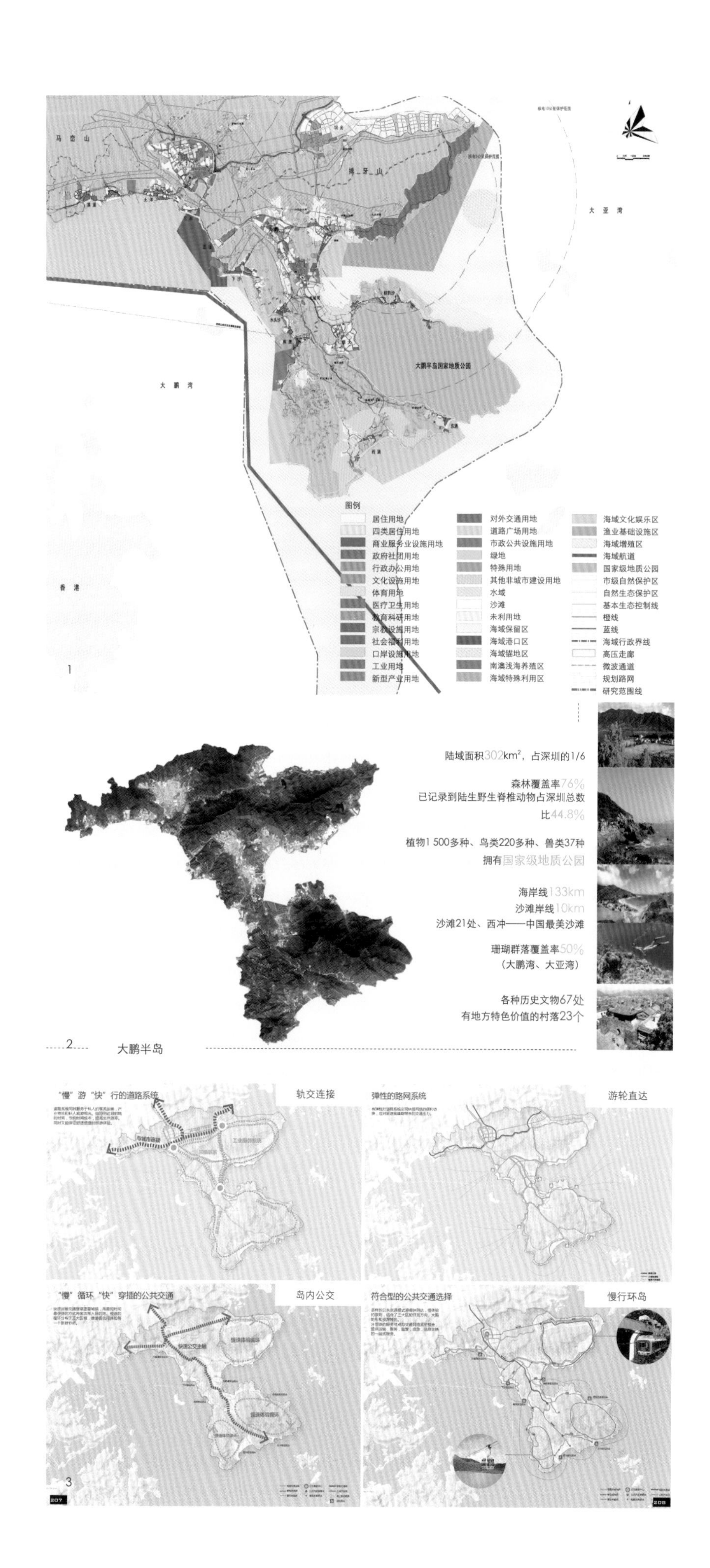

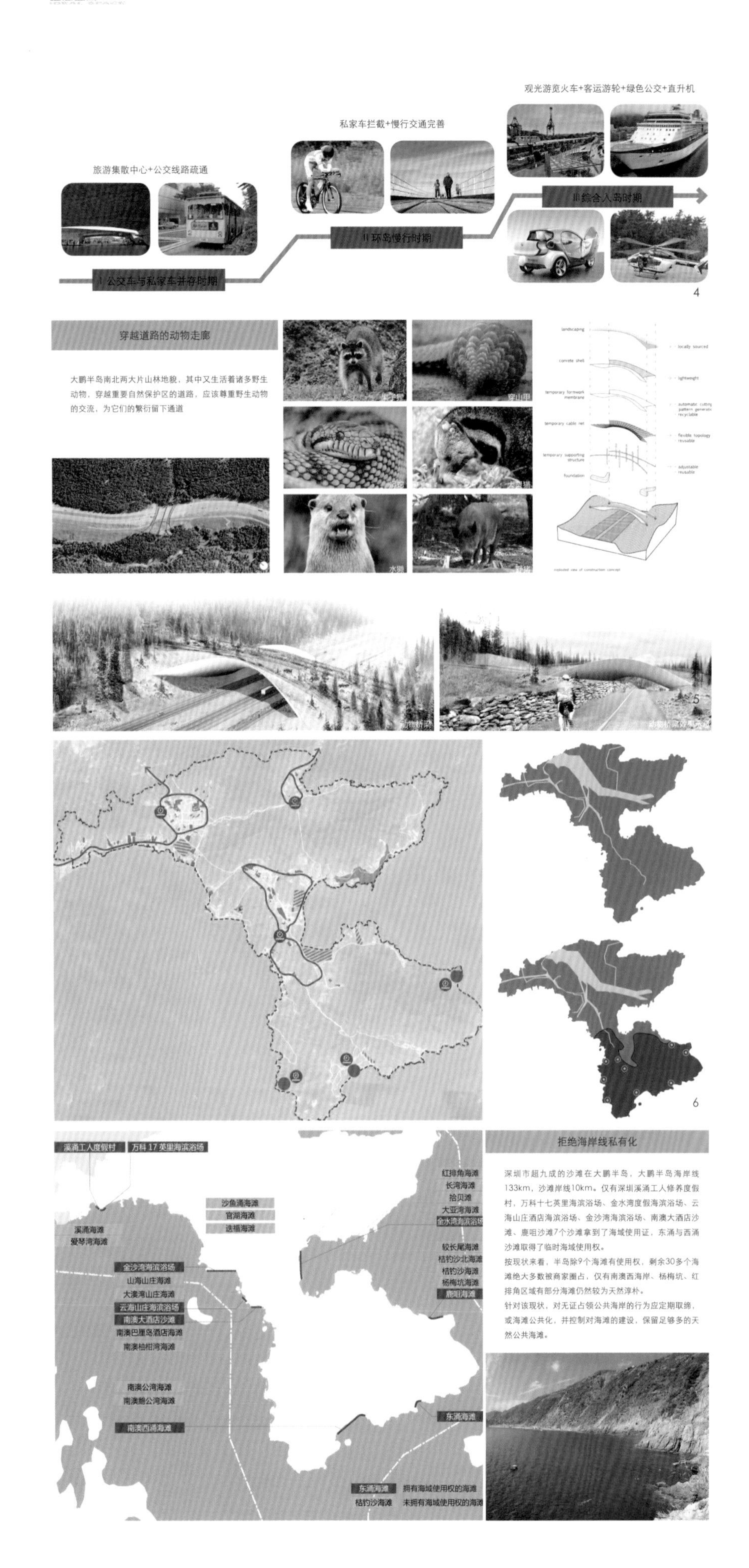

在短期内更能满足来访游客需求，因此在行动计划中强调民宿改造的集约和高效，提出四种民宿改造方式供参考和引导。

最后，解决"怎么玩"的问题，我们提出俱乐部游导计划。非专业，缺乏约束性的徒步、探险、旅游对大鹏的生态环境造成了巨大的破坏，在未来的旅游管理中，此类行为将被严格禁止。我们提出大鹏半岛的游线规划不应该由非专业的城市规划人员来划定，线路是人走出来的，这些人应是专业的商业组织、民间组织与环保组织，由他们联合设计游线。

三、大鹏半岛的第二行动计划——"原住民的伊甸园"

提出"原住民的伊甸园"——生活配套落实计划，包括四个子计划：土地利用计划、市政改善计划、安全保障计划、共享管理计划，共同应对"原住民生活骤变"的核心问题。至 2012 年，大鹏新区共有户籍人口4万人，流动人口11.7万人，共计15.7万人。规划中，大鹏的常住人口将达到18万～20万人，主要街道人口布局没有太大变化，变化主要集中在坝光新区。坝光新区在不填海的情况下，约有4.3km^{2}的建设用地，其中配套居住约10%～15%，约可容纳常住人口2万人。因此，原先从事第一、第二产业为主的人口将转变为以从事第三产业为主的人口，从原有的手工艺者、农民、渔民要转变为都市居民、服务业从业者、高新技术从业者。产业结构的变化将深深地改变原住民的生活。原居住大多为四类居住，需要提升居住环境，改善居住品质。现有公共服务设施严重不足，需增加5座小学、1座九年制学校、1座高级中学；添加图书馆、体育中心、文化中心等文体设施；增添医院、保健所等医疗设施及服务老人的敬老院。现状工业用地比例较高，需改建或迁出。通过合理整理土地，挖掘大鹏半岛上潜在土地资源，存量土地应完全能满足居住及旅游用地的需求。在市政改善计划中重点针对给水工程，应对大鹏半岛降雨时空分布不均，水库调蓄能力差的问题，重点提出节水、循环用水策略。构建绿色能源平台，利用自然能源及绿色建筑为区域供能，减少生态敏感区的破坏。

另外，大鹏半岛的东部拥有著名的大亚湾核电站，西部有LNG的储气和运输通道，这个为大鹏的旅游线路带来非常不利的影响，为此本次行动计划提出安全保障计划。

最后提出共享管理计划，首先鼓励原住民参与民居改建工程，以尊重原地形、原生态、原风味的方式进行改建，进一步落实居民参与的管理体制；其次拒绝海岸线私有化，对无证占领公共海岸的行为应定期取缔，或海滩公共化，并控制对海滩的建设，保留足够多的天然公共海滩；最后落实生活服务设施建设计划与实施评价表。

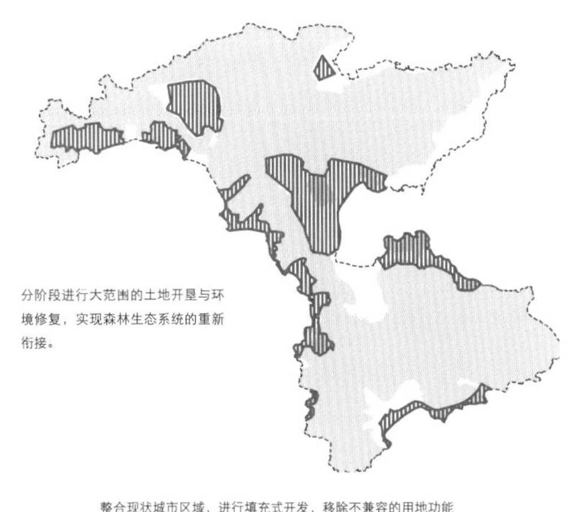

整合现状城市区域，进行填充式开发，移除不兼容的用地功能

逐步修复城区外的农业用地

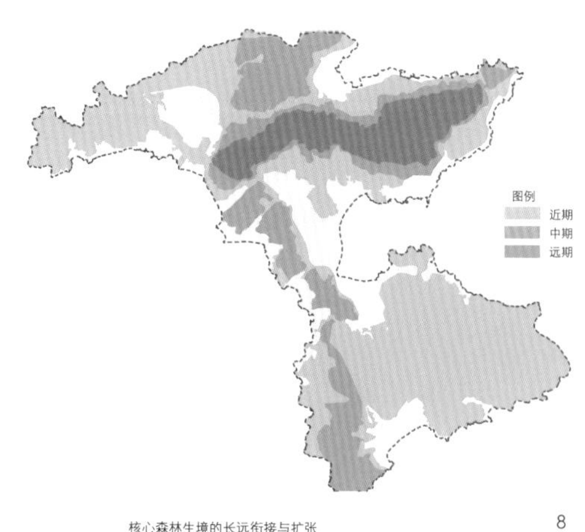

核心森林生境的长远衔接与扩张

8

4.公共交通改善计划进阶模式分析图
5.大鹏半岛穿越道路的动物走廊示意图
6.市政改善计划绿色能源平台
7.共享管理计划拒绝海岸线私有化示意图
8.大鹏半岛生态恢复演示图

四、大鹏半岛的第三行动计划——“原物种的诺亚方舟”

提出“原物种的诺亚方舟”——环境系统维护计划，包括三个子计划：生态系统管理计划、景观低碳评价体系计划、绿色建筑评价体系计划，共同应对“生态系统的维护”的核心问题。在深圳发展的30年时间里，深圳填埋了1/3的原生态天然海岸线；最大的5条河流全部深度污染；30%深圳近海的野生动物种群已彻底绝迹；50%数千年都会经过的候鸟如今已不再飞来；超过40%的土地上铺上了水泥和柏油；空气浑浊的市中心已看不到星空。作为深圳保留着的最后一片绿洲，如何对大鹏的生态保护着手开展工作是最大的挑战，对大鹏的生态保护不是借助于生态技术手段，人为地恢复生态系统，而应依赖于生态系统的自我恢复能力，逐步培育适应大鹏现有气候的群落系统；建议通过监测、管理生态系统的某些物种达到对生态系统的管理，这些指示物种包括：国际、中国、深圳等相关部门明确提出保护的物种、不同群落中的优势种。纯粹以生态系统角度出发，模糊行政界线，更有利于生态系统的管理。

大鹏有植物1 300多种，隶属于700多属、200多科，陆生脊椎动物主要有两栖类、爬行类、鸟类、哺乳类近200种，珍惜濒危保护动物58种，占动物总数31%。因此建议以濒危物种及群落优势种作为陆地植物生态系统的指示物种。

通过对生态系统的分析，落实生态指示物种的保护是本次行动计划的一个特色，也使得规划中的生态理念得以有可操作性。另外，大鹏新区是深圳第一批试点生态补偿的地区，因此在本次策划中进一步深化生态补偿的政策，使得这一政策成为大鹏作为国际旅游岛的特色。

五、结语

本次大鹏半岛的旅游策划超越一般规划所涉及的领域，在行动计划这个赛段，规划团队突破常规技术路线，特别抓取了策划的三个核心问题将“旅游者、原住民和原生态”着重剖析，并根据策划定位进行行动计划的安排，使得旅游策划和规划成果得以在时间序列上得以落实。在三个行动计划中，公共交通体系、市政与生活设施体系及生态补偿政策应作为滨海旅游实施计划的重点，挖掘地域特色才能使大鹏形成区别于其他国际著名旅游岛的独特魅力。

感谢深圳市城市公共艺术中心、大鹏新区管委会、深圳市城市规划设计研究院、深圳市坊城建筑设计顾问有限公司+深圳普集建筑设计顾问有限公司+深圳大学城市规划设计研究院/铿晓设计咨询（上海）有限公司、哈尔滨工业大学城市规划设计研究院深圳分院+深圳市麟德旅游规划顾问有限公司，以及竞赛专家评委和公众评委给予的观点。本文部分成果引用自《深圳市大鹏新区旅游发展及产业策划国际咨询成果整合报告》。

参考文献

[1] 大鹏半岛文化产业布局研究[M]. 深圳市城市规划设计研究院，2005.

[2] 大鹏半岛保护与发展管理规定[M]. 深圳市人民政府，2008.

[3] 大鹏新区保护与发展综合规划（2013—2020）[M]. 深圳市规划与国土资源委员会，深圳市大鹏新区管委会. 2014，3.

[4] 大鹏新区保护与发展综合规划（文本、报告、图集）2012—2020[M]. 深圳市规划与国土资源委员会、深圳市大鹏新区管委会，2012，9.

[5] 深圳市大鹏新区旅游发展及产业策划国际咨询成果：实施旅游岛[M]. 上海合乐工程咨询有限公司，2013.

[6] 深圳市大鹏新区旅游发展及产业策划国际咨询成果整合报告[M]. 深圳市城市规划设计研究院/深圳市坊城建筑设计顾问有限公司+深圳普集建筑设计顾问有限公司+深圳大学城市规划设计研究院/铿晓设计咨询（上海）有限公司/上海合乐工程咨询有限公司/哈尔滨工业大学城市规划设计研究院深圳分院+深圳市麟德旅游规划顾问有限公司，2014.

[7] 大鹏新区国民经济和社会发展十二五规划纲要[M]. 深圳市大鹏新区管委会/深圳大学中国经济特区研究中心，2012.

[8] 大鹏新区生态评估体系研究大鹏新区经济服务局[M]. 深圳市环境科学研究院，2013，5.

[9] 大鹏新区2012年交通市政基础设施年度建设计划建议[M]. 深圳市城市交通规划设计研究中心有限公司，2012.

作者简介

季正嵘，上海合乐工程咨询有限公司，规划总监，同济大学建筑与城市规划学院，博士研究生。

中国黄河三峡大景区炳灵湖旅游度假区规划设计

The Master Plan & Urban Design of Resort in Bingling Lake Tourism District

杨 安 钟名全 孔令超 罗全仓
Yang An Zhong Mingquan Kong Lingchao Luo Quancang

[摘　要]　本文以黄河三峡大景区炳灵湖片区建设性规划为例，探讨新时代背景下，建设以滨湖观光为引领，以体育活动、文化娱乐、农业休闲和主题度假为主打内容，具备各类服务设施，凸显西部自然景观特色、当地浓郁文化，具有黄河大三峡地域特色的旅游度假区的方法和途径。

[关键词]　黄河三峡；旅游度假区；炳灵湖

[Abstract]　Tourism is the fastest growing industries, is also the most influential industry chain, plays an important role in the construction of a harmonious society. Based on the three gorges of the Yellow River bean lake district constructive planning and design, for example, to explore new era background, the integrated construction in lakeside sightseeing for lead, in sports, culture, entertainment, leisure agriculture give priority to dozen of content and theme resort, optimization of various kinds of service facilities, highlights the western unique natural landscape, blossom rich local culture, creating characteristics of three gorges of the Yellow River as a representative of the scenic area development and construction.

[Keywords]　Three Gorges of the Yellow River; Resort; Bingling Lake

[文章编号]　2015-69-P-024

1.陆上游览策划
2.冬季旅游项目设施布局
3.总体用地规划

炳灵漫记

行望峰峦水秀，御宿汤岭梦湾。

漫乐高塬险谷，闲颐林田庄园。

百里黄河画廊，唯妙靖彩湖岸。

一、项目背景

1. 永靖黄河三峡旅游概况

永靖位于甘肃省西南部，距离甘肃省省会城市—兰州市的空间距离约45km，中华文明的母亲河—黄河在永靖县内蜿蜒而过，素有恐龙之乡、水电之乡、花儿之乡、彩陶之乡、中国傩文化之乡的美誉。黄河三峡因永靖境内黄河之上的炳灵峡、刘家峡、盐锅峡而得名。在流经永靖县境内107km的黄河主道上，大自然奇迹般地造化出了炳灵峡、刘家峡、盐锅峡三大峡谷无比秀丽的山山水水，刘家峡、盐锅峡、八盘峡三座大坝在黄河上巍然而起，炳灵湖、太极湖、毛公湖三大人工湖泊浩荡高峡之间，更勾勒出风情万千的绚丽画卷。

永靖县地处陇西黄土高原，是青藏高原向黄土高原的过渡地带，在黄河三峡内形成众多自然景点。譬如：炳灵石林、吧咪山、二龙戏珠、太极岛、红岩赤石、恐龙地质公园等旅游景点沿黄河由南向北密集分布，让人目不暇接。

永靖县古称“西羌”之地，历史悠久且汉、回、藏等民族文化高度融合，在黄河三峡内留下了许多人文印记，譬如：炳灵寺石窟、白塔寺、罗家洞寺，各个精彩纷呈。

永靖县同时还是新中国水电建设的摇篮和标志，刘家峡、盐锅峡、八盘峡三座大型水电站集聚一县。其中，刘家峡水电站是黄河干流规划中的第七个梯级电站，是我国首个自行设计、自行施工、自行制造设备、自行安装、自行管理的百万千瓦级大型水电站。

2. 黄河三峡旅游发展现状问题

虽然永靖县风光独特、景点众多，但长期以来受到陆路交通条件限制，旅游产业发展较全国类似旅游资源富集地区的差距不小。首先，永靖县的旅游景点尚未形成体系，各个景点各自为战且项目之间联系不便。其次，永靖县的旅游景点距离县城较远，且缺乏基本的旅游服务配套设施，造成多数游客“玩永靖却不住永靖”。再次，永靖县的旅游以观光为主，度假旅游项目产品极度匮乏，在“休闲经济”发展迅猛的下一个十年，将失去重要的发展契机。

3. 黄河三峡旅游发展条件日益改善

近年来，永靖县委、县政府非常重视旅游产业的培育和扶持，不仅将旅游作为全县发展的重点产业，同时建设了一批具有区域影响力的旅游项目。譬如，围绕刘家峡水电站建设黄河水电博览园、刘家峡旅游客运中心；在炳灵湖北侧修建滨湖景观大道；在太极岛内修建黄河上游第一条景观绿道等，都为永靖县大力发展旅游产业奠定了坚实的基础。

此外，永靖县政府陆续投资新建了刘兰快速通道、折达公路两条高等级陆路通道，使永靖县与兰州中川机场、兰州市的时空距离大为缩短。永靖县不但成为区域中心城市—兰州市的后花园，更可借助“兰西一体化”发展的契机，走向全国、迈向世界。

二、政策背景

1. “一带一路”

2013年，中国国家主席习近平提出建设“新丝绸之路经济带”和“21世纪海上丝绸之路”的战略构想。共建“一带一路”旨在促进经济要素有序自由流动、资源高效配置和市场深度融合，推动沿线各国实现经济政策协调，开展更大范围、更高水平、更深层次的区域合作，共同打造开放、包容、均衡、普惠的区域经济合作架构。这将是引领未来中国西部大开发、实施向西开放战略的升级版。

2. 甘肃丝绸之路经济带20大景区及黄河三峡大景区的提出

甘肃省是中华民族和华夏文明的重要发祥地，中国旅游标志铜奔马的故乡，丝绸之路旅游线的黄金路段，丝绸之路与黄河文化的交汇地，陕甘边区的重要组成部分和红军长征的主要途径地、会师地，多民族融合区。旅游资源富集度位居全国前五，但整合开发不够，转化利用滞后，景区整体规模小，容纳游客少，接待能力低，游客停留时间短，平均花费少。一流的资源，三流的开发，成为甘肃旅游难以做大、做强的根本制约。

2014年，为能提高区域旅游水平，打造区域旅游品牌效应。甘肃省委、省政府提出在全省范围内打造二十个大景区的战略规划。规划认为：建设体量大、旅游项目多、吸纳能力强、功能配套完善、管理统一顺畅、过夜游客平均停留2天以上的大景区，是理顺管理体制机制、搭建招商引资平台的重要抓手；是辐射带动产业链条延伸，开展大项目、大产业、大开发的重要依托；是打造旅游品牌和知名旅游大景区的重要基础；是推动经济结构调整和产业转型升级，促进经济社会全面发展的重要载体，也是满足游客多元化需求的重要保障。

永靖黄河三峡大景区作为第一批重点项目顺利入选，为永靖县加大旅游产业投入、以全新视角审视旅游发展提出了全新的要求。

3. 本次规划的意义

为了落实甘肃20个大景区建设的发展愿景，同济规划团队于2014年展开黄河三峡大景区旅游规划设计工作，力求能指导黄河三峡大景区内各个核心片区的开发建设，提出旅游规划管理及相关的控制标准，使该旅游区能够生态友好建设，适应新形势下的发展需要，合理利用土地和改善片区旅游服务设施水平及片区生态环境。本次规划力求通过详实的研究分析，为永靖县发展旅游产业寻找切实可行的差异化路径，为黄河三峡大景区的未来前景描绘理性蓝图。

三、规划范围与现状

黄河三峡大景区的范围贯穿整个永靖县，东西相距107km。大景区内又分为炳灵湖片区、太极湖片区、毛公湖片区等三个二级片区。由于大景区的面积很大，内容较多，本文围绕大景区内面积最大的炳灵湖片区进行介绍。

炳灵湖即刘家峡水库，正常高水位1 735m，湖水回水长66km，最宽处6.5km，最窄处仅70m，水域面积达130km^2，库容57亿m^3。炳灵湖曾以“西北地区最大的人工湖”著称，是我国首批对外开放的游览胜地之一。

目前，炳灵湖的现状旅游景点主要为库区最西侧的炳灵石窟、炳灵石林以及库区最东侧刘家峡大坝，炳灵湖的沿岸仅有一些档次较低的旅游农家乐设施正在经营。由于缺乏整体建设，炳灵湖的旅游开发

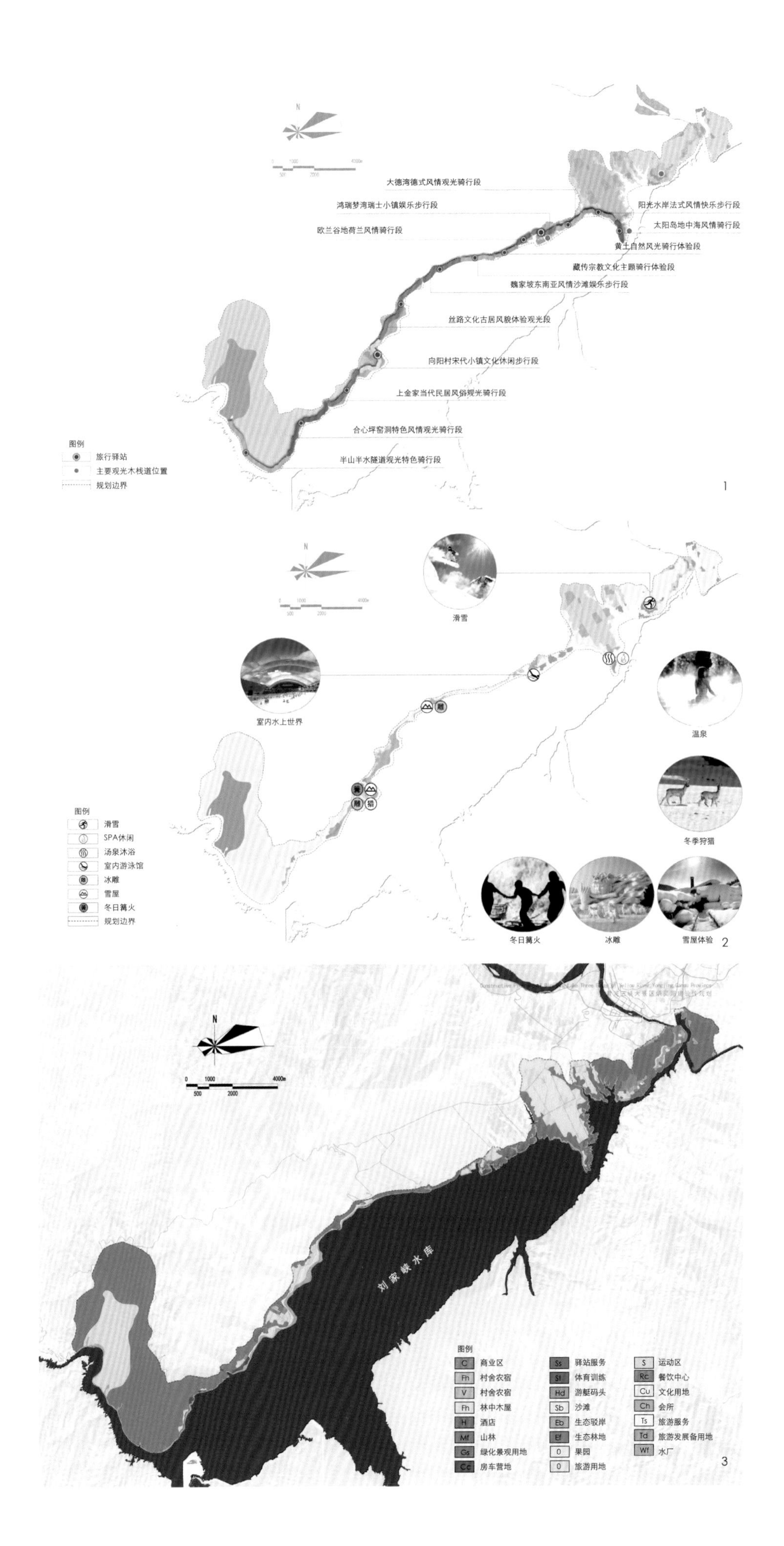

尚属初级阶段，“西北地区最大的人工湖”的度假景观资源没有得到应有的挖掘和利用。

此外，虽然炳灵湖沿线的旅游开发尚属初期，但沿线土地早已经被市场资本所觊觎。目前，炳灵湖北侧已有七块土地出让完毕，分别是区位于刘家峡大坝附近的鹦鸽嘴片区、位于龙汇山附近的祁家渡口片区、位于炳灵湖咽喉处的太阳岛片区、位于炳灵湖核心地段的鸿瑞置业、兰石化、魏家坡片区，以及位于库区西部的向阳村片区。上述土地拥有者都迫不及待的投入资金进行开发建设，但根据调研发现，各个开发企业的开发思路和内容均大同小异，如不加以规划控制，炳灵湖沿线旅游项目低水平重复建设的情况不可避免。因此，本次规划不仅对炳灵湖的整体旅游发展格局进行考虑，对上述七个重点地段的开发建设更是提出了城市设计深度的规划设计，供永靖县政府管理控制所用。

四、规划定位、目标、原则

1. 炳灵湖总体功能定位

根据上述背景分析与研究，本次规划对炳灵湖片区提出以下总体功能定位：以特色的地质生态环境为基底，以滨湖观光为引领，以体育活动、文化娱乐、农业休闲和主题度假为主打内容，打造中国西部自然景观独特、服务设施先进、文化多元浓郁的特色地质体验型滨湖旅居休闲度假区。此外，本次规划对炳灵湖片区提出以下总体形象定位：百里画廊，靖彩绿岸。

2. 各重点片区功能定位

在上述总体定位之下，规划对其中七个核心片区给出如下功能定位：

“鹦鸽嘴片区”定位：配套及补充大黄河旅游码头服务中心，将鹦鸽嘴打造为集住宿休闲娱乐于一体的观峡服务片区；

“祁家渡口片区”定位：依托祁家渡口、皮划艇训练基地等现有设施，并结合山体及植被，将片区打造为户外运动及配套服务主题度假区；

“太阳岛片区”定位：着力改善周围农田，修建温泉及度假酒店，将片区打造为汤泉娱乐、葡萄庄园为主题的高端旅居度假区；

“鸿瑞置地片区”定位：炳灵湖娱乐休闲及旅游服务核心片区，炳灵湖景区首位的旅游商业游乐服务基地；

“兰石化片区”定位：炳灵湖景区的婚庆蜜月主题休闲度假区；

“魏家坡片区”定位：炳灵湖大景区水上娱乐项目服务区。结合魏家坡片区周围水上及沙滩娱乐项目，将该片区打造水上娱乐项目的服务基地；

“向阳村片区”定位：炳灵地质公园的游览观光及旅游服务接待区。结合向阳村周边农田及文化遗址，打造旅游游览观光区，并鉴于其有理位置，同时赋予该片区作为大炳灵区域（自向阳村往南至炳灵地质公园）旅游核心门户的功能。

3. 规划目标

通过对地域自然资源、民俗文化特色的深入研究，规划提出以建设“大美黄河旅游度假胜地”、“中国西部滨水休闲度假示范区”、“永靖多元文化风情体验水岸”为本次规划目标。

4. 规划原则

（1）区域统筹协调原则

本次规划的核心区均位于炳灵湖大景区北岸，分别隶属于刘家峡镇、岘塬镇、三塬镇。规划统筹整个炳灵湖片区及沿岸相关乡镇的发展诉求，以城乡统筹为原则，充分考虑各个旅游项目对周边地区的影响，使各项目对各乡镇的城镇服务功能有所补充，努力增进附近乡镇及县域内全体居民的生活福利并增加就业机会。

（2）因地制宜，科学布局

规划区背山面水，拥有天然的生态优势。规划中紧扣人与自然和谐发展的原则，在建设中处理好项目与山体、水体的生态关系，统一设计并依据各自的地形地貌条件，布置各个功能板块。

规划在库区北岸划分建设区、过渡区、保护区。对保护区进行严格控制，仅允许安排一些区域基础设施及必要的非永久性服务设施，满足旅游系统的完整性。此外，规划对各个可开发地块的用地性质和土地建设控制指标进行深入的研究，为下一步土地开发和编制修建性详细规划奠定基础。

（3）生态友好，永续发展

为避免度假旅游活动对炳灵湖产生污染，规划完善各片区市政基础设施系统，综合协调各个系统与周边乡镇的关系，为该区域市政基础设施的具体建设提供规划指引。此外，规划对炳灵湖片区整体以及各个地块的公共服务设施、度假接待设施、旅游活动项目的开发规模进行深入研究。通过总量控制、区域平衡的方式使炳灵湖片区的总体开发水平保持在生态承载力范围之内，从而以提高片区的旅游服务质量和生态品质，创造交通便捷、环境优美、服务管理高效的新型生态旅游区。

五、总体规划布局

1. 空间布局

炳灵湖旅游度假区的总体规划结构为：一带祥龙游北岸九大分区汇山端。一带：黄河三峡北岸旅游休闲观光度假带；九区：针对库区沿岸不同的地貌、人文等特征，设计中将炳灵湖片区划为九大分区。分别为：大炳灵公园休闲观光片区、丝路古黄河古居文化体验片区、黄河滨水休闲娱乐片区、佛语朝圣主题绿道休闲观光片区、炳灵湖核心度假服务片区、温泉葡园高端度假休闲片区、户外主题运动片区、龙汇山风景观光休闲片区、水电博园码头服务片区。

2. 交通组织

规划最大程度利用现有道路的基础上对其进行提升，尽可能减少对现状地形的改造。滨湖路修建完成后，是贯穿整个炳灵湖旅游度假区的规划主干道。此外，规划在规划区内设置三条向北连接县道X377的进出通道，解决度假区与县城便捷联系的问题。此外，规划在度假区内设置完善的水上交通网络，为展开水上游览、水上通勤交通提供设施保障。

3. 公共设施布局

规划在炳灵湖旅游度假区内设置三级公共服务设施，使游客不必前往永靖县城，在炳灵湖旅游度假区即可满足所用需求。

一级服务区：鸿瑞大湾欧陆风情区与城区主要道路联系便捷，开发腹地广阔，易于形成规模，作为整个炳灵湖旅游度假区的公共服务核心辐射整个景区；鹦鸽嘴片区紧邻水电博览馆和刘家峡水库大坝及码头两处重要景点，与城区联系紧密，可作为前往炳灵湖旅游度假区的入口服务核心。

二级服务区：向阳村黄河古居文化体验片区作为大炳灵公园的入口，解决炳灵石窟、炳灵石林景区距离核心服务区、城市距离太远的问题，为前往大炳灵公园的游客提供配套服务。

三级服务区：大炳灵公园休闲观光片区、魏家坡黄河滨水休闲娱乐片区、太阳岛温泉葡园高端度假休闲片区和祁家渡口牡丹园户外主题运动片区，依据每个景点的游乐性质，布置满足自身需求的配套服务设施。

4. 旅游线路策划

为更好的将当地特色自然资源、民俗宗教文化进行展现，规划在炳灵湖旅游度假区内策划了以下7条游览观光线路，分别是：自然风景游赏、休闲游憩

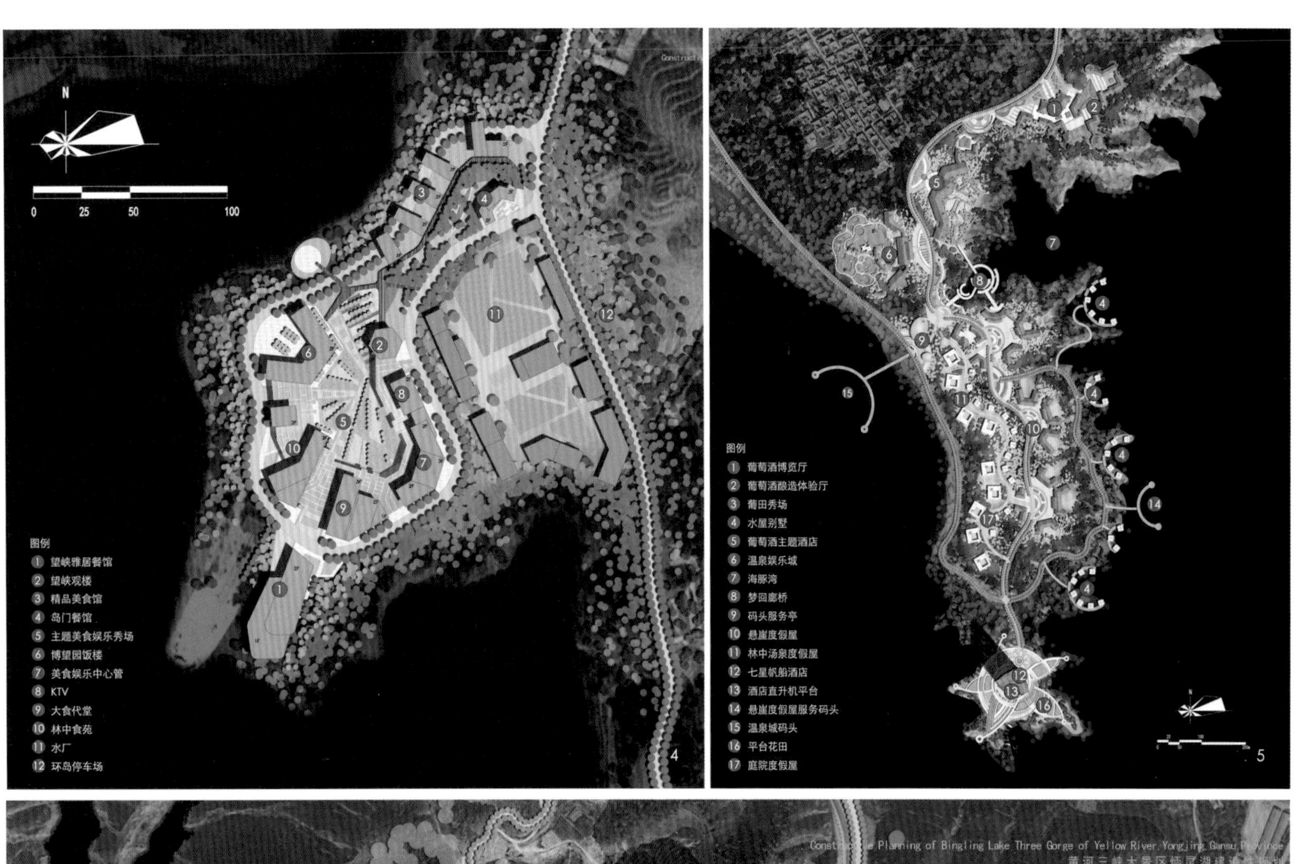

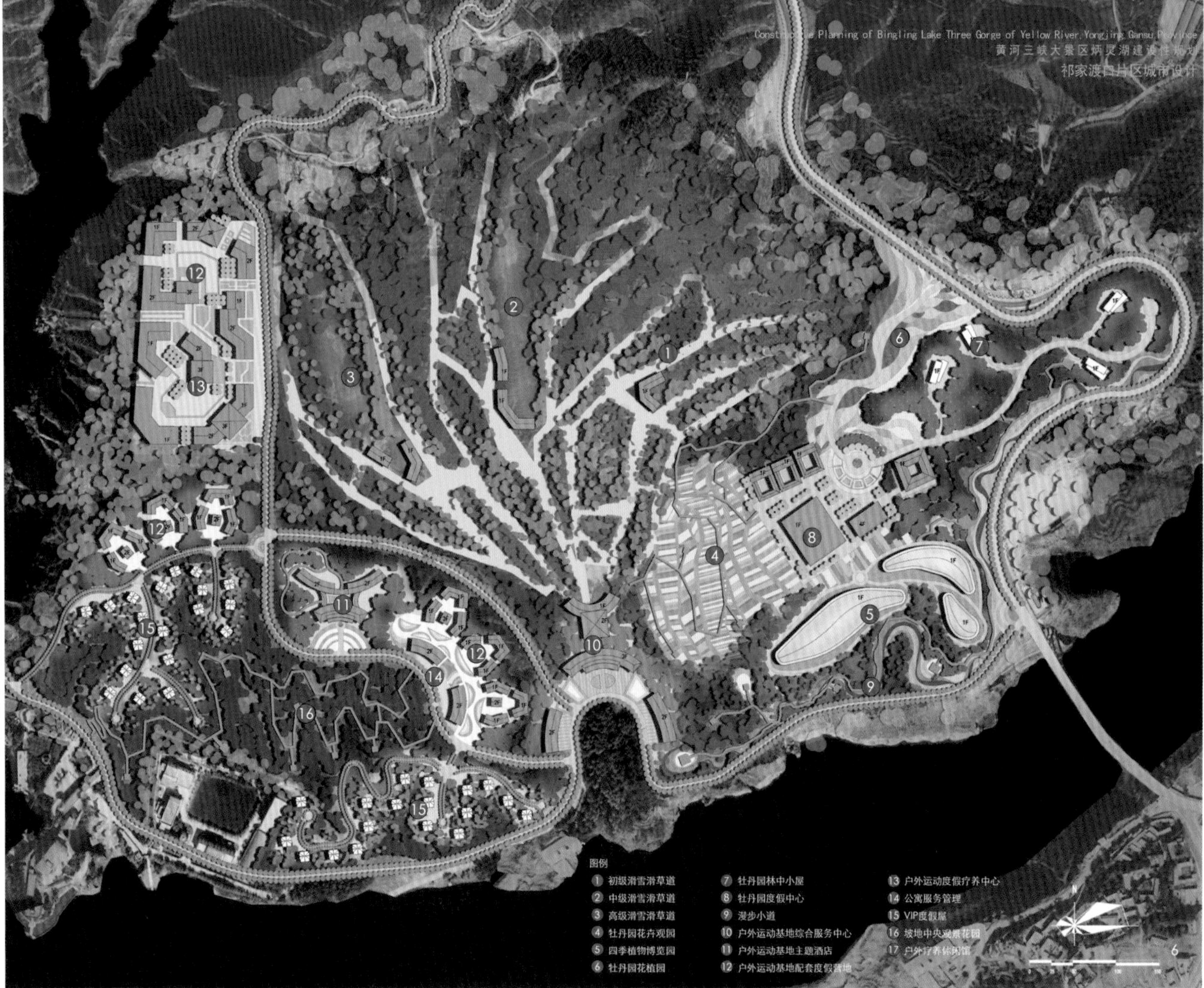

4.鹦鸽嘴总平面图
5.太阳岛总平面图
6.祁家渡口总平面图

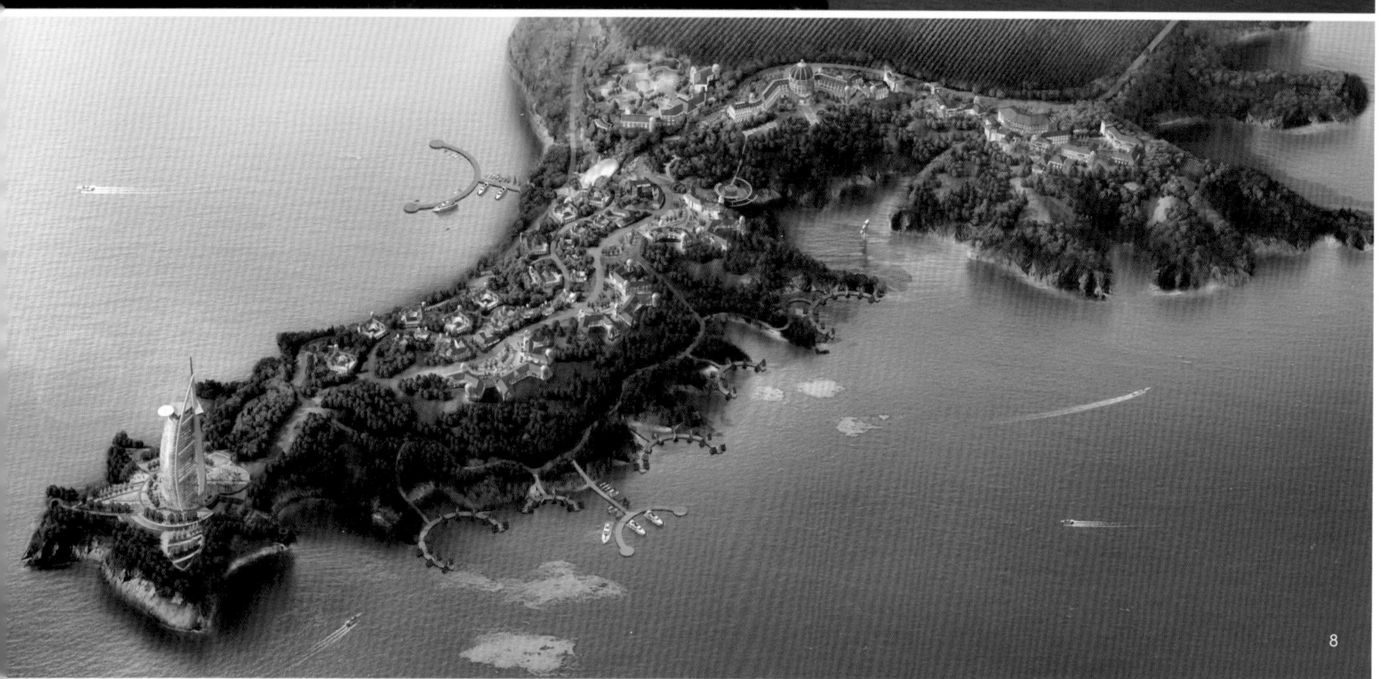

7.鹦鸽嘴鸟瞰图
8.太阳岛鸟瞰图
9.祁家渡口鸟瞰图

体验、宗教文化游览、地方文化游览、冬季游览、水上游览、陆路游览，向游客展示“靖彩湖岸”之美。

风景游赏路径产品策划：石林地质公园观光片区、石林溯源观光游览带、葡萄种植观光园、迷岛险趣旅游观光带、龙汇山旅游观光带，依托规划区内景观道构成连续的风景游赏路径。

游憩娱乐路径产品策划：魏家坡水上休闲区、鸿瑞大湾欧兰谷地、祁家渡口四季漫园，依托规划区内景观道构成连续的游憩娱乐路径。

宗教文化游览路径产品策划：石林地质公园观光片区中的炳灵寺、炳灵石窟，白塔寺游览观光带中的白塔寺、圣道路口，依托规划区内景观道构成连续宗教文化游览路径。

地方文化游览路径产品策划：窑洞、烽火台遗址公园、古居体验、马陆塬遗址、水电博园文化体验区，依托规划区内景观道构成连续的地方文化游览路径。

冬季旅游项目策划：室内水上世界、滑雪、冰雕、温泉、冬日篝火、雪屋体验、冬季狩猎主要依托七大功能区设置。

水上游览项目策划：依托库区沿岸滨水景点打造连续水上游览项目，策划项目包括：炳灵石窟入口节点、炳灵石林入口广场、马龙沟、大坪山窑洞、烽火台遗址、向阳村湿地公园、魏家坡东南亚风光、欧兰谷地花谷、梦湾灯塔、七星帆船酒店、生态葡萄园、黄河大桥、龙汇山风光、两河文汇、刘家峡水坝。

陆路游览项目策划：依托库区沿岸景观绿道，分段主题开发，打造连续陆路游览体验项目，策划项目包括：半山半水隧道观光特色骑行段、合兴坪窑洞特色风情观光骑行段、上金家当代民居风俗观光骑行段、向阳村宋代小镇文化休闲步行段、丝路文化古民居风貌体验观光段、魏家坡东南亚风情沙滩娱乐步行段、藏传宗教文化主题骑行体验段、黄土自然风光骑行段、欧兰谷地荷兰风情骑行段、鸿瑞梦湾瑞士小镇娱乐步行段、大德湾德式风情观光骑行段、阳光水岸法式风情快乐步行段、太阳岛地中海风情骑行段。

六、重点项目详细设计

1. 空间策略

（1）梯级分布、立体打造

规划七大片区，除兰石化片区地形较为平整外，其余片区均依山面水，地势逐渐升高；因此规划整体采用台地处理，呼应山势、顺应地形，根据台地高差错落，布局不同风格及功能的产品类型，营造逐层分布的片区形态，同时形成良好的观景视野。

（2）山水环带、生态优先

水库片区虽然依山面水，但是由于地区气候影响，生态状况却一般，植被覆盖率较低，因此规划充分考虑游客及当地居民对生态环境的诉求，在规划设计上尤其应注重整个炳灵湖沿线景观绿带的打造以及七处核心区与景区生态绿道的结合。同时，七个片区内部的建设也应注意生态环境的保护与生态空间的打造，在满足旅游接待的同时，最大限度满足生态需求。

（3）主题丰富、设施齐全

规划赋予七大片区不同的主题功能，使旅游区的整体功能更加完善，不同片区主题更加鲜明突出。根据七片区资源景观特征和旅游活动内容的不同，将片区分别划分为以自然观光游览、滨水休闲娱乐、生态园艺花卉游赏、温泉养生、葡萄主题庄园、户外运动等为主题的景区，并围绕各景区营造“核心25景”。

此外，由于规划区外围配套服务设施还未完善，规划在区内提供一系列的服务配套设施，如：综合旅游服务中心、规模不等的停车场、智能旅行服务点等。另外，规划也为各片区安排人性化的无障碍设施规划。

2. 片区设计

（1）鹦鸽嘴片区

片区现阶段周边主要项目为黄河码头、水电博览园、报恩寺等旅游设施。鹦鸽嘴片区是黄河码头东南处的未开发地区，为配套大黄河旅游码头服务中心、帝城大道的商业业态，将鹦鸽嘴片区打造为永靖黄河码头游客最为便利的住宿及娱乐休闲服务功能区。

片区内主要景点：

①凭湖观峡（湖面半岛景观观景平台）；

②悬岸榭庭（半岛探水型餐饮美食俱乐部）。

（2）祁家渡口片区

利用祁家渡口的现状设施，皮划艇训练基地，完善码头的商业与休闲服务配套，并依托山体及植被特色，打造具现代中式特色风格的户外运动主题休闲度假配套区块。祁家渡口片区的外围，牡丹园北侧的天然山坡，打造为西北最知名的滑雪、滑草户外运动娱乐地。祁家渡口西北侧的马路塬具有地形地貌的天然优势，使其成为黄河大三峡中，最具探险吸引力的户外越野极限体验娱乐地。

片区内主要景点：

①嘉渡林曦（祁家渡口山顶生态树林公园）；

②松柳野宿（山岭户外运动主题体验度假岭）；

③激流夜泊（观湖情景度假岭）；

④漫滩余晖（祁家渡口悬崖滩地）。

（3）太阳岛片区

生态修复与整理太阳岛山体区域，增加植物覆盖，主打葡萄主题庄园。庄园内提供葡萄酒酿造体验、本地特色葡萄酒展示交易、酒庄品酒等商业休闲内容。此外，在基地南部打造太阳岛的另一处休闲核心，高端汤泉颐养主题娱乐区。本片区以地中海式建筑造型为主，度假项目中包含汤泉娱乐、汤泉养生、水上汤屋、林中汤屋、悬崖汤屋会所等设施。太阳岛外围区域应着力改造姬川村农田、苹果园作为特色葡萄种植园，更换种植品种换取经济效益。太阳岛西侧临湖水岸，打造李家塬滨水欧式风情景观休闲漫步道。

片区内主要景点：

①阳光水岸（片区西侧至李家塬村地中海风情滨湖步行廊道）；

②碧潭听涛（片区北侧生态景观峡湾）；

③崖岸清幽（片区西侧悬崖地中海式合院度假）；

④葡湾晨曦（东侧片区坡台葡萄园）；

⑤汤屋颐境（片区东侧水上汤屋体验）；

⑥灵湖揽胜（地标炳灵湖核心景观观景帆船酒店）。

（4）鸿瑞片区

鸿瑞片区是库区内不多的大面积平整区域，打造炳灵湖旅游度假区内以瑞士风情为主题的核心商业文化娱乐综合服务区——康斯坦斯小镇。片区内不仅有瑞士风情商业街、城堡剧场、博登主题游乐园、中国西北最大的水世界乐园，也还有莱茵拉根湖景度假酒店、林中堡垒服务中心等完善的旅游配套服务设施。

片区内主要景点：

①梦湾水岸（核心商业区临水步道广场）；

②梦湾邂逅（核心鸿瑞商业酒吧娱乐街）；

③梦湾秀岭（康斯坦斯山体公园）；

④梦湾乐水（片区南侧水上游乐园）；

⑤嘉年梦园（片区西侧主题嘉年华乐园）；

⑥梦湾航标（片区南侧湾岸观光灯塔）；

⑦林中幻堡（片区北侧度假区特色城堡服务设施）。

（5）兰石化片区

兰石化片区地形已经完全平整，规划利用天然地形，形成特色的花谷。将兰石化地块打造为以婚庆主题概念的德式蜜月配套度假区。

片区内主要景点：

①欧兰谷地（核心谷地九曲花坡景观公园）；

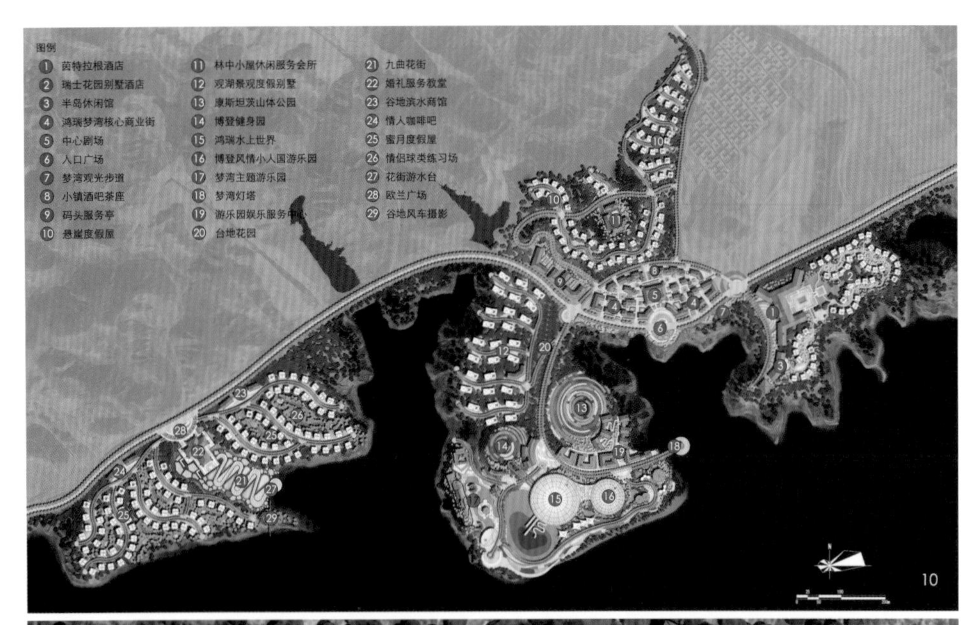

10

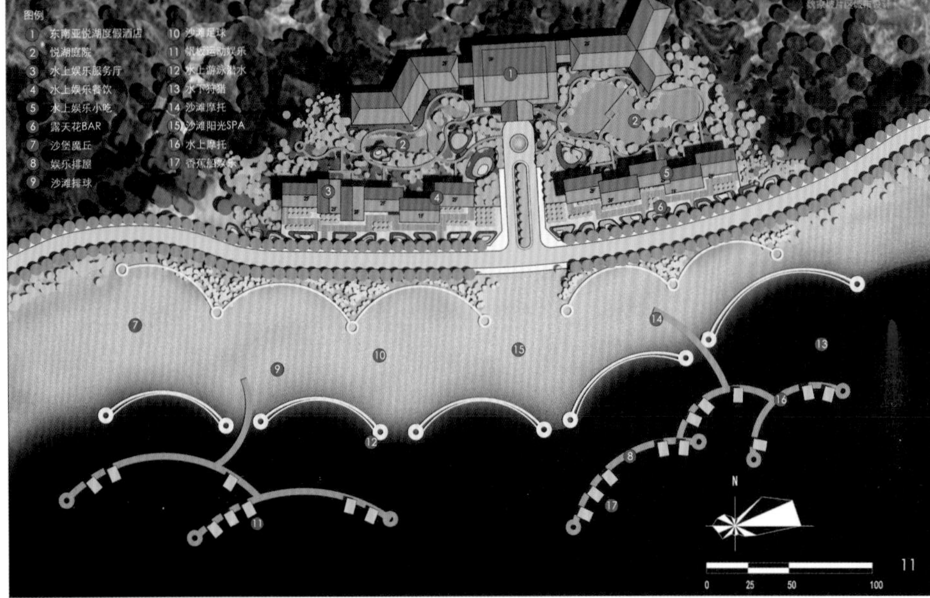

11

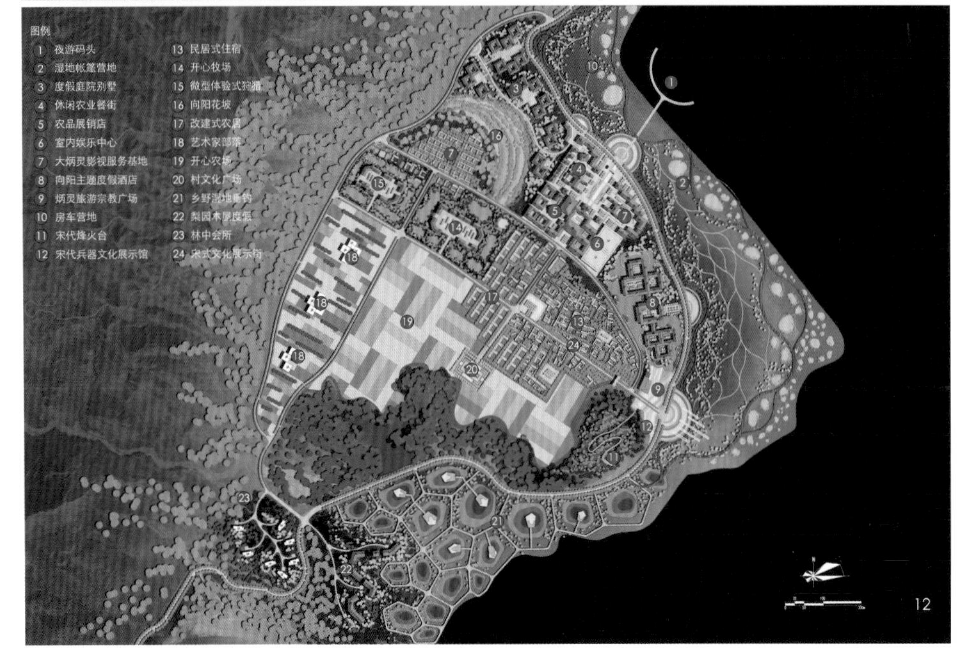

12

②花谷风车（片区南侧景观建筑风车磨坊）；

③蒂娜教堂（片区北侧婚庆服务中心建筑设施）。

（6）魏家坡片区

魏家坡片区拥有广阔的季节性漫滩，可打造成四季型滨水沙滩，作为旅游运动亲水娱乐的核心区域。片区内夏季可进行水上运动及娱乐，春秋季在沙滩上可进行沙雕、运动休闲活动，冬季可进行冰雕展览。

片区内主要景点：

①锦鳞金沙（片区核心四季水上运动娱乐沙滩）。

（7）向阳村片区

充分利用向阳村现状的农业资源、服务设施进行整体改造提升，打造以生态农田观光休闲为主题的特色旅游服务区，同时作为炳灵湖旅游度假区南部主要的旅游服务核心；大炳灵地质公园旅游观光的入口门户。片区内的宋代烽火台，是可以充分挖掘的历史文化要素，结合其打造为宋代风情的旅游度假小镇。

片区内主要景点：

①上河邀月（向阳村宋式风情商业街）；

②宋风今韵（大炳灵旅游服务中心）；

③炳灵烽火（现存宋代烽火台）。

七、结语

本次炳灵湖旅游度假区规划设计不仅为炳灵湖内七大核心片区的开发提供了完善的规划设计控制，同时为炳灵湖的整体开发建设提供了全面的发展路径指导，避免形成重复建设和过度开发。我们认为，规划充分利用中国西部最大人工湖—炳灵湖的景观优势，充分借鉴中外滨湖旅游度假区的成功失败经验，充分坚持生态优先、严控开发、特色丰富的建设原则，炳灵湖旅游度假区的成功可拭目以待。

作者简介

杨　安，国家注册规划师，同济大学城市规划硕士；

钟名全，永靖县规划局规划股股长；

孔令超，永靖县规划局村镇股股长；

罗全仓，永靖县规划局，国家注册规划师。

项目参与人员：车铮 刘奇楠 谭虎 姜廷 汤志恒 蒋东

10鸿瑞片区总平面图
11.魏家坡片区总平面图
12.向阳村片区总平面图
13.鸿瑞片区鸟瞰图
14.魏家坡片区鸟瞰图
15.向阳村片区鸟瞰图

13

14

15

青海省化隆县群科新区沿黄旅游度假区规划设计

Hualong County of Qinghai Province Group of the New City along the Yellow Tourist Resort Planning and Design

吴铁军 谭 虎 李 勇 姜 廷

Wu Tiejun Tan Hu Li Yong Jiang Ting

[摘　要] 群科新区位于海东市化隆县南部，是化隆县未来的新县城。新区周边现状布局多处具有较高知名度的旅游景点，受制于区域交通条件限制和无序的独立发展，尚未形成区域旅游品牌。群科新区沿黄旅游度假区充分利用群科新区良好交通、景观优势，开发旅游度假、旅游集散、旅游服务、旅游地产、养老度假等功能，打造服务周边景点、与周边旅游项目错位发展的滨黄河旅游度假区。

[关键词] 旅游度假区；集散服务；沿黄河旅游景观带

[Abstract] Qunke new urban area locates in the sout of Hualong County in Haidong City. There are many tourist scenic spots around the site, but they are in the decentralized situation and not constitutea regional tourism brand. The holiday resort along the Huanghe River canfullyutilize the advantage of traffic and landscape, develop the function of tourism service, restateand old-agecareresort. Aboveall, creating ariver front tourism resortis different from surrounding spots and projects.

[Keywords] Resort; Tourism Service Center & Hub; Landscapes Belt in Yellow River-front

[文章编号] 2015-69-P-032

1.鸟瞰图
2.平面图
3.地形地势分析图
4.高程分析图

一、项目背景

1. 化隆县区位条件优越

化隆县位于青海省东部、兰西经济区的核心圈层，是海东市南部旅游经济中心，沿黄经济带上的新兴战略增长极，同时也是兰西经济区面向青海东南部腹地的重要门户。

群科新区是化隆县总体规划中确定的新县城所在地，未来将以沿黄综合优势发展成为化隆县新兴中心城区，成为海东市南部重要的发展级核。

2. 群科新区坐实区域交通节点，经济发展优势明显

伴随高速公路、高速铁路、黄河航路的建设开发，群科新区拥有公、空、铁、水四位一体的交通优势，是沿黄经济带上重要的交通节点。首先，群科新区与西宁机场仅有一小时高速公路里程，相比青海沿黄经济带的其他县市，有明显的航空区位优势。其次，群科新区位于黄河谷地，是通往循化县、同仁县、尖扎县等周边县市的高速公路网络交汇节点，通过平阿高速、临共高速能方便联系上述几个县城。再次，规划中的西成高铁（西宁至成都高速铁路）在群科新区设有较大站点，可以便捷服务尖扎、循化等周边县市。

二、旅游发展定位

1. 群科周边旅游资源富集，但现状知名度不高

目前，青海省正在大力打造“一圈三线”的整体旅游框架，重点发展自驾游、徒步游和探险游三大板块。其中，一圈是环西宁旅游圈；三线分别是西南

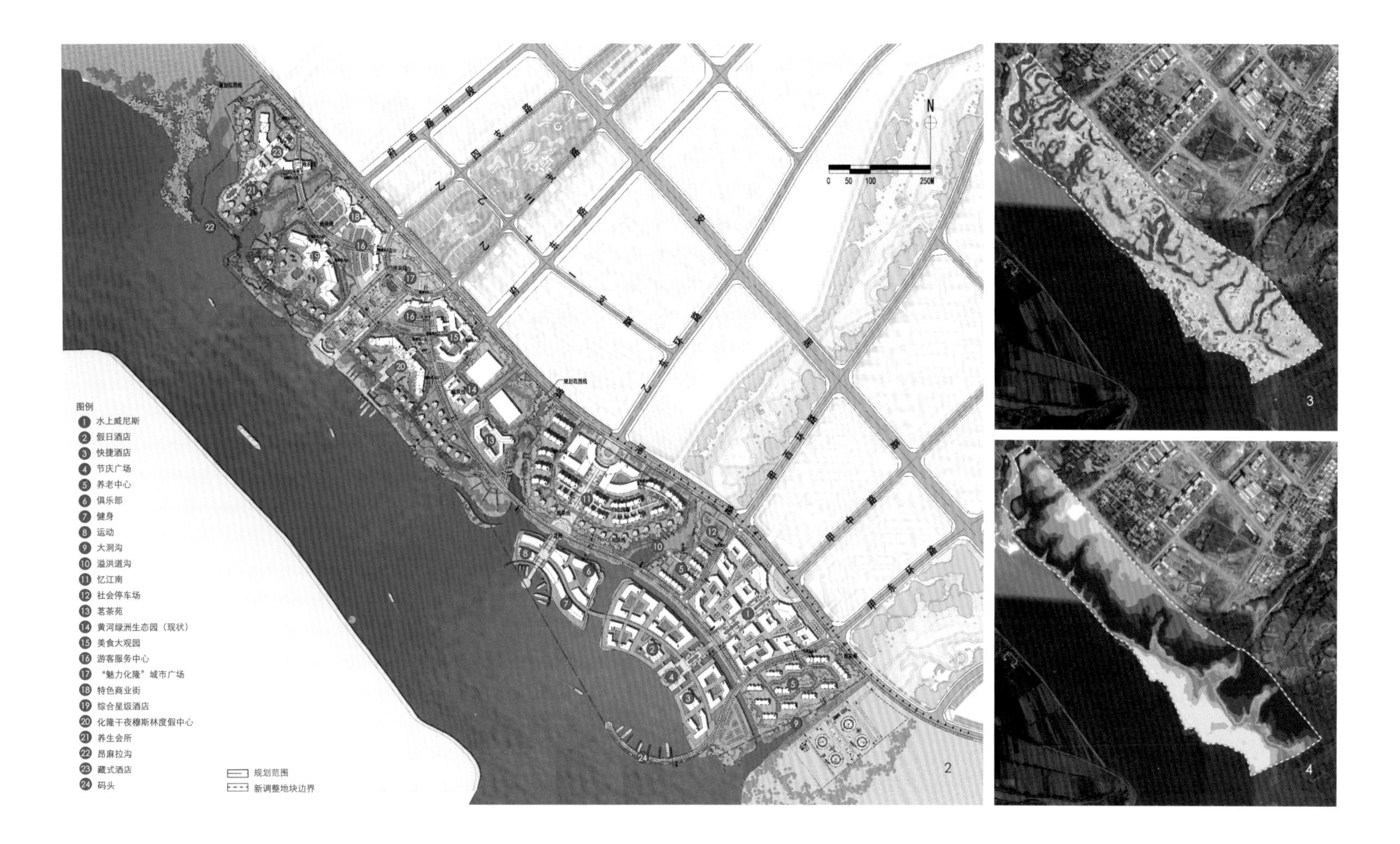

旅游线路、西线旅游线路、北线旅游线路三条重点开发的旅游精品线。

通过实地调研发现，群科新区所在的青海省东南板块内的旅游资源其实相当丰富。其中，群科新区的东南方是循化县，其内分布有孟达天池、孟达国家级自然保护区、红光清真寺、中庄遗址、十世班禅纪念馆、大庄清真寺等景区；群科新区的西南方是尖扎县，其内分布有坎布拉国家森林公园、阿琼南宗寺、智合寺、昂拉千户庄园等景区；群科新区的正南方是同仁县，其内分布有热贡艺术区、麦秀国家森林公园、保安铁城山等景区。

上述景点特色鲜明、类型丰富，但因现状交通、旅游配套服务等建设的相对滞后，导致旅游知名度较上述“一圈三线”有较大差距，景点之间缺乏互动、尚未形成合力，未能像青海其他地区形成鲜明的区域旅游品牌。

2. 借助大交通改善契机，形成多县联动、众星拱月的新态势

目前，西成高铁的规划已获得国家发改委的批复，群科站将成为化隆及周边地区的规模最大的高铁站点。此外，群科新区内的平阿高速、临共高速已经基本建成，从新区前往周边尖扎县、同仁县、循化县的高速里程均在30—45分钟以内。因此，以群科新区作为旅游集散服务中心，与周边区县联动发展的态势已经基本成型。

在上述交通设施逐渐建成的情况下，青海省东南旅游线路的活跃度必将走高。规划认为，群科新区应该紧抓区域旅游跨越式发展的巨大契机，做大做强旅游服务集散功能，与周边各大旅游景区形成错位发展、联动发展。

3. 化隆县内旅游发展势头强劲，服务基地呼之欲出

除上述区域旅游资源外，化隆县也正在围绕自身资源，在县域范围内做大做强旅游产业。最新完成的《化隆县旅游规划》中已明确思路：首先，夯实做大黄河民俗风情旅游带，形成民俗体验、水上娱乐新热点，培育贯穿东西的宗教文化户外精品旅游带。其次，全县将构建四大类型的主题旅游功能区，包括黄河民俗风情旅游功能区、休闲农业观光旅游功能区、宗教文化朝圣体验旅游功能区和东部民俗文化观光旅游功能区。再次，规划确定将群科新区打造成化隆县的旅游中心，突出群科新区的中心地位，集特色地域文化和休闲品位于一体，完善服务接待设施。

4. 充分利用群科景观优势，以度假服务配套周边旅游景点

群科新区位于黄河谷地，依山面水，环境优越。本项目所在的片区是群科新区沿黄河的第一界面，其内拥有多种地形地貌，可以形成多样化的沿河景观风貌。规划认为，虽然群科新区范围内并没有旅游景点，但可以托沿黄区域优良的景观资源打造滨黄河度假区，并提供旅游集散服务功能，形成“游玩在周边、吃住在群科”的良好态势。

三、规划定位

1. 总体定位

根据上述研究与分析，规划对基地作出以下功能定位：秀美黄河上游第一旅游度假集散中心；通过多民族文化融合，建立完善的旅游基础设施系统，打造民族文化体验与养生的旅游度假休闲基地。在上述总体功能定位之下，规划将在基地内打造丰富的主题功能，包括群科新区最重要的市民公共活动景观带；黄河上游旅游集散服务基地；青藏高原多民族民俗文

5.效果图

化体验中心；黄河上游最得天独厚的度假胜地；西宁城市后花园、养老天堂；黄河上游创作、采风、摄影基地。

2. 功能板块

根据上述总体定位，基地内将布局两大功能片区。分别是基地西部的旅游度假服务片区和东部的旅游文化体验片区。在上述两大功能片区内，将开发建设七个功能不同的旅游度假服务项目，分别是养生主题度假酒店、新中式主题度假酒店、伊斯兰主题度假酒店、旅游服务中心与旅游商业、美食大观园与生态园、忆江南、高原水上威尼斯。

3. 风貌定位

根据现场调研可知，化隆县是我国西部典型的少数民族聚集地，县内居住了包括回族、撒拉族、藏族在内的多个少数民族。因此，基地的建设风格不但要能体现地域文化特色，同时又能对周边旅游客群形成吸引力。因此，本规划提出以下建设风貌定位：以现代伊斯兰风格为主体，融合汉、藏等特色民族风格，展现地域文化特色的风情体验片区。

四、目标策略

1. 设计目标

本规划提出以下三大发展目标：（1）打造城市客厅，通过构筑复合型的公共开放空间，创造富有活力的滨河景观空间。（2）构筑城市阳台，通过设计阶梯状、错落有致的景观广场，形成尊享大美黄河风景的眺望之地。（3）打开城市之窗，携手群科新区内的其他片区协调建设，成为展示化隆县、群科新区建设成就、经济发展成果的最佳载体。

2. 设计策略

本规划提出以下四大设计策略：

（1）策略一、两极联动

从发展态势来看，海东地区未来的发展核心是位于兰西发展轴的平安县和位于沿黄发展轴的群科新区。从产业发展定位来看，平安县得益于较好的区域交通优势，以第二产业为主导进行发展，打造海东市的产业增长核心。本项目所在的群科新区则得益于z其景观环境资源，以第三产业为主导进行发展，打造海东市的旅游服务配套核心。南北两大发展极核通过平阿高速、西成高铁紧密联系、联动发展，可以充分带动整个海东市在青海东部地区的强势崛起。

（2）策略二、区区联动

充分发挥群科新区地理区位优势和交通优势，做强做大旅游集散服务功能，与周边循化县、同仁县、尖扎县以及县域内各旅游景区联动发展。规划突出旅游集散服务相关功能，重点打造度假酒店群、旅游服务中心、休闲娱乐中心、特色商业等相关功能。

（3）策略三、区城联动

群科新区的建设虽然已初具规模，但建成项目主要是行政办公、居住、医疗、教育等功能，旅游接待、配套商业、文化设施、休闲餐饮等方面的欠缺较大。本规划在基地内主要建设旅游集散服务、三大酒店群、商业文化设施、休闲娱乐设施，可以与群科新区在功能上形成优势互补，促进共同发展。

（4）策略四、城水交融

本项目位于群科新区建成区与黄河之间，是城市与滨水区域的衔接地带。设计通过在基地内引入公共景观功能，使沿黄景观带与城市生活功能片区紧密衔接。此外，设计严格控制基地内的建筑体量和高度，避免形成突兀的空间形象，形成从水面到城市逐级提高的景观过渡带，使城市与自然完美融合。

五、总体规划

1. 总体结构

规划在基地内构建“两轴、两心、一带、两区”的空间结构体系。两轴是纵贯西区的城市景观轴线和东区的特色文化轴线。两心是位于西区的旅游服务集散核心和位于东区的文化旅游体验核心。一带是基地南侧沿黄滨水景观带。两区是位于基地西部的旅游综合服务片区和东部的旅游文化体验片区。

2. 道路组织

基地内的道路分主次两个等级。其中，区内主干道路横贯基地东西，红线宽度14m，机动车道设计为7m双向两车道。人行道采用非对称断面形式，在南侧靠近黄河的一侧，设置5m宽的人非混合道，北侧则设置2m宽的人行道。主干道路在基地西侧形成半环，围绕形成群科迎宾广场，是基地西部的车行交通入口。另一个车行交通入口设置在基地东部的高原水上威尼斯片区内，采用外环道路形式，保障水上威尼斯项目形成较为安全的中央步行区域。各个地块内部的次要道路道路宽度一般为6—7m，满足旅游车辆进出和消防后勤车流运作。

3. 停车组织

规划区内的停车系统分为地面停车和地下停车两部分。地面停车为设置在重要片区周边的路边停车和位于高原水上威尼斯板块内的两处集中停车场。忆江南养老住宅的一层采用架空形式设计，可以满足其自身的停车。为提高土地利用率，规划在各个酒店、商业地块内设计了地下停车库，在迎宾广场地下设计了城市公共地下停车库，满足基地内较大的旅游停车需求。

4. 步行组织

基地不但是服务旅游产业的功能集中区，同时也将承担服务群科新区市民的景观公共空间功能。为达到上述目标，规划在基地沿黄河地带设置一条宽度至少不小于50m的滨水景观公园带，其内策划九曲悬桥、陡壁绿影、临水照影、游船码头、临崖游园、地景雕塑公园、月亮湾、沟壑悬谷、威尼斯水城、云台展望等九处景观节点，打造群科新区最引人入胜的景观体验地。此外，规划在基地东西部各设置大尺度景观广场一处，分别是迎宾广场和高原水上威尼斯中央广场，可以将人流从滨河路引入至滨水景观公园带内，充分提高滨水景观公园带的利用率和经济价值。

六、主要项目设计

1. 度假区旅游集散服务中心

旅游集散服务中心作为本项目旅游集散服务功能的载体，位于迎宾广场南侧，可以提供最全面的旅游信息及旅游有关配套服务。其内安排如下功能：游客咨询服务中心一集景点售票、宣传推介、景点介绍、导游服务、交通引导、咨询投诉、演艺购物、监控监管等于一体的综合型服务机构；旅游客运服务中心—提供集散换乘、租赁车辆、疏导人流车流、集中管理机动车等功能的服务中心；VIP团队接待处—适用于来访参观游览的大团队，负责接待、导游、行程安排。

2. 度假区配套商业街

配套商业街位于迎宾广场西侧、滨河路南侧。本项目占据基地内的繁华地段，作为城市与度假区的连接点，融合城市繁华与本区民俗特征，是最具活力和商业气息的街区。本项目将集中销售片区内相关商品及特色旅游纪念品，同时配套餐饮、邮政、娱乐、培训、办公等设施，成为片区内最具活力的商业街区。此外，规划建议在不同的节假日组织相应的节庆活动，吸引外来游客，充分活跃街区氛围。

3. 养生主题度假酒店

养生主题度假酒店项目位于规划区最北侧，是一处依山望水、视线开阔的静心疗养之地。设计提取当地传统藏药文化，用于净身洗浴、SPA按摩、饮用调理、温泉泡池等项目，并适当拓展矿泉理疗附属产品，为游客提供高品质的度假住宿及休闲养生服务。

4. 新中式主题度假酒店

新中式主题度假酒店位于迎宾广场北侧，作为服务整个化隆县域的高标准配套酒店，兼具旅游服务及城市商务会议功能。本酒店以四星级综合型酒店标准进行设计，配套住宿、餐饮、会议、商务、娱乐、健身等优质的硬件设施，为旅客提供高端舒适的度假体验。

5. 伊斯兰主题度假酒店

考虑到化隆县拥有较多信奉伊斯兰教的少数民族，建设民族风格的酒店可以为少数民族游客提供更为全面的服务。因此，规划在迎宾广场南侧布局伊斯兰主题酒店。酒店的建筑外立面和内部装饰均采用现代伊斯兰风格进行设计，大堂和公共区域将布置展示伊斯兰文化的相关展览功能，以体现主题内涵。酒店可更具穆斯林、其他民族的不同消费习惯分区设置相关服务功能，既能让非穆斯林客人体验穆斯林的传统文化，也能为穆斯林客人提供周到服务。

6. 高原水上威尼斯

高原水上威尼斯是基地内占地面积、建设规模最大的项目，位于整个度假区的最东部。本项目采用混合模式进行设计，采用适合步行的尺度划分各个街区，其内设置文化创作、商业、娱乐、精品酒店、客栈、餐饮、酒吧街、俱乐部、健身中心、咖啡吧、养老公寓等功能，是一个集文化、休闲、度假、消费、运动于一体的旅游地产项目。

设计在高原水上威尼斯片区内布局“一廊、一环、多片”的整体功能结构。

一廊：文化长廊。文化长廊南北贯穿整个高原水上威尼斯项目，通过文化景墙、雕塑、广场等空间要素展示不同地域民族文化。在重要节庆日，可以利用广场组织文化展演和民众节庆活动。此外，本长廊也是化隆县未来进行婚纱摄影、写生创作的最佳场所。

一环：景观水环。规划利用现状地形进行局部水体开挖，在基地内部形成水环，并与黄河水面联通，不但契合“水上威尼斯“的概念，同时为地块开发提供景观支撑。开挖水面的宽度控制在9米至12米不等，其间点缀数座特色景观桥梁，游船可以在其中穿梭，水系两岸则建设为滨水步行景观带。

多片：多个功能片区。文化体验区靠近滨河路布局，是一个功能高度复合的综合商业片区，其内布局多种类型建筑。包含纯商业建筑（一二层均为商铺）、创作工作室建筑（一楼销售展示、二楼创作居住）、商住综合建筑（一楼商铺餐饮、二楼居住）等。休闲度假区靠近黄河布局，其内包含精品酒店、客栈、餐饮、咖啡吧、娱乐场所等功能，是群科新区未来最富有活力的城市滨水区。运动文化片区位于休闲度假区西侧，依托滨水景观优势，重点打造休闲茶吧、咖啡厅、酒吧等休闲场所空间。此外，该片区内同时设置现代体育运动俱乐部、健身会所、保龄球馆、台球厅等活动功能。由于高原水上威尼斯的地势较低，建设水上构筑物成本较低。因此，设计在高原水上威尼斯的最南侧设计水上游艇码头一处，打造黄河水上游览的重要集散节点。其内设置游船停靠站，配套休闲驿站、船只维修及保养等服务设施。由于群科新区拥有较低的海拔高度，相比周边地区拥有较好的气候环境，是区域内良好的养老居住地。因此，设计在文化体验区南北两侧适当布局生态养老片区，发展生态养老住宅、养老看护中心、养老度假公寓等功能。

作者简介

吴铁军，同济大学风景园林专业学士，长期从事旅游规划设计、景观规划设计；

谭　虎，国家注册规划师；

李　勇，国家注册规划师；

姜　廷，国家注册规划师。

1.整体鸟瞰图
2.三镇一区旅游资源现状分布图
3.三镇一区山体资源分布图

滨海地区旅游资源与空间整合开发研究
——以青岛国际生态旅游岛为例

Coastal Tourism Resources Development and Spatial Integration —Example of Qingdao International Eco-Tourism Island

梅 欣 倪有为 王 红
Mei Xin Ni Youwei Wang Hong

[摘　要]　即墨东部的“三镇一区”，是一个海山之畔、云天之滨的山海半岛，有着悠久的历史和丰富的民俗。其山体丰富、岛屿众多，含多处特色港湾，可以说，资源禀赋优势及滨海快速发展机遇使其成为青岛沿线最具有开发潜力的区域。本文以即墨东部地区的国际生态旅游岛为例，探讨滨海地区旅游资源与空间整合开发新模式，并提出我国滨海地区旅游发展规划与空间开发利用的新思路和新方法。

[关键词]　生态旅游；国际生态旅游岛；旅游资源空间整合

[Abstract]　"Three town one area of eastern Jimo ", a seamount banks, sky coast peninsula, has a long history and rich folk. Its rich mountain, numerous islands, including many specialties harbor, we can say that resource endowment and the rapid development of the coastal area opportunity to become the most potential area along the route of Qingdao. In this paper, use the international eco-tourism island of Jimo eastern region as an example, to explore a new development model of the coastal areas and spatial integration of tourism resources, and to propose new ideas and new methods of tourism development planning and space development and utilization of coastal areas.

[Keywords]　Eco-tourism; International Eco-tourism Island; Tourism Resource Integration

[文章编号]　2015-69-P-036

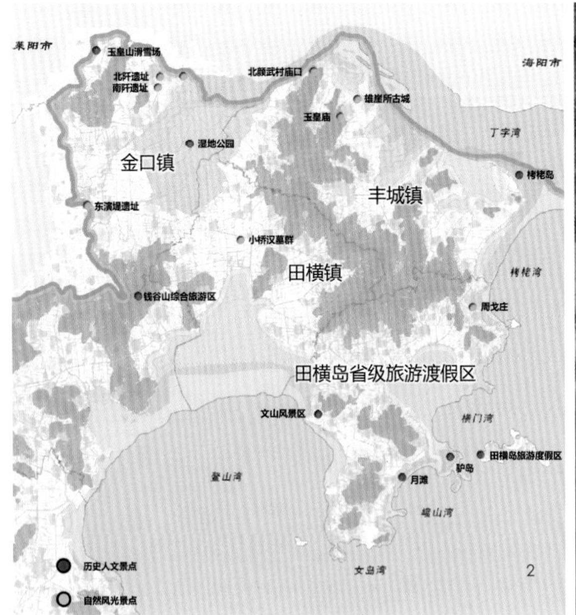

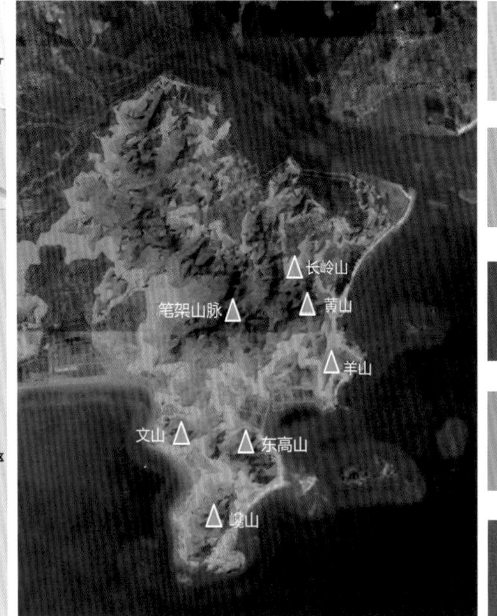

21世纪以来，世界旅游产业发生重大改变，最主要是传统观光旅游让位于以休闲、康体、娱乐为目的的度假旅游。而其中拥有多功能优势的滨海休闲度假旅游，成为极富国际和区域竞争力的旅游产品，步入快速发展的轨道。

国外滨海度假旅游已经近一个世纪发展，形成较成熟的产品体系，代表着一个国家或地区旅游产品的形象和声誉。例如加勒比海、地中海、夏威夷、巴厘岛等，都是世界知名的滨海旅游度假地。

在我国，滨海度假旅游正处于快速发育的“少年期”，度假方式已逐步从观光旅游转向休闲体验游，基本形成夏季以青岛、大连为代表，冬季以三亚为代表的滨海度假旅游格局。2013年被国家旅游局确定为“中国海洋旅游年”，而海洋是青岛旅游的“金字招牌”，拥有着优越区位交通、丰富海洋资源、独特地域文化的即墨东部半岛（以下简称即东半岛）成功纳入青岛滨海旅游大格局中。在此发展背景下，即墨市开展了“即墨东部“三镇一区”总体规划”以及“青岛田横国际生态旅游岛核心城区控制性详细规划及概念性城市设计”，两个规划皆对即东半岛的旅游资源整合与空间发展提出了建设性的发展建议。

一、基本概况

即东半岛由田横镇、丰城镇、金口镇、田横岛省级旅游度假区“三镇一区”组成，其三面环海，历史上因海水位上升进而形成岛屿，建设历史可追溯到春秋战国时期，其中田横岛因秦末汉初田横及五百义士的忠义故事而得名。而声名远播的田横祭海节是国内沿海原始仪式保存最完整、渔文化特色最浓郁、规模最宏大的祭海盛典，是渔民创造的一种独具地域特色的海洋文化，最多时吸引了近30万人。

近年来随着大青岛空间战略不断优化调整，东北翼战略价值不断被认知；即墨发展中心东移，“半岛即墨”浮出水面；随着滨海大骨架的拉开、扬帆船厂建设、女岛港升为国家一类港口等，半岛成为青岛沿线最具有开发潜力的区域。

当然，半岛在处于前所未有发展机遇的同时，因对资源缺乏系统性开发及高端旅游综合服务设施匮乏而停留在原始的观光旅游阶段，其从自然岛屿、海滩、山体到历史文化、民俗风情，区域内丰富旅游资源亟待进一步挖掘与整合。其主要存在以下三方面问题，一是季节性特征明显，集中于春夏季，特别是三月的祭海节是全年峰值；二是旅游资源类型丰富但停留于观光阶段，缺乏深度挖掘和品牌塑造；三是旅游服务支撑体系缺失。

二、规划思路与定位

1. 规划思路

针对“三镇一区” 旅游主要存在问题，规划提出以下发展思路。在规划目标上，提出“融入青岛滨海旅游大格局”、成为“青岛滨海旅游的高端休闲度假型板块”的发展目标；在时间维度上，提出了滨海休闲旅游资源的“四季主题”；在空间维度上，提出了“滨海休闲” “滨海会议” “民俗文化” “山体运动” “田园风情”等多种功能主题区；在空间组织上，加强旅游资源间的游线组织来整合区域旅游资源；在旅游服务体系上，加强旅游产业与城市服务设施的整合，通过“产城融合”的方式为旅游提供全方位的支撑服务。

2. 目标定位

（1）发展目标

“即墨东部“三镇一区”总体规划”提出“硅谷产业园，国际旅游岛”。在此基础上，“青岛田横国际生态旅游岛核心城区概念性城市设计及控制性详细规划”提出即东半岛依托其优越的山海人文旅游资源，发展成为具有地域特色的国际生态旅游岛生态文化旅游区，并成为青岛沿滨海公路从青岛市区的城市型到崂山风景区的观光型、再到即东地区的滨海高端休闲型旅游板块。

（2）市场定位

根据国际生态旅游岛特点，确定以下四个市场定位：即以旅游景点和祭海节为主的大众旅游市场；以田横特色饮食和民俗文化为主的休闲度假市场；以海产品贸易和会议度假的商贸办公市场；以第二居所和养老宜居的生态人居市场。其核心吸引人群为环渤海地区人群，长三角、珠三角地区乃至全国为其重要目标客户群；东北亚范围及全球为远期目标客户群。

三、国际生态旅游岛旅游资源空间整合

旅游资源的深入挖掘和空间整合将有助于提升

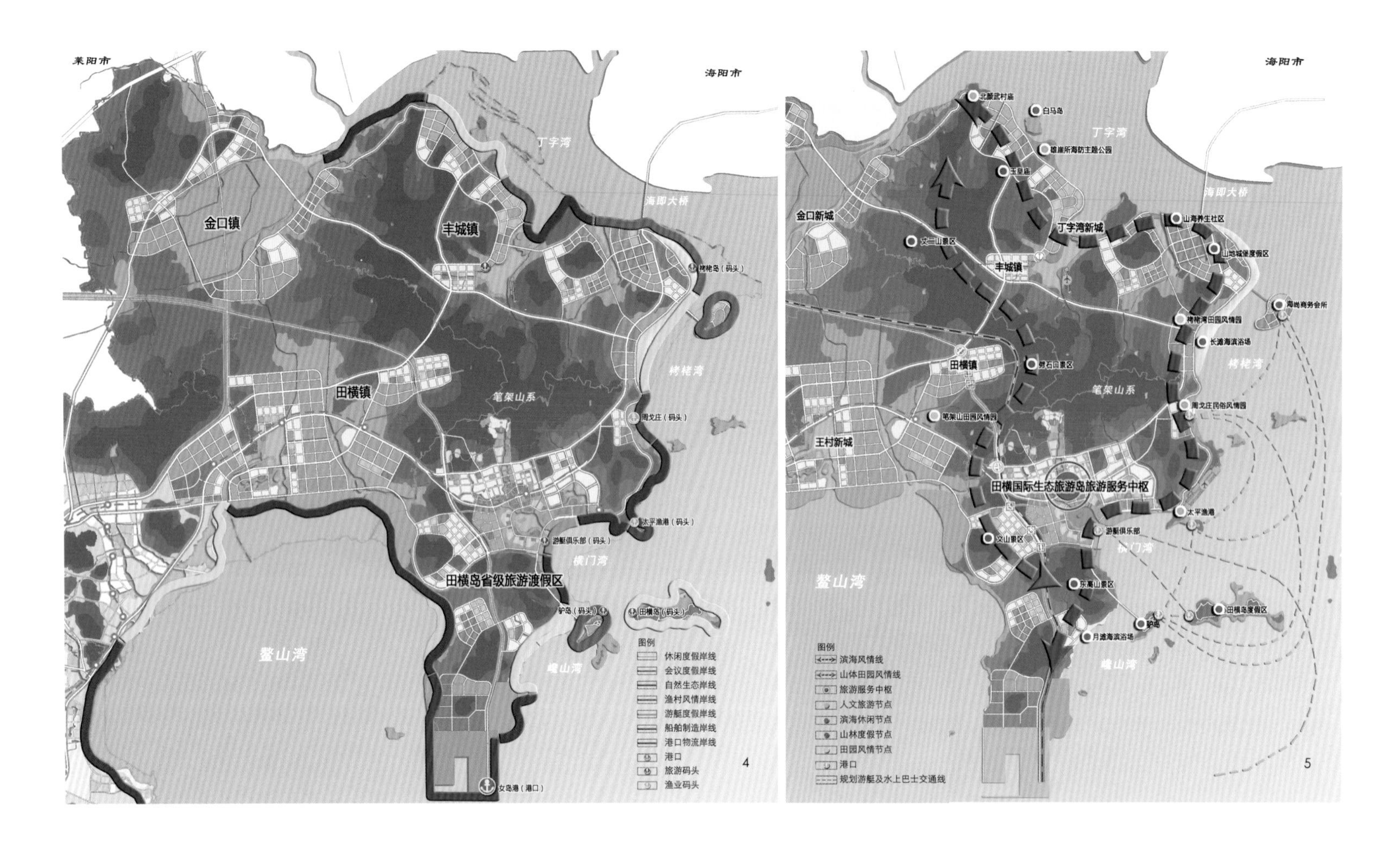

4.三镇一区岸线规划图
5.三镇一区旅游规划图
6-8.三镇一区空间结构规划图

其整体知名度，因此在国际生态旅游岛旅游资源空间整合规划中提出了时间维度与空间维度的主题策划、新生代休闲旅游项目的拓展、组团式旅游空间结构的建立及丰富的游线组织来整合区域内旅游资源，并多方位展示其融自然风光、民俗风情、历史文化、休闲娱乐于一体的高端休闲旅游度假区形象。

1. 主题策划

（1）“四季”主题——从节庆旅游到四季旅游的转变

田横祭海节是半岛最知名的文化旅游品牌，规模最盛时吸进近30万人，但由于其持续时间较短，再加上区域旅游资源分散、旅游主题不明确，短期节庆旅游方式无法对整个半岛旅游产生长期性拉动作用。因此，本次规划在旅游资源整合中突破单一节庆旅游格局，形成体现自然风光、民俗风情等地方特色的四季主题，实现区域旅游发展新思路。

①春季祭海朝拜（3—5月）。以祭海节为主线的文化之旅，体验浓郁的民俗风情和淳朴民风，主要有朝拜、出海、庆典一系列的主题活动。

②夏季滨海度假（6—8月）。以海滨度假为主线的休闲之旅，利用田横丰富的海岛资源和深水港资源，开创国内首个“游艇环岛游”体验海上风情、海岛的秀美、沙滩趣味，并提供休闲、购物、娱乐等丰富度假产品。

③秋季海产品贸易（9—11月）。以海产品贸易为主线的体验之旅，将其打造成为青岛乃至全国首屈一指的海产品贸易基地，同时举办旅游岛啤酒节、体验海参养殖等。

④冬季养生度假（12—2月）。以冬季休闲度假为主线的养生之旅，在核心城区配套高标准休疗养设施，吸引养生度假人群放下城市喧嚣，释放心灵，看这片银装素裹的海，体验这片宁静的山水。

（2）“功能”主题——从共性旅游到特色旅游的转变

旅游景点的深度发展是其长久吸引力的源泉，基于半岛丰富的旅游资源，规划在空间维度上对旅游资源进行深度挖掘和整合，通过强化民俗文化、滨海休闲、山林度假、田园风情等主题体验来加深游客对半岛的印象，从而提升其对外知名度。

①民俗文化主题策划

民俗文化作为一种高层次的旅游产品能带给游客非常深刻的体验。国际生态旅游岛拥有着丰厚的历史文化、民俗风情、饮食特色等，如田横岛上田横和五百义士的雕塑充分体现了田横的忠义文化；周戈庄上扬起的船帆、矗立的石碑记录了田横祭海文化宏远盛大与人们对大海的敬畏之情；《田横小夜曲》娓娓道出了渔村风情和渔民心情；核心城区规划建设的博物馆，通过多样的方式展示田横文化。

②滨海休闲主题策划

田横的自然岸线是未经雕琢的魅力海岸，在策划岸线活动的同时将建设与保护相结合进行适度的开发利用，根据海岸不同的景观和功能打造五大主题岸线：包括沿栲栳岛、田横岛、月滩的度假型的滨海休闲岸线、体现原始风情的王村自然生态岸线、具有民俗韵味周戈庄渔村风情岸线、体验水上刺激的田横湾游艇休闲岸线和商务服务功能的田横岛会议度假岸线。

③山林度假主题策划

半岛内众山相望，主要有巉山、东高山、文山、笔架山、黄山、羊山、长岭山等山体，高度在200m左右，非常适合山林度假开发。通过充分利用山体资源，进行徒步登山、自行车赛、空中游览活动；利用山坡优势设置滑草场、打造攀岩基地；结合生态资源优越的区域设置天然氧吧、山林疗养度假区等。

④田园风情主题策划

将区域内原有村落建筑改造成民俗村，提供民宿度假、出海捕鱼体验等旅游休闲服务；在原有村落周边设置海钓码头、海鲜养殖池、露天烧烤、海鲜美食馆、渔人码头，展示“海鲜饕餮游”休闲度假特色；对部分农田作物种植进行统一安排，形成季节性大地景观，如利用坡地种植向日葵、油菜花田，营造舒适、惬意的田园风情小镇。

2. 项目拓展

目前生态旅游岛主要发展了雄崖所古城、周戈庄、田横岛、楮桃岛度假村等旅游资源，其绵长的海岸线、深水港海域、岛屿、山体尚处于未开发中，其中不乏很多有潜力的项目，如月滩和楮桃岛有着优越的滨海沙滩条件，巉山湾深水港条件，可以发展滨海休闲和游艇休闲度假项目；横门湾内离岛资源丰富，星罗棋布，可以针对岛屿特点进行挖掘，形成独具特色的海岛度假项目；文山、巉山、东高山等自然山体，适度发展生态养生度假项目。

3. 空间结构

国际生态旅游岛的开发，基础是大力发展滨海旅游、适度拓展临港产业、积极推动新型城镇化，同时在区域塑造出了“双轴、三带、多功能区”空间发展格局。

双轴带动——城市发展轴线：鳌山湾—田横—丰城；旅游休闲轴线：鳌山湾—滨海大道—田横岛省级旅游度假区—楮桃湾—丁字湾。

三带发展——按照滨水岸线的不同功能和旅游资源进行划分，包括北部文化创逸发展带、东部滨海旅游发展带、西部蓝色产业发展带。

多功能区——包括提供多功能综合旅游服务的田横旅游度假区和特色名俗风情的旅游服务镇区，如田横镇区、丰城镇区、金口镇区。

4. 游线组织

为适应多元人群旅游需求，规划通过滨海风情游、山林田园游和海岛游三类游线进行组织，各游线之间可以相互转换，从而有机联系各旅游景区。

（1）滨海风情游——以东部滨海沿线旅游资源为载体，沿滨海道路串联月滩海滨浴场、横门湾游艇俱乐部、太平渔巷、周戈庄民俗风情园、楮桃岛休闲度假区、玉皇庙、雄崖所等景点，是体现国际生态旅游岛滨海风光、人文特色与历史风情的滨海风情游线。

（2）山林田园风情游——通过沿笔架山脉游线串联岛内文山景区、笔架山田园风情园、劈石口景区、文二山景区等，形成以登山、攀岩、生态休疗养、田园观光等山体田园风情游。

（3）海岛游——利用丰富的离岛资源，对岛内岛屿进行因地制宜开发，通过水上巴士连接群岛，形成以休疗养、会议度假、野营探险为主的海岛游。

四、国际生态旅游岛旅游服务体系构建

旅游资源的空间整合一方面体现在旅游资源的深度开发和旅游空间的有序组织，另一方面体现在旅游服务体系构建上，主要通过加强旅游产业与城市服务设施的再整合，以“产城融合”的方式为半岛旅游高端化发展提供全方位的旅游服务支撑。

1. 旅游服务中枢的构建

田横岛省级旅游度假区位于青岛重要的旅游发展轴上，是半岛上旅游资源最集中的区域，属于沿滨海公路的高端休闲旅游板块。因此规划确立了以田横岛省级旅游度假区核心城区作为整个半岛的旅游服务中枢，并在城区布局完善的旅游服务设施，从而为整个半岛旅游发展提供高品质的“食、住、行、游、购、娱”服务。

2. “产城融合”的旅游服务体系

核心城区旨在建立一个具有山海景观特色，集“旅、居、业”于一体的、定义未来生活方式的滨海生态旅游新城。其中“旅”是重要发展要素，和“居”和“业”紧密联系在一起，成

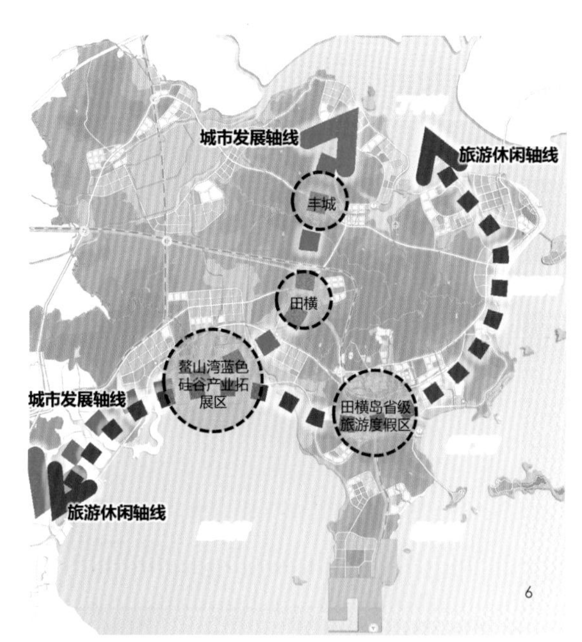

6

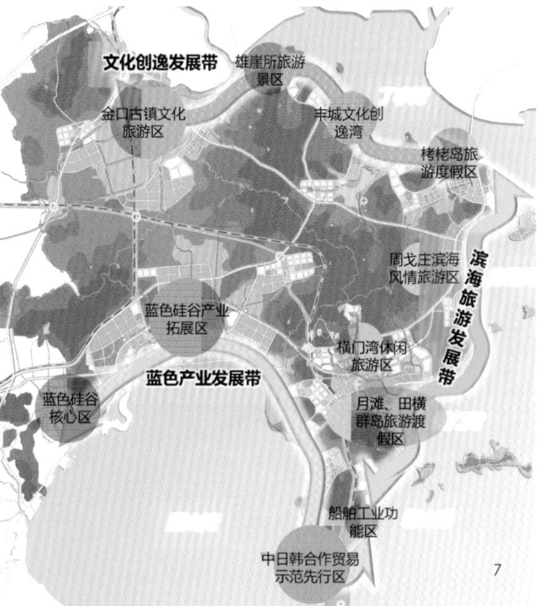

7

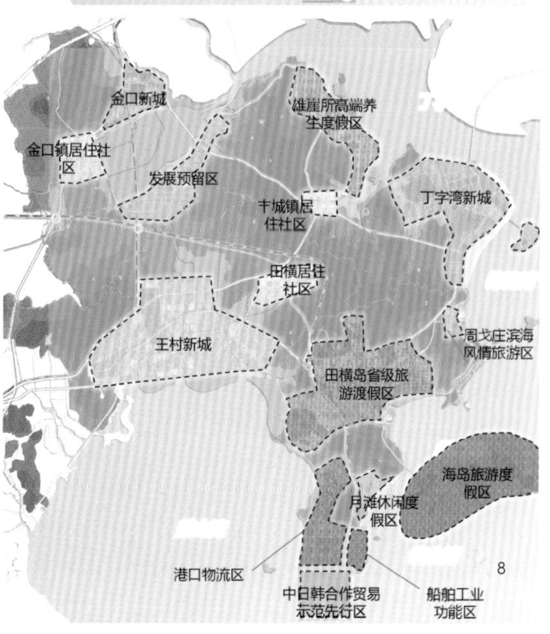

8

9.入口透视图
10.环湖水景透视图
11.环湖海鲜街透视图

表1　　旅游人群分类及相应功能需求分析

人群分类	人口规模预计（2020年）	需求类型	具体内容
休闲疗养型	3万～5万人	疏解康复、养生休闲、职业空挡期……	高标准医疗、养生SPA、主题休闲、度假公寓等
商务福利型	1万人	员工集体福利、高端商务会议、企业精神提升……	论坛培训、文化展示、贸易咨询、会展、商务交流、户外体育、俱乐部等
旅游观光型	2万～6万人（预计祭海节峰 值10万人）	家庭远郊游、解压交友、俱乐部活动……	旅游集散中心、酒店、餐饮、市场、俱乐部等

为该地区城市发展的重要支柱。旅游服务设施的落地建设，对外能够提供完善旅游服务，快速有效带动半岛旅游业发展，同时为本地居民提供工作机会、优化城市产业结构、提高城市经济效益；对内能够与当地公共服务设施相结合，以最低成本实现城市形象的大幅度提升。

（1）旅游人群分类及相应功能需求分析

规划将旅游人群分为旅游观光型、商务福利型、休闲疗养三大类型，并相应分析各类型具体的功能需求分析，从而为核心城区需布置旅游服务设施提供依据。

（2）依托核心城区构建高品质旅游服务体系

在对不同旅游人群的不同功能需求分析基础上，以核心城区为载体，构建完善的、高品质的旅游服务体系，推动国际滨海旅游度假区的建设。

首先，配建高标准的旅游服务设施。作为一个旅游服务中枢，核心城区的公共服务设施配置标准相应提高，特别是以对外旅游服务为主的酒店、餐饮、娱乐等服务设施。规划在核心城区确立了普通的公共服务设施按照当地规划人口8万～10万人配置，而医院、休闲疗养等于旅游服务相关的服务设施按照10万～12万人配置，满足外来游客与本地居民的双向需求。

其次，提供多样化的旅游交通服务。规划将城市轻轨R1线沿滨海大道引入核心城区，作为区域的综合交通枢纽，提高地区大运量交通能力，对接青岛轨道网络，提升旅游度假区可达性。同时构建核心城区干道网络，融入区域快速交通系统。规划长途客运站、水上巴士、港口等交通设施，便于游客与当地居民在不同交通方式之间的换乘，并丰富旅游交通方式的体验，最终形成多样化、便捷的交通服务体系。

再次，集中布局旅游商贸服务。核心城区南侧的滨海大道为快速进出服务区的枢纽道路，规划将滨海大道作为旅游服务轴，沿途规划旅游商贸组团，集中布局旅游商贸功能，包括休闲娱乐、酒店旅馆、餐饮美食街、休闲广场、停车设施、批发市场、特产零售与批发市场等功能。这些旅游商贸服务功能在空间上的集中，并与本地商贸服务功能适当分离，能有效保证本地居住组团的生活品质和旅游服务的高效性。

最后，加强旅游信息服务的专业化。规划将布局一个综合的旅游服务中心，搭建一个包括旅游信息中心、散客集散中心、驴友交流基地、紧急情况处理、游线私人定制、购物导览、票务等高度专业化的旅游服务中心，进一步提升国际滨海旅游度假区的服务品质，并将其作为未来旅游服务中心的典型模式，推广到国内其他旅游度假区。

3. 重点项目助力提升旅游服务品质

重点项目对半岛旅游服务体系完善发挥重大作用，其充分切合滨海度假的发展需求，并最大限度包含品种完善的服务产品，从而大力提升半岛旅游服务质量，助力其成功纳入青岛滨海旅游大格局。

目前正在启动的田横欢乐海岸项目，是滨海新城“旅、居、业”体系中的核心项目，是沿滨海公路集旅游、娱乐、购物、餐饮、酒店、会所、文化等业态于一体的旅游服务项目，也是新城建设发展的重要“引擎”。其主要包括主题商业娱乐、绿色休闲度假、旅游商贸办公、生态文化人居四大功能板块。

其中南侧商业休闲区通过洼里河和仲村河汇集处形成较大水面，滨水两侧为休闲娱乐空间，滨水建筑尺度宜人，沿滨河形成连续建筑界面，延续当地的坡屋顶红瓦建筑风格，通过功能的混合使用，营造具有24小时全天候的活力街道氛围，形成田横岛度假区的标志性区域。功能上沿湖布置海鲜饮食街、海产品贸易区、民俗酒店区等。宾客们环湖而坐，喝啤酒吃海鲜，看水上民俗舞蹈，成为田横岛度假区最有活力的区域。

除此之外，规划在沿滨海公路策划主题酒店乐园，其将当地民俗文化主题融入其中，形成独具风格的主题酒店区；在沿洼里河、仲村河生态廊道上策划了海洋文化公园，包括海洋文化基地、海洋教育会馆、拓展训练基地、高级会所、购物中心、儿童乐园等，形成以海洋文化特色的创意休闲乐园；在潘家水库南侧策划笔架山休疗养中心，主要包括山林氧吧、生态养生、休闲度假、山地运动、密林求生、职业培训等，打破传统疗养中心概念，是拓展目标人群的创意性休闲疗养中心。

五、结语

本次规划针对青岛即墨东部滨海地区拥有丰富的滨海旅游资源，但存在季节性特征明显、旅游资源缺乏深度挖掘、旅游服务支撑体系缺失等问题，从旅游资源与空间整合为出发点，以融入“青岛滨海旅游大格局”、成为“青岛滨海旅游的高端休闲度假型板块”为发展目标，通过策划了“四季主题”“滨海休闲”“滨海会议”“民俗文化”“山体运动”“田园风情”等多种“功能主题区”，从时间和空间维度深度挖掘旅游资源，并根据旅游发展趋势，拓展了游艇休闲、山体养生等相关项目，从而实现了整个半岛从“海、岛、滩、湾、田园、城、山”全方位的旅游发展格局。在此基础上，进一步通过旅游服务中枢构建、核心城区旅游服务设施完善等措施加强旅游服务支撑产业与核心城区空间的整合，实现旅游资源与城市空间的整合开发，为旅游资源的开发与利用探索出一条新的道路。

参考文献

[1] 桂林工学院旅游管理专业，河南省信阳师范学院经济与管理科学学院．区域旅游资源开发整合研究[J]．东南亚纵横，2006．

[2] 匡晓明，刘波．生态敏感地区旅游城镇规划策略研究：以东莞市虎门威远岛旅游度假区为例[J]．理想空间，2011．

作者简介

梅　欣，高级规划师，注册规划师，深圳市城市空间规划建筑设计有限公司；

倪有为，高级规划师，注册规划师，深圳市城市空间规划建筑设计有限公司；

王　红，注册规划师，深圳市城市空间规划建筑设计有限公司。

项目负责人：倪有为　王红

项目组成员：李文婷　苗璐　张放心　甘蕾　周杰　熊军　姚亚方

澳大利亚天阁露玛野生海豚度假村生态旅游经验启示

Experience in Development of Ecotourism and its Enlightenment on Tangalooma Resort, Australia

邓 冰 王彬汕
Deng Bing Wang Binshan

[摘　要]　天阁露玛度假村位于澳大利亚昆士兰州首府布里斯班的东南部，属于莫尔顿湾国家公园的一部分。本文主要介绍天阁露玛度假村的环境建设和人与野生海豚互动管理上的策略，希望能为我国滨海度假区开发提供经验借鉴。

[关键词]　人与海豚互动；滨海度假村；旅游管理

[Abstract]　Tangalooma Resort is located southeast of the capital Brisbane, Queensland, Australia, which is part of the Morton Bay National Park. This paper describes the strategy of Tangalooma resort on environment construction and management of human interaction with wild dolphins, hoping to provide experience for China's coastal resort development.

[Keywords]　Human Interaction With Wild Dolphins; Marina Resort; Tourism Management.

[文章编号]　2015-69-P-042

1.天阁露玛度假村位置图
2.天阁露玛旅游度假村功能分区图
3.天阁露玛旅游度假村平面图

一、前言

滨海旅游一直是旅游业中的主要组成部分，滨海度假区的建设遍及世界各地。早期的海滨旅游度假区主要集中在大城市郊区的多阳光沿海地带，依托三S（海洋、沙滩和阳光）资源和多种多样的康体休闲设施（如滨海大道、舞厅、戏院、娱乐场所等）。第二次世界大战后，一些世界著名的综合性海滨旅游度假区在地中海沿岸、加勒比海沿岸、美国佛罗里达州沿岸、东南亚国家等地迅速成长起来。各个滨海度假区依托自身的环境，打造丰富多彩的活动空间、开展休闲、运动、娱乐、度假等多样产品，构成了滨海旅游度假区的综合吸引力。

近年来，一些生态型滨海旅游度假区开始提供观赏野生海洋动物的机会，并将其作为吸引游客的重要方式。以野生海洋动物为观赏对象的旅游活动主要是观鲸鱼、海豚、海象、海狮、海豹、鲨鱼等大型有齿类鲸目（toothed cetacean）、鳍足亚目（pinnipeds）和板鳃类鱼（Elasmobranchii）动物，前二者是哺乳纲、后者是软骨鱼纲。除了少数地点可以在离岸不远的浅滩观赏外，多数游客是通过乘船、潜水、乘直升飞机等方式到深海进行观赏。这些项目提供摄影、喂养、同游、触摸等人与海洋动物互动的机会。少数专业性的海洋探险旅游者喜欢刺激性的鲨笼潜水，即隔着吊笼观赏世界上最具攻击性的食人鲨大白鲨（great white shark）。多数游客还是喜欢观赏温顺、通人性的海豚。

根据目前资料所知，中国海洋境内共有哺乳纲的鲸目12科44种，鲨类8目21科146种，物种多样性丰富。但目前对海洋动物的利用主要集中于渔业捕捞、水产养殖、生物制药等传统优势研究领域，在旅游方面的贡献也限于将海洋动物囚禁式的海洋馆，对在自然环境中观鲸、观鲨等生态旅游活动几乎没有开展。这与国外已经持续开展十多年，有深入广泛研究的观鲸旅游形成鲜明对比。

本文主要介绍澳大利亚昆士兰州莫尔顿岛上的天阁露玛野生海豚度假村的旅游活动空间分布与海豚喂养项目的管理，以期为我国有潜在条件的滨海度假村建设提供参考。

二、天阁露玛度假村概况

天阁露玛度假村位于澳大利亚昆士兰州首府布里斯班的东南部莫尔顿湾莫尔顿岛上。莫尔顿湾国家海洋公园在1993年被正式收入国际保护与利用湿地联盟（简称RAMSAR ）名录，其范围包括莫尔顿岛、北斯垂布鲁克岛和南斯垂布鲁克岛三个主要的岛屿及其周边的岛礁群和海域，面积达1 523km^2。莫尔顿岛面积为189km^2，岛周长达38km，是世界上面积最大的沙质岛屿。岛上有丰富的植物、海洋生物、鸟类和野生动物，接近98%的面积是国家公园的保护范围。

莫尔顿岛不仅自然风光优美，人文内涵也丰富。考古学家发现岛上有多处贝壳堆（shell middens），表明2000年前，岛上就已经有土著居住。现存330处文化遗址点，包括多处贝壳堆、骨头、一处大型采石场。有记载的欧洲人登岛历史是从1848年开始，莫顿岛的北端成为通往布里斯班的主要通道。在1857年，流放的罪犯在那里建成了昆士兰州的第一个灯塔。二次世界大战期间，这里是修建了西澳大利亚主要的沿海防御工程。在1952年到1962年，在岛屿的西侧设立了昆士兰州唯一的一个捕鲸站。鲸鱼的数量由于大量的捕杀，从最初的35 000到60 000头迅速减少到不足500头。从1965年开始，这种残忍的捕杀行为停止了，政府开始对座头鲸加以保护，使它们的数量恢复到了现在的1.4万头左右。之前整个澳大利亚每年从捕鲸中获益约为3 200万澳元，如今，通过观鲸旅游，澳大利亚每年获益约7 000万澳元。

天阁露玛野生海豚度假村正是在原有捕鲸站的基础上发展起来的。1965年7月，黄金海岸的一个企业联合组织买下这里，开始度假村的建设。1980年布里斯班当地的奥斯本（Osborne）家族购入度假村，并开始规模建设度假设施，经营至今。近年来，随着中国出境游市场的不断开拓和发展，天阁露玛度假村的中国游客逐年升高。2011年，度假村接待的中国游客数量已经达到12 000人次，超过日本和新加坡，成为天阁露玛度假村最大的海外市场。

三、选址与布局

1. 综合考虑水文条件，巧借人工遗存

天阁露玛度假村位于莫尔顿岛的西侧中部，从布里斯班乘豪华游艇横跨莫尔顿海湾，只需75min，就可以到达。这里背靠太平洋朝向澳洲大陆，没有东

岸的惊涛骇浪，而是洁白柔软的沙滩和晶莹清澈的海水，非常适于开展各种旅游度假活动。2006年一举荣获“澳大利亚最纯净海滩”的殊荣。良好的地理区位也使其成为世界上最美的海上落日观赏地点之一。原有的捕鲸站设施很好地融入度假村中，成为度假村景观设施的一部分，为度假村增添了人文气息。

2. 不同档次度假设施分区聚合，滨海与山地相得益彰

作为整个莫尔顿岛唯一一处人口聚集的地方（全岛还有若干可露营的指定区域），度假村的建筑群落相对紧凑密集。依功能不同分为四大区域：旅游服务区、大众度假区、高端度假区、山顶度假区。不同类型和档次的度假建筑依山就势，形成海滩与山地两大聚落，构建高低错落、疏密有致的空间格局。

3. 机动车道、专用机动车路及步行渐次深入，减少人工痕迹

天阁露玛度假村的交通系统由景观步行道、内部车道与机动车道三大体系组成。景观步行道体系与海滩平行，是整个度假村的交通组织主体，连接码头、游客中心、餐馆、咖啡厅、酒店、度假单元、度假套房、别墅等，形成3km长、100—200m进深的滨海度假空间；内部车道供电瓶车运送行李及后勤车使用，隐藏在建筑的背海面；机动车道从南北两大游船码头接入，隐藏在山体中，远离度假村的核心区，连接山地度假屋和北部滨海度假屋。为减少车辆的通行对岛内生态通道的阻断与破坏，机动车的时速限制在60km/h，在山脊多盲角的路段，时速限制是30km/h。

四、接待设施与活动组织

1. 提供七类住宿设施，全面涵盖游客多样化需求

度假村面对不同的游客提供多样的住宿设施，包括酒店、度假单元、度假套房、别墅、深蓝奢华公寓、滨海度假屋、山顶度假屋六大系列，都布置在优美的园林花园和自然丛林中，绝大多数房间都保证了良好的面海景观。除了山顶度假屋外，每一系列的度假接待设施步行到海滩不到50m的距离。

2. 配套主题餐饮设施，汇聚世界各地美食体验

度假村有咖啡厅、酒吧、中西餐厅、会议室、照片影像、游乐器械租赁、商店等旅游度假服务设施一应俱全。在主题餐饮设施方面有能容纳两三百人的自助餐厅、可以举办宴会的圆形厅，风味特色上有亚洲风味、土耳其风味、意大利风味等，汇聚了世界各地美食体验。

3. 超过70项旅游活动、海陆空全方位覆盖

度假村开展的旅游活动缤纷多样，根据笔者体验及度假村网站数据，岛上现可开展的活动达71项，可分为海上项目、陆地项目、空中项目、节事活动、主题讲座、喂食项目六大类。

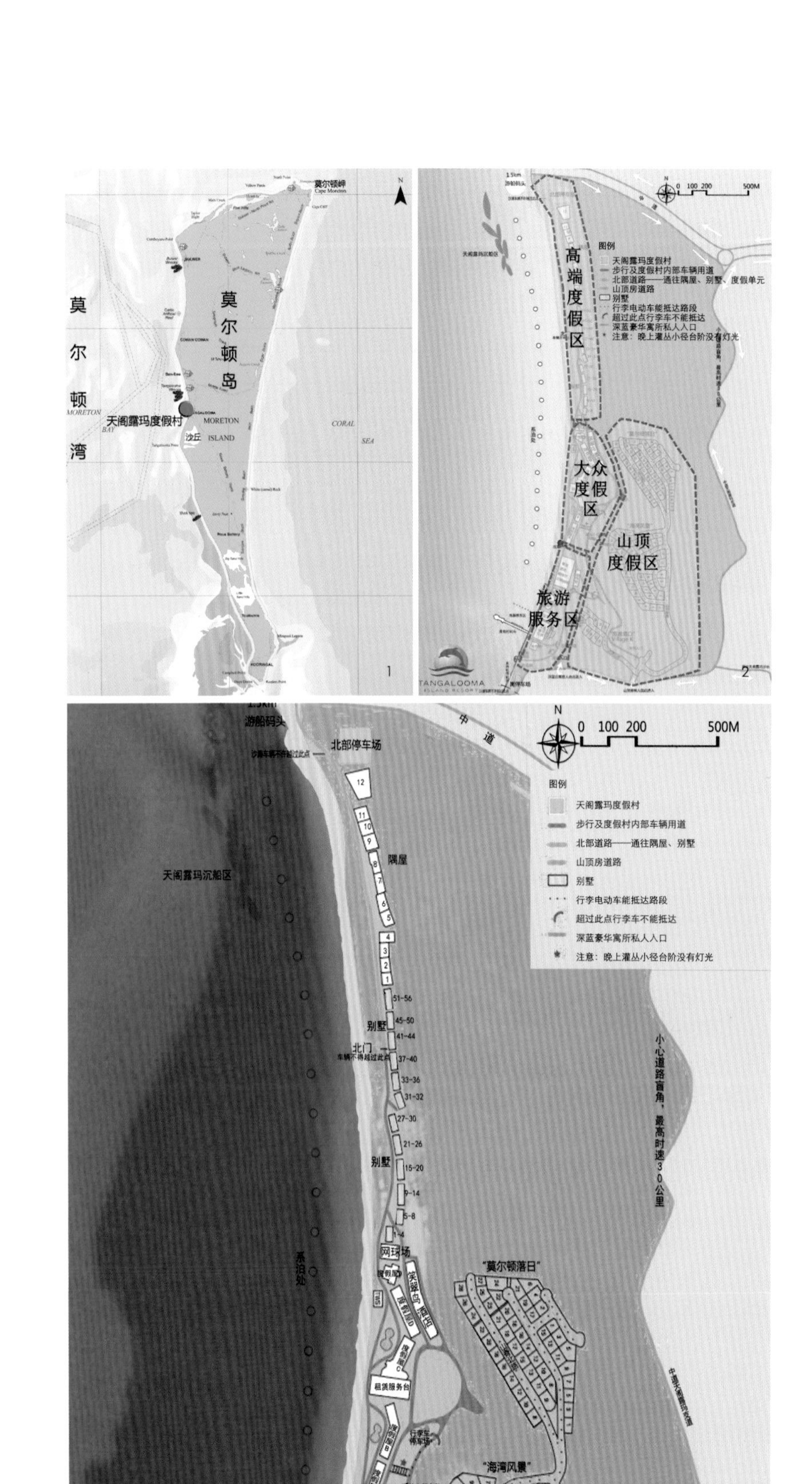

表1 各类接待设施比较一览表

类型	酒店		度假单元	度假套房	别墅	深蓝豪华公寓	山顶度假屋	海滩度假屋
	标准间	奢华间						
星级标准	★★★½	★★★★	★★★½	★★★½	★★★½	★★★★	★★★★	★★★★½
容量	4人	4人	4人	5人	8人	10人	16人	16人
空调	√	√	√	√		√		
吊扇					√		√	√
TV+DVD	√	√	√	√	√	√	√	√
电冰箱			√	√	√	√	√	√
酒柜	√	√						
茶壶/咖啡壶	√	√	√	√	√	√	√	√
抵达时巧克力和白酒		√						
浴室用品	√	√	√	√	√	√		
吹风机	√	√				√		
专用露台	√	√			√	√	√	√
小厨房			√	√				
餐厅设置			√	√	√	√	√	√
带设备厨房					√	√	√	√
洗衣机					√	√	√	√
熨斗					√	√	√	√
洗碗机						√	√	√
专用烧烤架						√	√	√
电话							√	√
带锁车库							√	√

表2 天阁露玛旅游度假村活动项目列表

类别	项目	数量
海上项目	落日航海、独木舟、航海发现之旅、乘船观鲸（6—10月）、沉船区喂鱼、帆伞运动、黄昏至沉船区的独木舟之旅、有舷外支架的独木舟、摩托艇、帆伞、浅滩游泳、沉船区浮潜、双体风帆船、香蕉船、立式划桨船、钓鱼	16
陆地项目	全地形四轮摩托车、四驱越野车、平衡车、沙滩排球/公共汽车观鲸旅行、北端长途徒步、按摩和美容、后山旅行、布斯塔克生态漫步、天阁露玛沉船区生态漫步、夜晚探秘生态散步、海岸沙滩徒步、观鸟点徒步、野生动植物徒步、捕鲸站遗迹旅行、泳池游泳、按摩、美容、滑沙、沙地雪橇、沙地穿越、网球、壁球、箭术、门球、乒乓球、篮球、羽毛球、足球、桌上游戏、高尔夫、儿童沙坑、充气堡、儿童俱乐部假期活动	33
空中项目	直升飞机、直升飞机转乘	2
节事活动	天阁露玛赛马杯、电影之夜、卡拉OK之夜、细微之夜、宾戈之夜	5
主题讲座	海豚的行为和数据搜集、海豚养护项目发现、莫尔顿湾海豚主题讲座、儒艮主题讲座、莫尔顿湾鱼类主题讲座、海洋哺乳动物主题讲座、座头鲸主题讲座、海龟主题讲座、莫尔顿湾的海洋生物主题讲座、危险生物主题讲座、莫尔顿湾鲨鱼主题讲座	11
喂食项目	喂海豚、喂鹈鹕、喂笑翠鸟、喂鱼	4
	小计	71

注释：来源于http://www.tangalooma.com。

其中海豚喂养、沙丘滑沙是其最有特色的品牌项目。这些活动为游客提供了多角度观察自然、体验自然的机会。

4. 喂食野生海豚、无可替代的旅游招牌

天阁露玛跟一般度假村的区别在于每天傍晚都有一群野生海豚到来与游客互动，这一行为从1992年延续至今，海豚们几乎从不爽约。野生海豚的出现提升了天阁露玛度假村的吸引力，为度假村带来源源不断的客源。野生海豚是天阁露玛无可替代的旅游招牌。天阁露玛度假村的徽标就是一条跳跃的海豚，天阁露玛的网站和微博上也大量地介绍海豚的特性及喂养海豚的基本知识。

五、海豚项目管理

天阁露玛喂野生海豚项目开始于1992年，由海豚教育中心（the dolphin education center）现改名为海洋教育与研究中心（Marine Education and research center）具体实施。

为了维持优良生态环境和高品质的旅游环境，海洋教育与研究中心对喂养野生海豚项目实施严格管理。游客必须提前在海洋教育与研究中心预约才能参与喂食活动；喂食之前由工作人员告知具体注意事项；拿小鱼喂食前要消毒双手；感冒或生病的游客不能去喂海豚；喂养区域不许吸烟；禁止喷抹驱虫剂和防晒油；不允许摸、打、拍海豚；参与者需要短暂地忍受呆在过膝的水里；喂食过程中有度假村工作人员带领陪伴，协助并管理游客，确保没有违反规定的行为发生；喂食量控制在海豚每日平均食量的10%～20%，以确保海豚在野外生存和觅食的能力不受影响；喂食区域安装有摄像头，度假村工作人员持续记录海豚抵达的数量及特征，喂养小鱼的数量，海豚抵达和离开的时间。

海洋教育与研究中心配备了五名全职员工，其中四名是资深海洋生物学家。除了管理每日的喂食野生海豚项目，中心还为海豚岛及摩顿湾的动物提供救助服务。自成立以来，中心曾经照料过一出生就失去父母的小海豚，拯救过在海洋中受重伤的海豚。度假村还设立了天阁露玛海洋研究基金，为摩顿岛、摩顿湾及其周边地区的自然环境研究提供资金支持。此外中心还为学校提供教育项目，组织海洋学家走进课堂，通过激发学生的兴趣，鼓励他们着手创造更加健康的海洋环境。

六、启示

随着我国滨海及海洋旅游的深入，越来越多的滨海度假村/区正在加快建设，如何更好地开发海洋、海岛、海滨资源，寻求旅游开发与生态保护的有效结合是根本途径。天阁露玛野生海豚度假村的建设与经营给我们提供了很好的借鉴：

1. 善于创造无可替代的旅游招牌

野生海豚的出现本是一次偶然事件，天阁露玛度假区善于发现野生海豚规律，并通过定时定点喂食的方式，使海豚的偶然来访转变为每日必访。经过持续四十多年的深入研究与精心维护，终将野生海豚发

4.草地沙滩
5.沙滩四轮摩托骑行

表3 天阁露玛度假村的海豚信息

海豚	性别	年龄	血缘关系	第一次抵达时间	第一次接受喂食时间
美丽（Beauty）	雌	成年（已故）	Bobo、Shadow和Tinkerbell的妈妈	1992年早期	1992年4月
小叮当（Tinkerbell）	雌	7岁	Beauty的女儿	1992年早期	1992年10月
贝丝（Bess）	雌	成年	Rani和Nari的妈妈	1992年6月	1992年12月
波波（Bobo）	雄	10岁	Beauty的儿子	1992年7月	1992年10月
蕾尼（Rani）	雌	6岁	Bess的女儿	1992年7月	1993年1月
佛瑞德（Fred）	雄	成年	未知	1993年2月	1993年2月
回音（Echo）	雄	5岁	未知	1993年6月	1993年7月
尼克（Nick）	雄	6岁	未知，似孤儿	1994年5月	1993年9月
影子（Shadow）	雌?	3岁	Beauty的女儿	1994年10月	1996年1月
那力（Nari）	雄?	1岁	Bess的儿子	1997年1月	未记录

注释：来源于David T. Neil', Ilze Brieze. Wild Dolphin Provisioning at Tangalooma, Moreton Island:An Evaluatio

展为度假村无可替代的旅游招牌。

2. 保护理念贯穿规划设计与运营管理

天阁露玛度假村极端重视对生态环境的保护，保护的理念贯彻在度假村规划设计与运营管理的过程中，从建筑设计、景观设计、道路体系布局、废弃物转运系统等任何细节都有详细周密的考虑。

3. 环境解说融入旅游活动使游客管理更为顺畅

在天阁露玛度假村任何旅游活动的设置是在环境承载力的范围内，并在活动过程中通过人员和图像等方式辅以大量的环境解说。细致动人的解说不仅帮助游客感受到自然的奥妙，也更能使游客理解和遵守保护环境的规定。

天阁露玛的成功证明人与自然和谐相处的理念是可以通过多种方式得到有效体现的。如何将先进理念和管理方法运用到国内的滨海度假村建设中，需要长期的摸索和实践，也有赖于旅游业界人士、环境科学专家及全社会的广泛关注与积极参与。

参考文献

[1] 刘家明．旅游度假区发展演化规律的初步探讨[J]．地理科学进展，2003，22（2）：211－218．

[2] 祝茜，姜波，汤庭耀．中国海洋哺乳动物的种类、分布及其保护对策[J]．海洋科学，2000，24（9）：35－39．

[3] 张清榕．中国海洋软骨鱼类种类分布、资源现状及养护和管理策略探讨[D]．厦门大学硕士论文，2007.5．

[4] 王娟．国外观鲸旅游的研究进展与启示[J]．世界地理研究，2013．12，22（4）：91－99．

[5] 生态_旅游_度假村_澳大利亚摩尔顿岛国家公园_唐格鲁玛野生海豚度假村考察报告．

[6] David T. Neil'，Ilze Brieze.Wild Dolphin Provisioning at Tangalooma, Moreton Island:An Evaluation. From:www.tangalooma.com/dolphinweb/research/papers/paper5.pdf．

[7] http://www.tangalooma.com．

[8] http://www.visitmoretonisland.com/．

作者简介

邓 冰，北京清华同衡规划设计研究院风景旅游研究所项目经理；

王彬汕，北京清华同衡规划设计研究院副总工，风景旅游研究所所长。

滨海度假区混合发展模式与酒店集群模式形态比较研究
——以泰国苏梅岛拉迈海滩、土耳其库萨达斯以弗所海滩为例

Comparative Study on Coastal Resort Morphology of Hybrid Mode and Hotel Cluster Mode
—Case Studies of Lamai Beach and Ephesus Beach

潘运伟 关莹莹 杨 明
Pan Yunwei Guan Yingying Yang Ming

[摘 要] 不同的发展模式决定了滨海度假区形态特征的巨大差异。本文以泰国苏梅岛拉迈海滩与土耳其库萨达斯以弗所海滩为例，总结了混合发展模式与酒店集群主导下的滨海度假区形态特点，以期为规划实践和度假区建设提供参照。

[关键词] 度假区形态；混合发展模式；酒店集群模式；拉迈海滩；以弗所海滩

[Abstract] Different investing and developing methods usually determine the physical morphology of coastal resorts. Taking Lamai Beach in Samui, Tailand and Ephesus Beach in Kusadasi, Turkey as two case studies, this paper discussed and summarized two kinds of coastal resorts: one was formed by different types of investment and management entities, including local, regional and global developers; the other one was mainly built and run by regional and global capitals. Those cases and summaries could be taken for reference while coastal resort planning and development in China is rapidly ongoing.

[Keywords] Resort Morphology; Hybrid Mode; Hotel Cluster Mode; Lamai Beach; Ephesus Beach

[文章编号] 2015-69-P-046

1.苏梅岛在泰国的位置
2.Ephesus海滩在土耳其的位置
3.Lamai海滩用地示意图
4.弗所海滩用地示意图
5.基于拉迈海滩的混合发展模式形态模型

一、引言与综述

新世纪以来，我国滨海度假旅游蓬勃发展，海南国际旅游岛的设立预示着滨海度假旅游巨大发展空间。滨海度假区形态（Resort Morphology）研究重点关注度假区的土地利用、空间组织、建筑形态等内容。深入理解不同发展模式下的滨海度假区形态有助于更好地指导规划设计与建设实践。本文以泰国苏梅岛拉迈海滩（Lamai）与土耳其库萨达斯以弗所（Ephesus）海滩为例，总结了混合发展模式与酒店集群模式滨海度假区形态特点，以期为相关工作提供参照。

滨海度假区形态研究起源于英国。上世纪30年代英国地理学家Gilbert（1939）发表了《内陆发展与英格兰滨海健康度假地》（*The Growth ofInland and Seaside Health Resorts in England*）一文，标志着滨海度假区形态研究的起步。随后，英国学者Barrett（1958）提出“度假地极核”（Resort Core）的概念，美国学者Stansfield与Rickert（1969）提出RBD的概念，将度假地形态研究推向深入。1970年以后，滨海度假地内外形态要素（RBD、酒店、道路等）的相互关系与优化组织问题，以及土地价值、客源变化、交通方式等因素对滨海度假地形态变化的影响逐渐受到关注。20世纪90年代，构建形态模型成为研究热点，代表性成果是Smith的MIRD模型（Model of Integrated Resort Development）与TBRM模型（Tentative Beach Resort Model）。2000年以后，度假地形态模型研究范式呈现“文化转向”趋势，在空间分析基础上开始重视社会和人文要素研究。

国内开展度假地形态研究较晚，保继刚和刘俊是这一领域的开拓者。他们的研究成果主要体现在：提出更为细化的滨海度假区静态形态模型方案；论证滨海度假区级差地租现象；发现度假区形态和外部环境对消费档次和开发效应产生直接影响等。

二、研究案例

1. 混合发展模式——苏梅岛拉迈海滩

苏梅岛（Samui Island）位于泰国湾中西部，距离首都曼谷约600km。苏梅岛于20世纪70年代开始旅游开发，是目前泰国最著名的滨海度假胜地之一，每年大约接待150万人次游客。拉迈海滩位于苏梅岛东南部，是岛上较为成熟的滨海度假区之一，目前一线海滩主要由家庭酒店与岛外连锁品牌酒店占据，二线海滩的土地利用则以家庭酒店、大型酒店、RBD、本地社区为主。度假区的形态特征受到本地居民与域外资本的双重影响，具有大小混杂、丰富多变的特点。

2. 酒店集群模式——库萨达斯以弗所海滩

以弗所海滩位于库萨达斯（Kusadasi）之北约10km。库萨达斯位于土耳其西部爱琴海沿岸，平均每年有6个月时间海水温度都在20℃以上，因而这里成为爱琴海周边知名的滨海度假胜地之一。与库萨达斯一样，随着滨海度假旅游的快速发展，以弗所海滩的橄榄种植园正快速地被高端度假酒店所取代。目前，以弗所海滩的岸线上分布着松树湾（Pine Bay）、以弗所公主俱乐部酒店（Club Hotel Ephesus Princess）、水族幻想SPA酒店（Aqua Fantasy Aqupark Hotel & Spa）等十余座酒店。与拉迈海滩不同的是，这些酒店都是外来投资者兴建，并且因为远离库萨达斯市中心，使得酒店自身的功能配置更为丰富和完善。

三、形态特点与比较

下文将从滨海岸线利用、旅游交通、度假区与社区关系、RBD设置、酒店形态与功能配置等五个方

面比较混合型发展模式与酒店集群模式主导下的滨海度假区形态特点。

表1 混合发展模式（拉迈海滩）与酒店集群模式（弗所海滩）形态比较

比较 类别	共同性	差异性	
		拉迈海滩	以弗所海滩
滨海岸线利用	滨海岸线的线性利用	一二线海滩综合利用，酒店大小混杂	一线海滩开发强度高，以大型酒店为主
旅游交通系统	对外交通平行于海岸，且位于一线酒店带背部；度假区进入通道，垂直穿越度假区	近岸公路具备过境交通功能，与岸线的距离较短，约200m；进入度假区有一条主要进入通道	近岸公路为度假区内部慢行道路，与岸线距离较大，约350m；进入度假区无主要通道，分散设置
度假区与社区关系	——	与社区融合	与社区隔离
RBD	——	集中设置，主要分布于主进入通道与近岸道路两侧	度假区内酒店提供部分BRD功能
酒店形态与功能	——	家庭酒店与连锁酒店混杂，规模较小；酒店内部功能较单一	以大型酒店为主；酒店内部休闲设施丰富

1. 滨海岸线利用

海滩资源是滨海度假地最核心的旅游资源。度假区一般都沿着滨海岸线呈线性生长特征，这一点在拉迈海滩与以弗所海滩都有鲜明体现。

不同之处在于岸线利用主体及其所形成的形态特征：拉迈海滩一线海岸既有域外大型连锁酒店也有本地家庭酒店，二线海滩同样如此，因而形成大小混杂、丰富多变的特点。以弗所海滩的酒店都是外来投资商所建，规模较大，档次更高。拉迈海滩的优点在于能够给游客提供更为丰富多样的酒店选择，同时由于部分酒店是家庭经营，到访游客也能更深地感受到当地文化。以弗所海滩的酒店则在标准化服务、高端化服务等方面更有优势。

2. 旅游交通系统

由于滨海度假区的线性生长特征，一般都会设置一条平行于海岸的公路解决对外交通问题。这样做有两个目的：一是为了降低公路建设对脆弱的海岸生态系统的破坏，避免岸线或沙滩侵蚀；二是为海滨一线度假酒店开发预留足够用地，使得度假酒店与海滨沙滩有机的融为一体。

拉迈海滩的交通系统较为复杂，有一条垂直于岸线的主进入通道，另有三条近似平行于海滩的公路。三条道路中，最外侧的是1970年修建的环岛公路，主要解决区域交通问题。最内侧的公路紧贴滨海酒店，与海岸大致相隔200m。中间的道路于20世纪90年代所建，它的出现反映了滨海岸线开发逐渐向内陆延伸的趋势。在以弗所海滩，南侧道路系统受地形影响较大，其北侧具有两级交通系统，即平行于海滩的区域性公路以及与之平行的连接内部酒店的慢行道路系统。与拉迈海滩不同的是，这条道路并不承担过境交通的功能，这样的设计与高端酒店对于封闭、私密、安静的环境要求是相符的。

3. 度假区与社区关系

度假区与东道社区的关系是影响度假区旅游开发的关键因素之一。对待东道社区，度假区建设一般采取两种方式：一是混合/融合发展，但会带来非正规商业活动、管理等方面问题；二是整体搬迁，但也会造成“飞

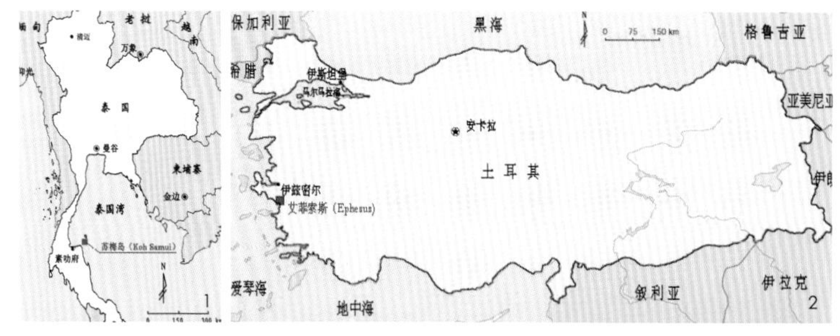

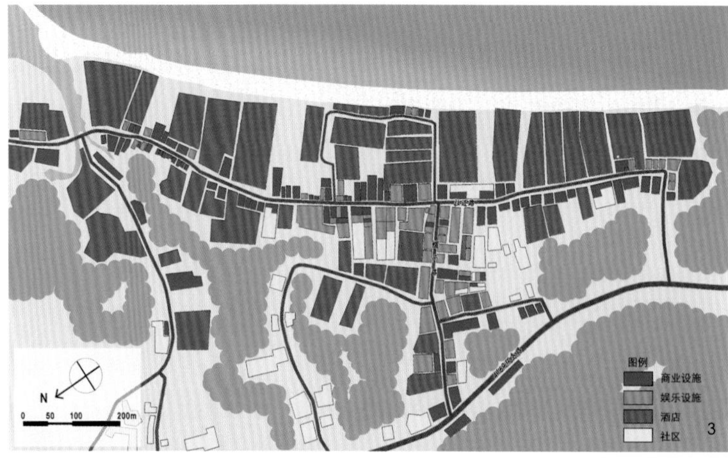

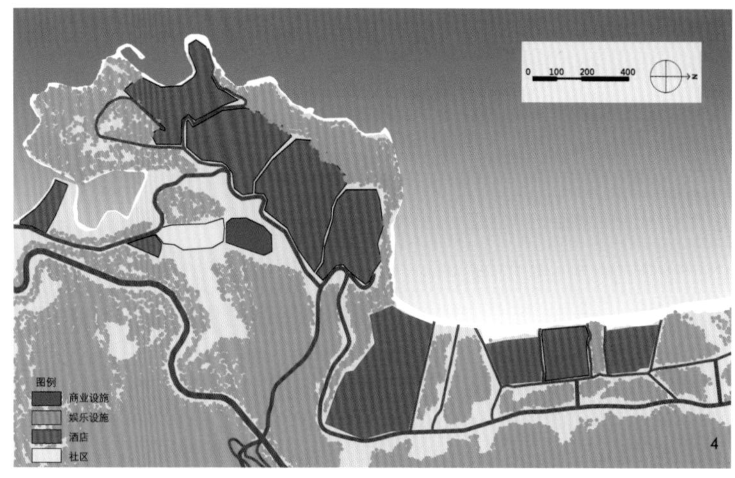

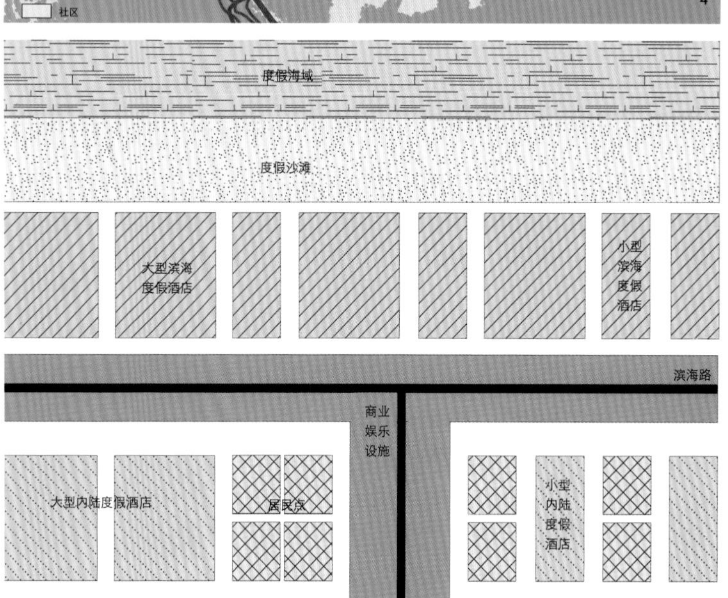

地”、“泡泡”现象，导致度假区相当“无趣”。

拉迈海滩是混合发展的典型案例。特别是一二线海滩，既有外来的连锁酒店，也有本地居民经营的家庭酒店。紧邻岸线的休闲街区内，经营酒吧、租赁店、生活超市的商户以本地居民为主，并提供了大量的就业机会。酒店集群主导的度假区则少有居民影响，外来大投资商一般倾向于整体搬迁居民，以消除度假区与社区间纷繁复杂的利益纠葛。这一点在以弗所海滩尤其明显，只在度假区南侧山坳里（用地条件较差）还有少量居民。

4. RBD设置

RBD是滨海度假区的核心功能板块，主要提供休闲娱乐、度假生活服务等功能。游客住进滨海度假区并不只是晒晒太阳、看看海那么简单，参与互动交流，体验当地文化亦是重要需求。RBD是满足这些旅游需求的重要载体。国内许多度假区也逐渐开始认识到RBD的重要性，以亚龙湾为例，为了更好地满足游客的休闲需求，也在一线海滩之后兴建百花谷风情商业街。

拉迈海滩的RBD位于帽子路和拉迈路两侧，是一个“T”形RBD。其主要业态为酒吧、泰式按摩店、餐厅、冷饮店、旅游纪念品店、汽车/摩托车租赁店、旅行社、生活超市等。“T”形RBD形态特征与拉迈海滩的演化历史有关，早期休闲业态聚集于垂直海滩的帽子路两侧，随着滨海岸线的横向开发，又逐渐蔓延至拉迈路两侧。以弗所海滩无集中的RBD设置，但这并不能说明RBD不重要。恰恰相反，由于缺少整体的RBD，导致酒店自身不得不丰富休闲娱乐项目。这也导致以弗所海滩的酒店微观形态与拉迈海滩相比有巨大差异。详见下文分析。

5. 酒店形态与功能

度假酒店是滨海度假地最重要的旅游设施。

拉迈海滩一线滨海度假酒店由于投资主体的不同，呈现两种截然不同的形态特征——由外来大型酒店集团投资经营的酒店体量较大；由本地居民经营管理的酒店则体量相对较小，基本上呈细长条状垂直于海岸线排列。例如，位于拉迈海滩东北角的“苏梅亭阁精品酒店”（Pavilion Samui Boutique Resort）由亭阁酒店集团管理经营，总占地面积约1.5hm^2。酒店的房型除了普通的标间，也有高端的独栋别墅，此外还有圆形观海餐厅、游泳池等度假设施。家庭酒店则以“马瑞娜酒店”（Marina Villa）为代表，酒店内部主要由两排垂直于海滩的紧凑条形建筑（2～3层）组成。由于紧邻RBD，所以酒店内部并未提供更多的休闲娱乐功能。

以弗所海滩的酒店规模较大，由于外部缺少休闲娱乐设施，酒店内部项目设置也更多地考虑到游客休闲娱乐的需求。以水族幻想SPA酒店（Aqua Fantasy Aqupark Hotel & Spa）为例，该酒店占地约16.2hm^2，除了住宿设施以外，酒店还设置滨海剧场、酒吧、桑拿室、水上乐园、室内运动馆、足球场、篮球场、排球场等休闲娱乐项目。尤其值得一提的是其水上乐园项目，该项目占地约3.5hm^2，是库萨达斯最大的水上乐园。

四、讨论

本文以苏梅岛拉迈海滩和库萨达斯以弗所海滩为例，探讨了混合发展模式与酒店集群模式下的滨海度假地形态特征。在国内滨海度假区建设实践如火如荼的情况下，笔者还想就以下几个方面的问题进行探讨：

第一，度假区与社区关系。不少度假区投资方认为“度假区与东道社区的冲突是困扰我国度假区开发管理的重要问题之一”，因此常常倾向于整体搬迁社区，以形成一个相对封闭、自成一体的区域。但实际上游客住进滨海度假区并不只是晒晒太阳看看海那么简单，参与互动交流，体验当地文化亦是重要需求。善待居民，鼓励和引导其参与旅游发展，不仅充分尊重了当地居民发展权利，同时也丰富了度假区产

8

9

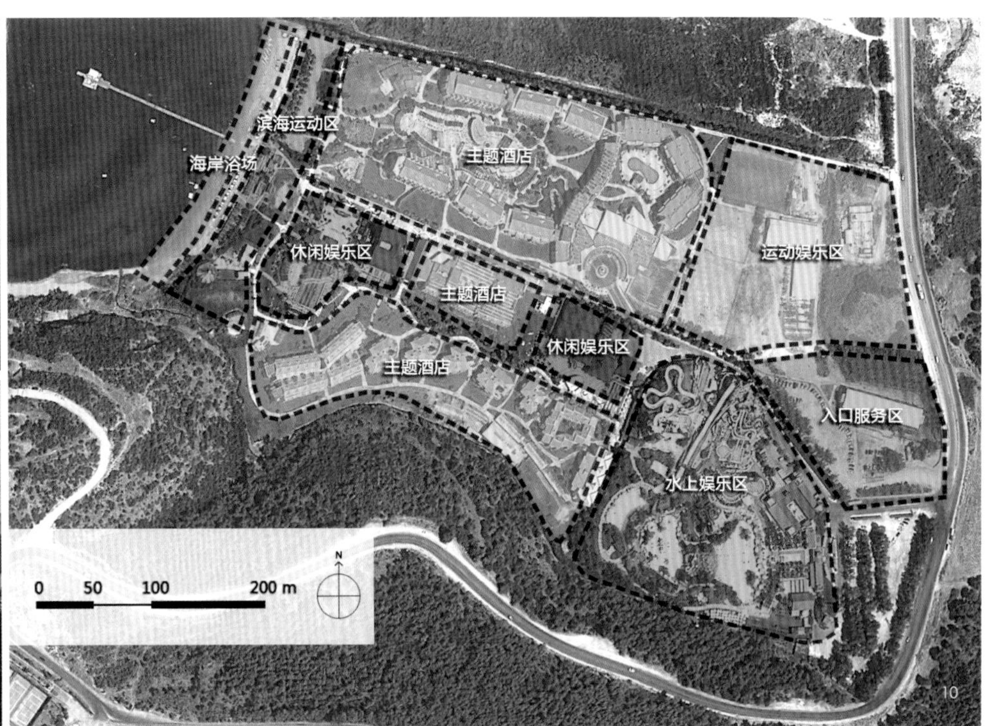

6.拉迈海滩外来品牌酒店形态
7.拉迈海滩家庭酒店形态
8-9.水族幻想SPA酒店及其水上乐园
10.水族幻想SPA酒店内部功能分区图

品供给。拉迈海滩应该能够提供一些借鉴。

第二，RBD设置与酒店功能。RBD是滨海度假区不可缺少的功能板块，从实践上看有集中建设（如拉迈海滩）与分散建设（如以弗所海滩）两种。在实地考察中，笔者发现以弗所海滩上不仅水族幻想SPA酒店设有水上乐园，旁边的一座大型酒店同样设置了水上乐园项目，造成重复建设和投资浪费。同时，酒吧餐厅、运动场地、表演剧场等设施，每个酒店也尽量做到一应俱全，这实际上是把游客囿于酒店这一狭小空间里。具有某种公共属性的RBD可为游客提供互动交流与文化体验空间，这是酒店内部休闲设施所不能比拟的。当然，对于RBD建设滞后的度假区来说，酒店内部提供较为丰富的休闲娱乐设施是必要的，但这并不能完全取代RBD的功能。

第三，旅游交通组织方面。滨海度假地一般具备主次两级平行于海滩的道路体系。主路承担对外交通功能，近岸路一般承担度假区内部交通功能。近岸路的设置对度假区的开发影响较大，其位置一般应远离海岸200～400m，以预留开发空间并且尽可能保持一线度假酒店与沙滩的一体性。

参考文献

[1] Andriotis K.Coastal resorts morphology: The Cretan experience[J]. Tourism Recreation Research, 2003, 28(1), 67-76.

[2] Barrett J A.The seaside resort towns of England and Wales[D]. London: University of London. 1958.

[3] Dal N, Baysan S. Land use alterations in Kusadasi coastal area[J]. Procedia Social and Behavioral Sciences,2011, 19:331－338

[4] Gilbert E W. The growth of inland and seaside health resorts in England [J]. Scottish Geographical Magazine, 1993, (55): 16-35.

[5] Lavery P.Resort and recreation. In Lavery P(Ed.), Recreational geography. Newton Abbot: David and Charles.1974, 167-196.

[6] Pearce D G. Form and function in French resorts [J]. Annals of Tourism Research, 1978, 5(1), 142-156.

[7] Pigram J J. Beach resort morphology [J]. Habitat International, 1977, 2(5-6) ,525-541

[8] Smith R A. Beach resort evolution: implications for planning[J]. Annals of Tourism Research, 1992b, 19,304-322.

[9] Smith R A． Review of integrated beach resort development in Southeast Asia[J]． Land Use Policy, 1992a , (9): 209-217.

[10] Stansfield C A, Rickert J E. The recreational business district [J]. Journal of Leisure Research, 1970, 2, 213-223.

[11] Xie F P, Chandra V, Gu K. Morphological changes of coastal tourism: a case study of Denarau Island, Fiji [J]. Tourism Management Perspectives,2013, 5:75-83.

[12] 刘俊，马风华．三亚海滨度假区形态及经营绩效比较研究：亚龙湾、大东海、海坡案例[J]．旅游论坛，2008，1（2）：231－235.

[13] 刘俊，保继刚．国外海滨度假地形态模型研究评介[J]．规划师，2007（3）：92－96.

[14] 刘俊，保继刚．综合型海滨度假区形态规划研究[J]．热带地理，2007，27（4）：369－374.

作者简介

潘运伟，北京清华同衡规划设计研究院，旅游与风景区规划所，项目经理；

关莹莹，北京清华同衡规划设计研究院，旅游与风景区规划所，项目经理；

杨　明，北京清华同衡规划设计研究院，旅游与风景区规划所，副所长。

北国生态特色的综合体式度假区
——万达长白山国际度假区
The Landscape Design for Changbai Mountain International Resort

唐艳红 王 强 杨 龙
Tang Yanhong Wang Qiang Yang Long

[摘　要] 休闲旅游度假这种特殊项目类型在中国还处在发展阶段，长白山国际度假区是目前国内总投资量、集中建设规模最大的休闲旅游度假区，建设在自然环境优美的风景区附近，有其特有的设计挑战和需求，通过核心区规划设计的探讨，对这类项目进行了有益的探索和总结，依照可达性、生态性、实用性、参与性和趣味性的基本原则，进行了高档国际度假酒店群、度假小镇、国际会议中心、大型滑雪场、人工湖及配套服务等区域的景观设计，以及包括度假区入口大门等的建筑设计。

[关键词] 度假区规划；滑雪度假区；旅游小镇

[Abstract] Leisure and vacation resort this particular type of project is still in the early stages of development in China. The Changbai Mountain International Vacation Resort is the largest development of the type in China both in terms of initial investment and construction scope. Through introducing the design of the core area that recently opened to the public, this paper attempts to summarize and explore the design principals of such projects. The core area includes several high-end international resort hotels, tourist town center, international conference facilities, large ski resort, lake area and service area. The design philosophy for the project is accessibility, sustainability, practicality, interactivity and appeal.

[Keywords] Resort Planning; Ski Resort; Tourism Town

[文章编号] 2015-69-P-050

1.万达长白山国际度假区高尔夫球场
2.万达长白山国际度假区人工湖
3.万达长白山假日酒店
4.连接酒店的廊桥
5.达长白山国际度假区入口大门
6-7.万达长白山国际度假区商业街

城市的快速发展使得城市中供人们游憩的自然环境越来越难找，人们希望换个新鲜的环境、改变生活节奏、满足个人兴趣及享受独特的自然风光。因而结合旅游、度假、休闲、娱乐功能的旅游度假区成为人们身心再生的优先选择，同时生活方式的转变使得人们休闲时间增加，也促进了旅游度假区的大量发展。产业间的互相支持，国家的旅游主管部门、地方政府给予旅游项目和旅游投资政策的扶植，金融政策、银行政策、工商管理政策等给予的认可，也给了中国的旅游度假产业相当大的发展空间，旅游度假地产正处在一个蓬勃发展的时期。特别是在国家对城市住宅宏观调控的大背景下，旅游地产成为众多房地产开发商转型的热点，但是目前能带动产业的旅游度假承载体并不多，旅游度假区策划、规划设计、施工建设、管理还在探索阶段。事实上国内仍然缺乏像迪士尼这样有规模、有实力、有水平的旅游度假企业，这些都意味着旅游产业面临着巨大的机遇，因此对旅游度假区规划设计的理论与案例研究，有待更多的探索与提升。

一、项目概况

长白山国际旅游度假区依托长白山西坡的自然资源，以“原始山林，纯净呼吸”为特色，是白山市、抚松县与万达、泛海、一方、亿利、用友、联想6大集团合作的区域旅游开发项目，该项目由万达集团牵头，总投资230亿元，位于吉林省白山市抚松县松江河镇，距长白山机场15km，距长白山天池风景区20km，总占地面积21km^2。开业的一期项目包括4个酒店、旅游小镇及文化中心，一期已建成的滑雪场、大剧院、萨满博物馆、温泉洗浴中心等于2012年冬季开业。按照规划，到2014年长白山度假区还将陆续新增7家星级酒店。度假区内还包括一座亚洲规模最大的滑雪场，总占地面积7km^2，可同时容纳8 000位滑雪者。度假区建设规模、档次、内容均代表了目前中国休闲度假项目的最高水平。

项目整体分为南北2区：北区规划为旅游新城，将建设抚松县行政中心及会议中心、文化中心、购物中心、学校、医院、住宅区等生活设施。南区为国际旅游度假区，由高档度假酒店群、国际会议中心、大型滑雪场、小球运动场、森林别墅、国际狩猎场、漂流等项目组成。项目规划了10个酒店和其他要素，万达集团要求酒店以及内部其他内容，在规定的时间、规定的标准、规划范围之内完成开业的建设，集众多要素产生聚合的效应，集中开业，以便产生巨大的品牌影响力、市场影响力。这种建设方式对设计团队也是一个综合的高强度挑战和考验。此外，度假区虽然在景区之外，但具备独特的度假休闲环境，项目范围内的自然环境保护则成为重中之重。

二、核心区设计与构思

设计区域集中于具有旅游度假功能的南部核心区，该区域功能上包括旅游、会议、休闲、商业、娱乐等，从规划上划分为滑雪场、高尔夫球场、高端度假酒店群、度假小镇、森林别墅5个主要功能区，此外还包括人工湖及配套服务等区域的景观设计，以及度假区入口大门等建筑设计。

通过与业主的沟通，确立了以度假服务中心为核心，通过“半环”形的度假区2条主要道路和3条空间联系轴线将“六区、一村”有机联系起来，成为枝脉状悬挂式的群体结构。项目定位于以冰雪运动为品牌，以体育休闲、度假疗养、商务会议和自然观光为主导，配合有高科技影剧院、文化馆、温泉度假会、商业街等度假区特有综合服务功能的设施，突出长白山森林生态魅力和北国冰雪风光。将建设成为示范性冰雪运动基地和滑雪爱好者的理想地，通过长白山风景名胜区旅游事业联动发展，提高旅游业综合服务，打造目的地休闲度假式旅游。

方案构思立足既要对场地当中现有的各种自然条件与人文条件进行综合考虑，同时又能满足国内、外游客不同的休闲娱乐、居住需求，进而进行全面组织和设计，确定了5个设计原则，即可达性、生态性、实用性、参与性和趣味性5个基本目标。

可达性是指景区入口和到达有明确的指向性，建筑主次入口的场地设计导向清晰。简单、易行是贯穿休闲设计的主线。有意识地对景观设计的要素进行简化处理——包括形式与空间的简化，景区的各个部分必须能够让访客、游人清晰、随意进入并轻松抵达，而不是经常迷路或者大片地圈起土地仅供观赏之用。

生态性是指运用可持续性的规划设计实践方法， 加强人与自然环境之间的沟通与交流。设计上尽可能保护现有植被、顺应原有地形，注重竖向设计，包括地表的雨洪管理设计、防洪蓄水、减少耗电、保护湿地及合理的植物配植和施工指导。

实用性是指在满足各区功能要求的基础之上，恰到好处地配套一些必要的服务设施，景观中除了红花绿树、假山园林之外，还应该满足功能上合理与顺畅，空间静动有别，形成能够满足和促进游客利用场地进行活动的设计。

参与性是指项目中不仅要有可供观赏的美景，还要有可供参与的活动项目。主创团队对项目活动主要定位为竞速、展望、漫游及探索，除了大景区有适合专业和业余爱好者的滑雪场、高尔夫球场，还设有小球运动场、国际狩猎场、漂流等项目，核心区的长白山大剧院、萨满文化馆、天池汉拿山温泉度假会所给予游客更多的选择参与活动。

趣味性是指景观不仅要追求恢宏大气或阳春白雪的效果，也要注意雅俗共赏，要照顾到不同的使用者，增添一些富有情趣的内容。滑雪场除初、中、高级各式雪道外，还建有国际标准单板U形滑雪场地和单板公园，可以让滑雪爱好者尽情亨受各种动作带来的趣味，一展身手。滑下山后的中心区域设计创意主要分为休闲金帐火塘、联外林荫游廊、冰雪主题商街、雪花灯阵广场、观雪休憩平台、对景湖心浮岛、滑雪坡地群雕、户外演艺剧场等，让各种年龄、消费层的人都能够公平地感受到景观带来的乐趣。

三、滑雪场和商业街景观设计

长白山国际度假区滑雪场所处地理位置是日本海洋性气流和西伯利亚季风气候交汇处，降雪量大、雪质松散、滑雪场雪期长。雪道分布在东、西、北3个朝向，总长32km的43条初、中、高级各式雪道按冬奥会标准，

1

2

3

4

5

6

7

8

依山势而建，滑雪场呈壶状，避风条件好，能让滑雪者更好地享受舒适的雪季，滑雪者在滑雪时亦能追逐阳光的温暖。雪道依据长白山山脉自然资源的优势精心设计，趣味与惊险并存，增加了滑雪者的趣味性，是花样滑雪和专业滑雪爱好者娱雪飞扬的理想空间。顺雪道滑下来后，一整条商业街综合建筑群依傍在雪山滑雪场脚下，正面俯视着波光粼粼的人工湖、仰视长白山脉的叠林重影，依山傍水的布局将空间划分得层次分明。

商业街依场地而建在原自然环境较差的区域，景观设计主题是“冰河漫步”，在设计上延续了酒店景观区的肌理效果，运用了当地原生毛石为主要材料，体现出长白山度假区的原始自然感，对应于商业街后面满布白雪的滑雪场，设计师为整个商业街选择了暖色铺装，给人带来温暖的感受，使之与白雪皑皑的山脉形成对比，产生一种景观的趣味性。商业街边还设计有观雪平台，不仅增加了商业街的视觉冲击效果，还使景观带有一种自然的可达性。人们随着左右店面投射出的暖色灯光漫步购物街，不知不觉便会走到商业街的大型庆典广场，并随着那里欢呼雀跃的人们在大型的篝火庆典中分享喜悦，寒冷的天气也挡不住这里的热闹与喧哗。

四、人工湖景观设计

人工湖区域在自然地形的最低洼处，扮演一个自然的雨水积蓄净化的角色，有雨洪管理的功能。景观随地形起伏变化而取其势。其景观定义为“曲桥烟波”。与商业街相接的立体跨桥进入人工湖，通过一块小型的观景平台便能眺望整个人工湖景观。景观轴线以雪山为主要对景，以人工湖为主景，采用自然流线型布局，一条曲线形态的环湖步道将人工湖的美景与周边的自然资源串联，漫步其中可欣赏到不同角度的湖体与景观。在设计中还特别考虑到环境与人的互动，增加观景平台和湖心岛。湖面上那一道诗意的景观桥连接着湖心小岛，景观折桥通过桥体本身形态的变化产生丰富的对景空间，用扭动着的婀娜身姿为这副动人的湖中画卷增添了灵巧的一笔。四周的当地原生石与岸边水生植物随着波光的反射一同起舞，而这些造景之石随着光阴的变迁风化，将更具岁月美感。

五、酒店景观设计

核心区根据不同客户消费群规划了3个国际管理品牌的酒店：六星级威斯汀酒店、五星级喜来登酒店与四星洲际假日酒店。3个的酒店依次自南向北、由高到低错落有致地排列布局。考虑到不同酒店既要有统一性主题的景观，同时也求独具特色的景观特征，分别为其设计了明确的主题创意风格，3个度假酒店均在入口景观区、中心景观区、后花园景观区和原始自然景观区有顺应景观需求的不同设计，酒店的

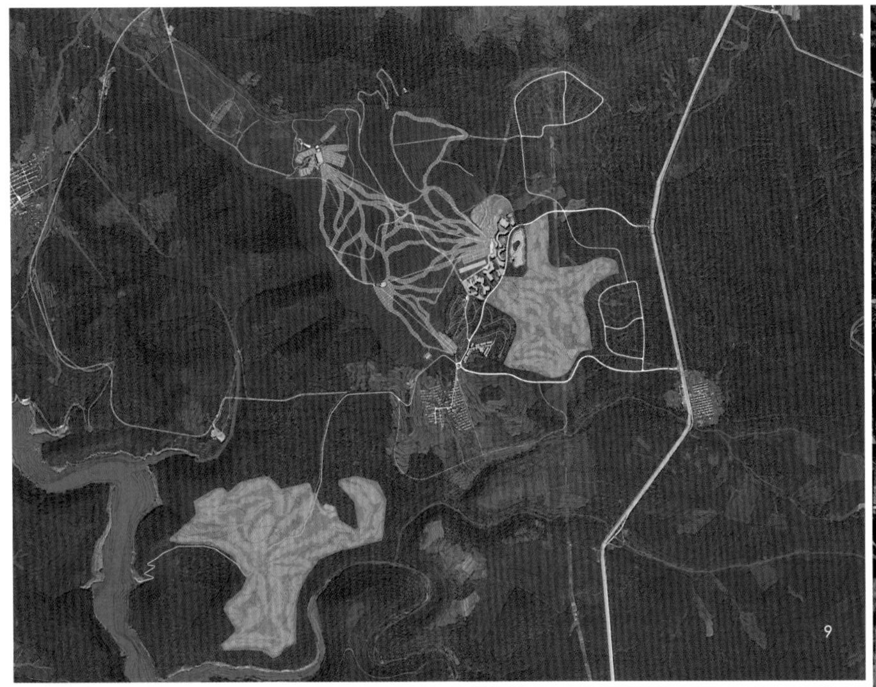

8.万达长白山国际度假区总平面图
9.达长白山国际度假区总规划图
10.万达长白山威斯汀酒店
11.万达长白山喜来登酒店
12.万达长白山威斯汀酒店

主题非常明确，在功能上协调一致且又层次分明。酒店景观小品中的矮墙及小型构筑物都是以当地原生毛石为主要材料，在与建筑本体呼应的同时，自然的原木材质与毛石的粗犷也恰恰代表了这片林区自身的个性。

六星级威斯汀酒店所定义的景观主题是“丛林隐居”。隐逸于山林自然之间的威斯汀酒店，建筑基底高差在整个南区酒店区处于最高位置，得天独厚的地理条件将威斯汀酒店犹如古堡般置身于深林之中的制高点。高档私密性空间之中，充分利用地形，用充满原始自然魅力的山、水、石、桥，构成尊贵和神秘的室外氛围。幽雅与静享是这里给客人的礼物，健康与呼吸是森林对于客人的馈赠，自然典雅的景观感受更是让人达到身、心、魂的人生至境。

五星级喜来登酒店所定义的景观主题是“英式庄园”，正式与商务的景观感受是长白山酒店区域所独有的。从喜来登酒店本身的功能特性上看，承载着数千宾客的大型宴会厅及各个会议室使得酒店本身的功能性要求更加严格。这里的景观感受更加注重正式与商务的氛围。细节考究、大气华贵，从内而外散发出来的精细品质和高尚气质，使得这座独特的酒店在原始森林的衬托下散发出一丝儒雅之气，颇具内涵的景观感受也让前来这座酒店的宾客备增光辉。

四星洲际假日酒店所定义的景观主题是“山•石•趣”。背对着大面积滑雪场的洲际假日酒店充满了年轻与运动的元素，以山与石为大主题的景观塑造中充满了奇趣小景，在质朴的丛林大背景中补充了一丝活力与激情，而身处酒店的宾客更是在这种环境下放松身心，让全身激荡着运动与活力之美。

六、结语

每部分既可成为单一项目，同时又是整体的一部分，不仅将设计重点着眼于不同区域的独特景观效果，更是考虑到每个区域的景观与度假区整体相结合，景观主题、设计元素之间的延伸和变换。项目核心区于2012年夏正式落成，将成为集运动休闲、养生度假、文化体验、会议培训、旅游观光等于一体的国际级休闲平台。

作者简介

唐艳红，ECOLAND易兰规划设计院董事副总裁，北京园林学会常务理事，清华大学EMBA客座教授，北京林业大学园林学院客座教授；

王　强，ECOLAND易兰规划设计院浙江分公司总经理、总建筑师，国家一级注册建筑师；

杨　龙，ECOLAND易兰规划设计院景观设计院第二设计所所长。

汤池国际温泉度假区概念规划及城市设计

Concept Planning and Urban Design of Tangchi International Hot Spring Resort

高宏宇 杨小燕

Gao Hongyu Yang Xiaoyan

[摘　要]　汤池国际温泉度假区是合肥区划调整后实现近江、环湖战略的近期抓手，也是汤池镇实现新型城镇化的重要平台。规划将汤池的温泉资源与自然山水进行整合，并挖掘当地人文特色，以“美”为线索，探索镇区与景区结合的小城镇发展模式。

[关键词]　温泉资源；自然山水；当地人文

[Abstract]　Tangchi international Hot Spring Resort is the latest focus of Heifei City Zoning Strategy. The strategy has been adjusted recently stressing the implementation of river front and lakeside areas. This project is an important platform to achieve new urbanization of Tangchi Town. The plan is to integrate the hot spring resource with the natural landscape and to explore local cultural characteristics. Following the concept of design - 'beauty', the plan is to discover a development model of integrating small towns with scenic township.

[Keywords]　Hot Spring Resource; Natural Landscape; Local Cultural

[文章编号]　2015-69-P-054

1.规划结构图
2.庐江县域旅游发展结构图
3.庐江县域旅游核心资源规划结构图
4.镇区道路系统规划图
5.镇区自行车系统规划图
6.镇区功能布局图

一、崛起•合肥：项目背景

2011年8月22日，合肥区划调整正式公布，县级巢湖市和庐江县划归合肥管辖，一系列战略举措接踵而至，大合肥成为承载国家沿江发展战略、助推中部崛起、引领皖江城市带的又一特大都市圈。在争创长三角第四极的目标指引下，巢湖与庐江成为城市向南拓展，实现近江、环湖战略的关键节点，汤池温泉也成为近期建设的重要抓手。

在庐江作为“合肥环湖战略后花园”的定位下，汤池温泉必须凸显地域人文特色，整合庐江景区资源，与乡镇发展结合，重点打造乡野特色温泉度假区。

二、寻美•庐江：县域旅游发展研究

无论是秀美的庐江山水，俊美的三国周郎、还是《孔雀东南飞》凄美的爱情故事，“美”在庐江被不断演绎。全县旅游资源丰富，尤其是县域中部集中了最为突出的优势资源。规划在上版总规确定的两条纵向旅游发展带基础上，强调重点发展中部综合风光带，突出汤、城、山旅游主题，与环巢湖滨湖风光带共同构成县域旅游发展的四条轴线，并以“一环、三横、三纵”的交通框架作为支撑，形成四大主题精品游线。

“汤、城、山”中部综合风光带是全县旅游发展的重点，规划通过319省道联系山、城、汤，形成城市型人文旅游主轴线；南部规划打通汤池镇与柯坦镇道路联系，串连湖、城、汤，形成生态型自然旅游主轴线。两轴起于温泉、汇于温泉，形成了东部“两山一湖一城”和西部汤池两大重点区域。

西部的汤池是庐江旅游的核心资源，也是本次规划的重点。

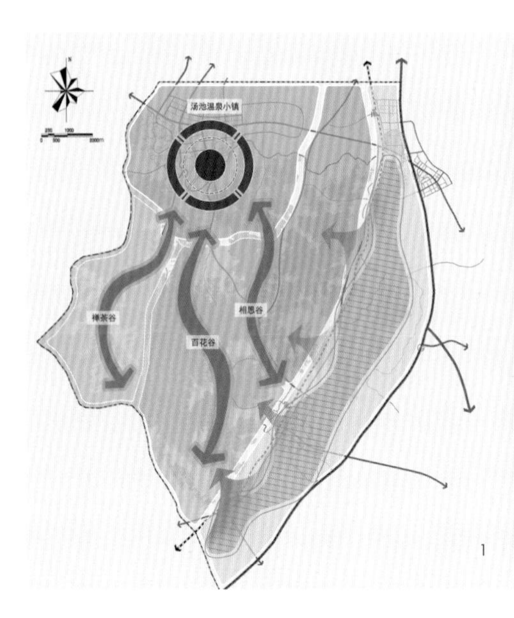

1

2

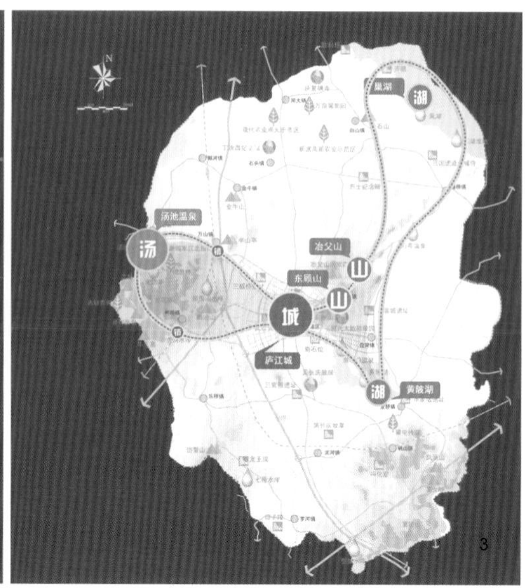

3

三、最美•汤池：温泉旅游度假区概念规划

1. 整体思路

温泉旅游度假区规划范围200km^2，以汤池镇为核心，包括柯坦镇和万山镇部分区域。规划突出皖式温泉主题，采取度假区整体开发模式，构建第五代温泉，并以主题小镇作为实施平台。规划重点强调三组关系的处理。

（1）温泉与山水的关系

汤池有别于其他温泉度假区的优势资源就在于周边拥有极好的山水旅游资源，要将温泉度假区与山水旅游资源进行整合开发，形成汤池温泉的独有特色，拓展旅游服务内涵，必须将温泉与山水旅游资源进行整体考虑。

（2）温泉与文化的关系

将文化融入温泉开发理念，探索皖式温泉的全新体验，必须提升整合地域文化资源，以此为基础，形成汤池独树一帜的品牌特色。

（3）温泉与镇区的关系

汤池温泉旅游度假区的建设既是提升大合肥城市品质的关键，也是探索城乡统筹、促进新型城镇化建设的重点，在镇区建设与旅游发展之间，必须寻求一条共融共生的和谐发展之路。

2. 旅游发展结构

旅游发展策略突出隐于山、游于水、享于汤、乐于镇的主题特色，以总体规划为基础，调整用地布局，搭建以汤池温泉风情小镇、禅茶谷、百花谷、相思谷为核心的“一镇三谷”整体结构。

（1）一镇——汤池温泉小镇，打造为国际温泉度假目的地，是温泉旅游资源最为集中的区域，也是本次规划的重点和核心。

（2）禅茶谷——整合提升现有旅游资源，以禅茶为特色，建设百药仙谷、潜川山庄、九福茶田、春毫百里、白云禅寺、古茶落霞、张良隐园、二姑尖峰等禅茶八景，形成宗教观光、禅茶体验和养生休闲的多元体验。

（3）百花谷——依托百花村、百花寨、百花林场，以园博园为旗舰项目，打造皖水别院、百花村落、琼草琦花、闲云野鹤、花溪拾趣、仓神寻幽、百花叠寨、林间隐逸等百花八景，感受山花烂漫的谷地景观，体验原汁原味的农家野趣。

（4）相思谷——以岚光翠影、长冲秋月、瑜乔琴吟和自驾营基地形成乡村生态体验基地。

规划强调三镇之间道路联系，并有效串联景区内各主要景点，并以禅茶道、百花道、相思道、雀水道凸显道路特色，将其作为自行车游线的基本框架，彰显乐在“骑”中的生活方式。

四、十泉十美•温泉小镇：核心区城市设计

温泉小镇作为本次规划的重点片区，规划范围17.6km^2，核心区城市设计面积10.9km^2。

自1972年钻探十个温泉井眼之后，汤池镇声名鹊起。目前，主要建设集中在马漕河两侧。这里不仅有褶褶生辉的人文资源，更有得天独厚的自然资源，金孔雀、影视城、温泉宫、徽商会馆等项目已初具规模，周边地

4

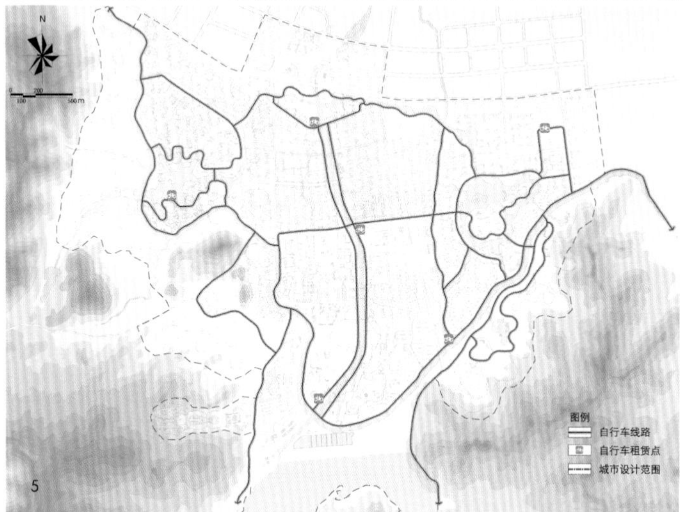

5

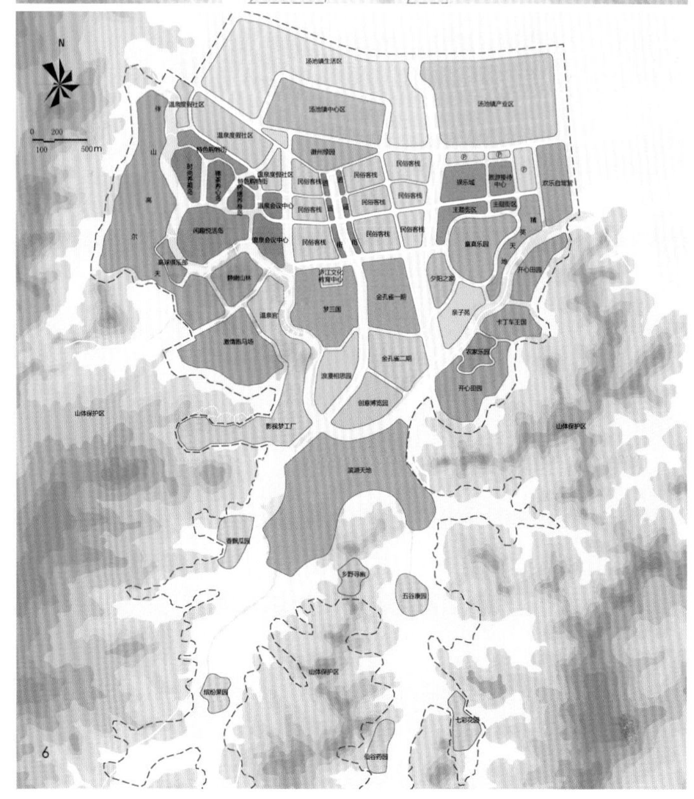
6

7.镇区公交系统规划图
8.镇区步行系统规划图
9.镇区整体空间效果图
10.镇区城市设计平面图

形地貌的丰富变化更是未来设计的亮点。

1. 设计理念

规划确定温泉主题风情小镇的整体定位，以温泉为核心拓展功能组团突出温泉主题；以山水为骨架搭建绿色平台推动休闲度假；以人文为特色营造整体氛围打造人文小镇。

规划以美为线索，提出“十泉十美”的核心理念，构筑功能完善的温泉小镇。

2. 空间布局

（1）空间布局强调整体的有机融合，观光农业园与旅游发展结合，推动一产三产化，镇区发展空间主要集中于319省道以北，南侧集中打造相对独立的旅游度假区，与山水旅游资源融为一体。方案以马漕河为轴线，串联行政中心、民俗商街、文化展示、滨湖天地、乡野寻幽功能板块，构成金廊贯城的主体结构。沿舒庐干渠串联文化、影视、温泉、康体、娱乐、田园、服务功能。

（2）方案采用低冲击开发策略，从镇区到山体开发强度逐渐降低，舒庐干渠以南为主要建设区域，外围为限制建设区域和山体保护区域。整体建筑以低层为主，采用徽派建筑与现代建筑相结合，实现城区既景区，景区亦城区。

（3）温泉小镇的可达性源于公交优先与整体交通框架的搭建，外部长途公交与庐江城区、县域旅游线路及高速公路建立便捷联系，而内部公共交通以穿梭巴士和电瓶车为主。整体道路设计追求通而不畅，降低车速和噪音对景区的干扰，慢行系统中自行车专用道和步行空间的打造，更是以人为本的集中体现。

（4）山环水绕的生态本底将在绿化景观设计中得以升华，水系组织与生态廊道贯穿于功能组团之间，建筑则镶嵌于水绿之中。

3. 主题分区

方案重点打造街、园、汤、乐四大主题分区。

（1）民俗街区以徽派建筑为基调，建筑改造为重点，强调文脉延续。“民俗客栈”是居民参与旅游服务，促进新型城镇化的重要举措，也是游客体验地域风情的窗口。徽州绿园是温泉小镇的形象门户，以水绿生态为主题，与朱雀广场共同成为全镇的形象核心。

（2）文化梦园展示汤池人文风采，梦三国主题酒店与金孔雀相伴而建，享受现代酒店服务的同时，聆听庐江悠远的历史。两河交汇处保留现有相思林，策划婚纱摄影、节日庆典等活动，突出爱情主题。创意博览园不仅为艺术家提供创作空间，更可让游客亲身感受艺术创作的魅力。

（3）静幽神汤以 “静”为主题，以“汤”为核心，集中布局温泉度假酒店。规划以水为核心、绿为线索，岛为单元布局特色空间，药膳养身、禅茶养心、丽人养颜、闲趣悦活四大主题岛提供一站式的温泉服务。温泉会议中心依托便捷的交通，提供高端现代商务会议服务，温泉度假社区将演绎全新的生活体验。

（4）乐动山水以“动”为主题，以“山水”为背景，策划主题游乐项目。旅游接待中心是温泉小镇的门户，也是提供全方位服务的枢纽，与主题街区和娱乐城共同搭建现代服务平台。童真乐园以儿童游乐为主题，夕阳之家专为老年人设计，亲子苑针对家庭游打造，精英天地面向都市白领。为适应自驾游快速发展趋势，规划打造国内领先的自驾游宿营基地，提供全方位的配套服务和娱乐设施。片区南侧山水之间，规划改造升级现有村庄，体验田园野趣。

作者简介

高宏宇，深圳市城市规划设计研究院有限公司上海分公司，一所所长；

杨小燕，深圳市城市规划设计研究院有限公司上海分公司，一所副所长。

本次规划是合肥市规划局组织的《汤池国际温泉度假区概念规划及城市设计》国际咨询中标方案

项目组其他成员：张光远 王晓宇 杨小燕 张从果 尤传琪 谢望 王敏婕 谭雷等

汤池国际温泉度假区概念规划及城市设计
CONCEPT PLANNING AND URBAN DESIGN OF TANGCHI INTERNATIONAL HOT SPRING RESORT
062 9

雀舞山水——功能选择和整体设计
Dancing over the mountains—function selection and complete design
核心区总平面
N
0 100 200 500m
汤池国际温泉度假区概念规划及城市设计
CONCEPT PLANNING AND URBAN DESIGN OF TANGCHI INTERNATIONAL HOT SPRING RESORT
061 10

1.北侧鸟瞰图
2.交通图
3.用地和建设顺序
4.岸线关系

应对复杂环境
——重庆北温泉国际旅游度假区发展规划探讨

Cope with the Complex Environment —Chongqing North Hot Spring Surrounding Area Tourism Development Planning

董晓颋
Dong Xiaoting

[摘　要]　北温泉国际旅游度假区位于重庆市西北角，是一个拥有丰富的历史、现状和自然条件要求比较严苛、尤其是对于环境要求很高的项目。项目使用RMPS方法来对基地进行全面的分析，确定建设用地，制定旅游规划目标，并在此基础上得出总体层面规划，并以城市设计来示意具体空间形象要求。

[关键词]　旅游度假区；RMPS；整体景观

[Abstract]　North Springs International Resort is located in the northwest corner of Chongqing City. This project is rich in history and high requirement of the exisiting conditions and natural conditions, especially for environments. It uses RMPS method to analyze the base to determine the construction land, and develop tourism planning objectives, also make the master plan in the general level, and take the urban design to show the open space feature requirement.

[Keywords]　Tourism Resort; RMPS; General Landscape

[文章编号]　2015-69-P-058

一、背景概述

重庆市旅游资源丰富，拥有奇丽的自然山水风光、独特的山城都市风貌、深厚的历史文化积淀、浓郁的巴蜀文化风情。北温泉国际旅游度假区位于重庆市西北角，隶属于重庆市北碚区，西倚缙云山脉，东临嘉陵江、小三峡，悬于温塘峡湍急江水的两侧峭壁，坐拥千年历史的北温泉，并拥有寺庙和古镇等丰富的历史资源。

北碚区文化底蕴丰厚，具有巴渝地域性特色文化，抗战时期，北碚被誉为“陪都的陪都”，留下丰富的陪都文化。其十二五规划[1]定义规划区所在的嘉陵江西岸区域为生态人文旅游区，东岸区域为工业文明旅游区；西岸处于温泉养生产业带的中心位置，位于整个峡谷温泉区的市区入口处：道路由此进山，进入更为陡峭的地势。东岸沿江带位于嘉陵江的旅游发展带上。

配合重庆市大力发展旅游产业的要求，德国意厦国际规划设计有限公司在2011年4月至8月间编制了重庆北温泉国际旅游度假区发展规划。规划面积约600hm^2，沿嘉陵江西岸线长5.0km，东岸线长6.5km。

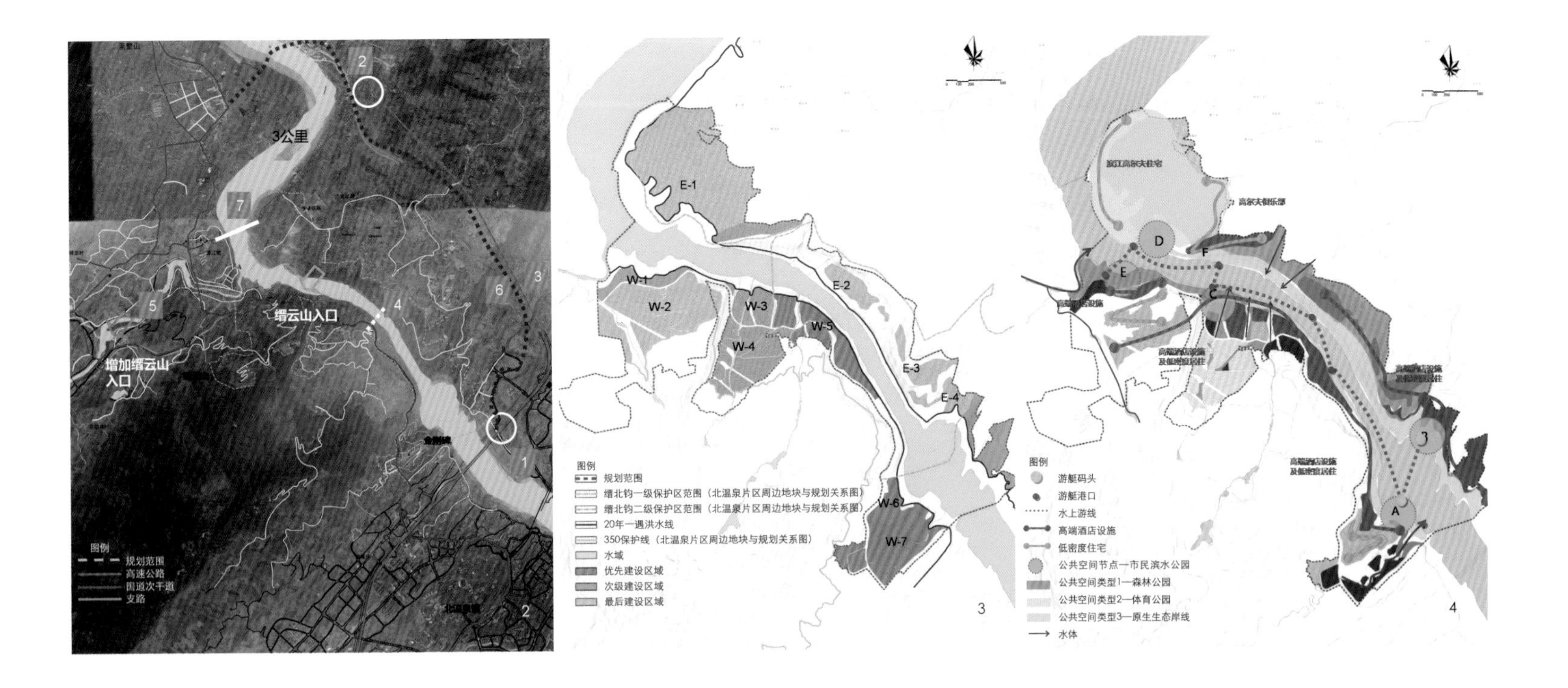

二、工作方法

这是一个拥有丰富的历史、现状和自然条件要求比较严苛、尤其是对于环境要求很高的项目。工作组使用RMPS方法来对基地进行全面的分析，以适应各方面的需求。RMPS是在强调旅游资源（Resource）特殊性的基础上，认识市场（Market），在市场基础上构造合适的旅游产品（Product），并由此形成具有特色的空间规划（Space Planning）。旅游资源分析包括区域资源、上位规划条件、用地可建性、现有项目定位，并由此进行综合分析得出用地适宜性分区和限制要求，在此基础上分析区域旅游产业链和温塘峡的旅游产品定位，得出产品定位和区域划分；再在此基础上得出总体层面规划，并以城市设计来示意具体空间形象要求。

三、基地分析：难点问题的分析和解决

项目组对区域的气候、地势、水文、交通、历史文化等多方面进行了分析，其中较为突出的两个问题包括严格的用地限制和现有的自然环境、历史环境的保持和发展，对用地的选择有很强的制约作用。

1. 用地限制

基地位于峡谷两岸，用地狭窄，且大部分位于风景保护区范围内；生态承载力和交通承载力较低。这给用地的选择带来了一定的困难，需要进行综合权衡。

（1）交通

目前唯一由市区进入规划区，以及规划区北侧的十里温泉城地区，位于嘉陵江西侧的212国道的交通量已达到临界值。规划后的路线，在江东侧增加了一条过江高速公路，使得交通有所缓解。但江西侧，尤其是区域内部的交通压力仍然在212国道上，而且拓宽难度很大，其余均为支路级别。

基地南侧北碚区的路网较密，但进入缙云山山区，由于高差较大，路网稀疏且未连成环，多为断头路。未来如果进行大规模旅游开发，交通可能会成为较为严重的瓶颈。

设计师提出了多种策略，与交通相关部门进行讨论并提出切实可行的建议，主要包括：缙云山作为观光景区，人流很大，现状入口为212国道在北温泉附近的一条支路，建议增加西侧入口。同时在不影响环境的情况下，增加步行桥和车行桥，更好地缓解两岸交通关系；过江大桥增加匝道，提升东侧交通的便利性，客货运交通分流；整体交通与澄江镇及运河核心片区相连成环。

（2）山地地形和地质灾害

区域包括滑坡和山体危岩带和崩塌带，且坡度较陡，大多区域在20%以上，不适宜建设。由北向南，金果园地区地势较缓，但是地质灾害高发区；川仪厂区、白羊背地区的条件较好；整个东北坡都处于山势陡峭且可能发生地质灾害的区域；北温泉南部位于危岩带和崩塌带上。

（3）水文

嘉陵江径流由降雨补给，水量丰沛。洪水特征是历时短、洪峰高。由于嘉陵江流域形状略似扇形，洪水向心汇流，加剧涨势，常常产生严重洪灾。水土流失和洪水威胁成为进一步开发的障碍。应杜绝岩体过度开采，以免破坏景观。不加以物种修复，水土保持，将进一步扩大植被和生态损害程度。根据国家规定，确定20年洪水线以下为禁建区域；在20年到50年洪水线区域中已有部分建设，需要进行防洪。

（4）上位规划限制

规划片区的上位规划包括“缙云山麓控制性详细规划——四山管制分区规划”和“缙云山——钓鱼城风景名胜区总体规划”，有20%的面积位于规划的保护区内，25%位于重点控制区和风景恢复区，城镇建设用地仅占2%。

整体用地限制严格，可建用地极少，且生态承载力低，整体地区较为脆弱。在这样的条件下，不建议进行大规模开发，整体设置应该以高端、小体量、可持续的方向发展。

2. 自然文化背景保持

（1）山水关系

规划区境内由低山槽、山麓裸丘、浅丘和沿江河谷构成，地势变化明显丰富；背斜紧凑，形成“一山二槽三岭”的地形格局，向斜开阔，形成“岭坝结合”地形。创造了特殊景观效果。温塘峡故有“小三峡”之美誉。长江水位提高到175m和嘉陵江渠化工

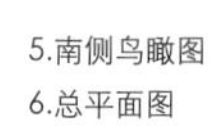

5.南侧鸟瞰图
6.总平面图

程的实施使得万吨游轮可进入北碚，嘉陵江小三峡将与长江三峡形成互相呼应，成为长江三峡旅游的重要补充，也将成为重庆发展内河邮轮游艇等高端休闲度假的最佳地区。

感受片区，不仅由山体俯视江面，也可以从水上感受峡谷。规划对可能的选址进行了旱季雨季的水位差、泥沙淤积、与现有桥体和航线的干扰关系的分析，提出了游船码头的选址建议。

（2）视觉景观

能够观赏开阔江面的山体高点，能够倾听流水的山间溪流，以及植被丰富的地段，都是需要保持和进行重点景观改造的部分。由于北温泉最重要的旅游资源是温泉和自然景观，工作组将视觉景观要素作为用地选址最重要的条件之一。对于视觉景观非常良好、建设条件略有不足的区域，如北温泉峡谷地带，仍然作为首要选址的地区。

（3）历史文化的保持

北温泉具有1 600多年历史，比日本温泉文化发源还早，是中国温泉文化的发源地之一，周围缙云山拥有道教养生文化和佛教文化，现状拥有金刚碑古镇区，20世纪废旧工厂遗留有传统的厂区文化。各个区域需要保持其原有的历史特色，并串联成线，展示丰富的时间断层。

在充分考察和研究综合各个方面要求后，以生态和人文保护和可持续发展为前提，以现状为基础，以景观特色为优先，最终确定约250hm^{2}的用地，并提出分期发展的顺序。

四、综合旅游规划概念

规划片区所在的温塘峡片区与西北侧的十里温泉城的澄江核心区相连。作为类似的项目，北温泉国际旅游渡假区需要和十里温泉城澄江核心区优势互补，充分思考整体城市布局，贯彻“差异化发展，多元化结合”的整体布局策略。需要进行错位发展。十里温泉城旨在为国家级中心城市提供国际化养生休闲度假综合区，其定位与大众化与中端温泉休闲区。

综合现状，规划片区可建用地较少，限制条件多，建议严格控制开发量，以超高端设施为区域带动，高品质公众消费设施共生，并充分考虑公众的滨江可达性和休闲多样性。依托现有高端北温泉SPA酒店，深入挖掘金刚碑古镇的旅游价值，着重发展文化景观，形成完整的产业链。最终与十里温泉城澄江核心区的酒店养生设施联动发展，将整个片区建设成为“山水一体、宜游宜居”的现代化温泉养生休闲度假综合社区，打造成为“山水重庆，温泉之都”的城市名片和形象窗口。

北温泉国际旅游度假区的发展策略为依托金刚碑古镇的整修重建，形成精品文化休闲度假区、国际会议中心及古镇社区；依托现有柏联北温泉SPA VILLA超高端酒店设施，形成温塘峡两岸具有示范意义的国际水准的精品温泉养生度假区，SLH酒店群落，及温泉养生住区；同时充分考虑公众利益，形成公众康体休闲养生度假区。由于生态条件和自然条件限制，建议进行小规模集中开发，且保持低容积率、低强度，与山水掩映，形成优美的人工、自然融合一体的环境。

五、空间形象

嘉陵江将规划区分为东西两岸，规划从横向划分、纵向划分、垂直划分等三方面综合考虑区域整体布局。西岸作为城市建设集中区域，形成养生度假轴；划分为金刚碑古镇、柏联国际会议社区、SPA精品酒店、缙云山养生度假社区和金果庄园社区等五个功能片区；东岸建设用地少，以公园绿地为主，配合集中的康体健身区域，形成康体运动轴；划分为温塘峡国际游艇俱乐部、嘉陵江森林公园、桃花岛森林会所和嘉陵江国际高尔夫俱乐部等四个功能片区。土地利用上以居住用地及高档酒店为主，充分采用复合功能，开发强度以低密度为主，总建设面积约2.5km^2，建设量控制在45万m^{2}左右，平均容积率在0.18左右。

根据现状和历史文化遗存分为七个区域，包括金刚碑古镇、柏联精品酒店和柏联SPA温泉、缙云山养生度假社区、金果庄园社区、温塘峡国际游艇俱乐部、嘉陵江森林公园和桃花岛森林会所、嘉陵江国际高尔夫俱乐部。每个社区着重突出各自的优势，如金刚碑古镇社区，以金刚碑古镇为核心，保持其历史风貌，在此基础上增加旅游服务设施和公共活动区域，建设成集观光休闲、古镇旅游、旅游商品交易、民风民俗体验为一体的巴渝风情古镇。浮现古镇原有的风情和文化。游客在此欣赏江景风光，品尝美茶美食，回归小桥流水般的古镇慢生活。建筑延续金刚碑古镇的巴渝建筑风貌，保证良好的沿江立面，且保证金刚碑古镇背景山体立面的完整性，与周边自然山川环境融为一体，营造溪流环绕、竹林幽幽的文化古镇。

规划对于峡谷最为重要的岸线风貌进行了充分考虑，设置了游艇码头、港口和游线。温塘峡及东侧峡口两岸区域由于是全线高端和超高的SLH酒店设施及温泉住宅社区，岸线以私密为主，但沿江仍然设置公共游步道，利用高差与酒店设施互不干扰。中高端酒店设施的岸线以开放为主，同时控制五个沿江点作为公共性市民公园。

整体规划形成了良好的序列关系。市区由南侧212公路进入，可以向东进入休闲康体区，也可以直接进入西侧由原有勉仁中学改建的旅游服务中心，并进入金刚碑古镇。通过层叠交错的平台组织，建筑形态与古镇类似，形成一个新的山城古镇形象，是区域入口重要的标志建筑群，同时提供停车场等服务设施。

人行道路沿溪流而下，塑造静谧悠闲的商业会所。溪流一侧为商业休闲设施，一侧为山野风光，可沿步行石桥来往溪流两侧。金刚碑南侧有支路方便车行，可以直达水边，与水路相通。同时水边设置公共游船码头。之后山势逐渐升高，柏联精品酒店和柏联SPA温泉在树林掩映间若隐若现。再向北，进入上世纪厂区建筑群为主的缙云山养生度假社区。保留了原始的植被和石板路，并对建筑高度和样式进行控制以减小沿江景观干扰。区内大部分区域不能直接观江景，其内部冲沟和植被仍然形成小区域景观。最后以金果庄园作为结束，主要为农业观光，整体回归自然形态。

与江西岸相比，江东更突出自然特色。以大片森林和绿地为主的山体间点缀着巴渝风格的建筑，与自然充分协调。

六、结语

重庆北温泉国际旅游度假区发展规划更为关注地区的环境特征和历史遗存，以充分的实地考察结合大量涉及规划区的研究为基础，放眼大区域旅游环境，考虑与周边地区差异互补，得到切合实际、切实可行的空间规划。着重于整体景观感受，以人为本，考虑各方面利益，设立明确的总体和分期目标，控制旅游容量，提升整体质量，在保护的同时注重发展，与自然和谐相处，形成了生态良好、与环境良好融合的旅游度假区。

注释

[1] 重庆市北碚区旅游产业发展总体规划暨旅游发展十二五规划（2011年—2015年）。

作者简介

董晓瑔，德国意厦国际规划设计有限公司项目负责人。

高端度假综合体
——丽江金茂雪山语

The Landscape Design for Whisper of Jade Dragon, Lijiang

陈跃中 许小霖
Chen Yuezhong Xu Xiaolin

[摘 要] 面对自然环境优越的设计项目，如何通过设计的智慧提升项目价值，如何保护场地内的自然环境，让自然与人类和谐共存？在本项目中，充分考虑到这些问题，在大自然的背景下，设计团队创新地通过一系列的设计方式，使得建筑与景观融为一体，完美地将自然环境呈现出来。

[关键词] 住宅度假区；水系设计；生态保护

[Abstract] For planning projects focused on preserving the natural environment, a major challenge is finding harmony between the desired humans elements, and the pristine surroundings. Striking this balance is crucial to both protect the site's ecology, and support the functions of civilization. Through a creative planning proposal, the designer's successfully integrate architecture into landscape. This interwoven design highlights a brilliant flow of the sites natural beauty through an urban corridor.

[Keywords] Residential Resort; Water System Design; Ecological Protection

[文章编号] 2015-69-P-062

金茂雪山语项目位于云南丽江束河古城和玉龙雪山之间，是由金茂（丽江）置业有限公司开发的集居住、休闲、购物、养生、商务等功能于一体的高端度假综合体。项目东临玉泉路，南邻香江路，西侧为铂尔曼酒店及香格里拉大道，拥有占地面积达500亩的住宅度假区。

一、基于生态观和文化观的设计构思

对于任何一个项目来说，地脉、文脉和人脉是最根本的基因。在设计之初，作为设计者必须要了解和尊重项目的“DNA”。丽江金茂雪山语项目其设计起点即是——丽江，因此从丽江的DNA中汲取养分至关重要。而设计的最终目标之一是创造适宜的空间环境进而服务于生活，提升居住者的生活品质，因此应充分尊重和考虑项目本身的自然及人文特色。

作为拥有悠久历史文化、独特边疆风貌和民族风情的古城，丽江的设计模式应当具有其地域性和独特性。由于古城拥有四方街、街道、溪流、合院这样的物质空间特质，是链接人们精神和物质生活的纽带和载体。因此其设计的肌理就是古城的肌理，雪山的精神力量和气势自然也应成为社区的视觉中心。

1. 设计原则——尊重自然，保护生态

在现代化的进程下，很多具有地域风情、民族特色的建筑逐渐被雷同的高楼大厦所替代，萦绕着无数乡思的人文建筑风景逐渐在我们眼前消亡。因此在设计之初，确立了“五项原则”： 一、最大限度地观赏雪山；二、先保护，再建设；三、尊重当地的建筑风格；四、生态节能环保；五、度假配套服务多元化。一切以环境保护理念为原则，体现和谐自然观，规避违背自然规律的造景理念。从而在尊重和保护“传统文化”及“原生地貌”的同时，满足度假型产品对“舒适”、“品质”和“服务”的要求。

2. 设计灵感——从自然、人文环境中萃取设计思想

设计中，考虑到项目置身于风景秀丽、旅游文化闻名的丽江区域，度假旅游以消遣娱乐、康体健身、休憩疗养、放松身心为主要目的，更强调安全的休息保障、宁静的优美环境、丰富的娱乐生活、有益身心健康的游憩设施和近人贴切的高品质服务。人们到丽江度假更是想逃离高楼大厦，寻找原汁原味的多民族异域风情、历史文脉和秘境山水。因此在园林规划和设计上，考虑客户诉求、丰富项目功能是设计灵感的源泉。基于此，以当地文化为线索，模仿当地自然环境，最大限度突出项目特点，力求从自然、人文环境中萃取设计思想。

3. 设计形式——传承文化，有继承有发展

追求文化传承，合理并充分吸收当地文化、风俗习惯和优点，是设计的本源出发点，这些必须体现在设计形式中，实现有继承、有发展的文化园林。在设计中，基于现有自然条件，坚持生态优先的原则。景观设计上采用具有当地特色的纳西族传统民居及环境风格，“引水入院，逐水而居，以水相隔”，将“静•心”的设计理念引入环境设计中。旨在通过远离都市喧嚣的生活，重拾都市人遗忘的娴静时光，使居住者回归心灵的安宁与平静。

二、景、物和谐的景观设计

1. 设计方式

景观设计要考虑客户舒适性要求，合理分析客户诉求，在做景观规划的同时，考虑其实用性，做到景、物和谐，实用性和欣赏性的和谐统一。丽江金茂雪山语的整体设计以居住区入口为界限，分为东西两侧。西侧利用现有优势自然资源，形成以湖景为主要体系的开阔型景观空间，设计主题为平湖晓月。东侧由于建筑密集，更适合于打造以植物为主的自然式景观，设计主题被定义为溪山林语。

2. 西侧平湖晓月

西侧的平湖晓月区域，主要通过“一河串三湖”的设计方式，以丽江特有的白水河、泸沽湖、拉市湖、程海湖等不同类型的风景为蓝本，结合地形通过一河将现有分散的三个湖区串联起来。在水系种植方面，小溪水系以垂柳为基调树，缓坡草坪结合点景大树及观花小乔木为主，亲水木平台周边采用主景树及小乔木结合常绿灌木及地被的手法，力求植物搭配精致，空间开合有序。湖岸种植采用开敞草坪与片林

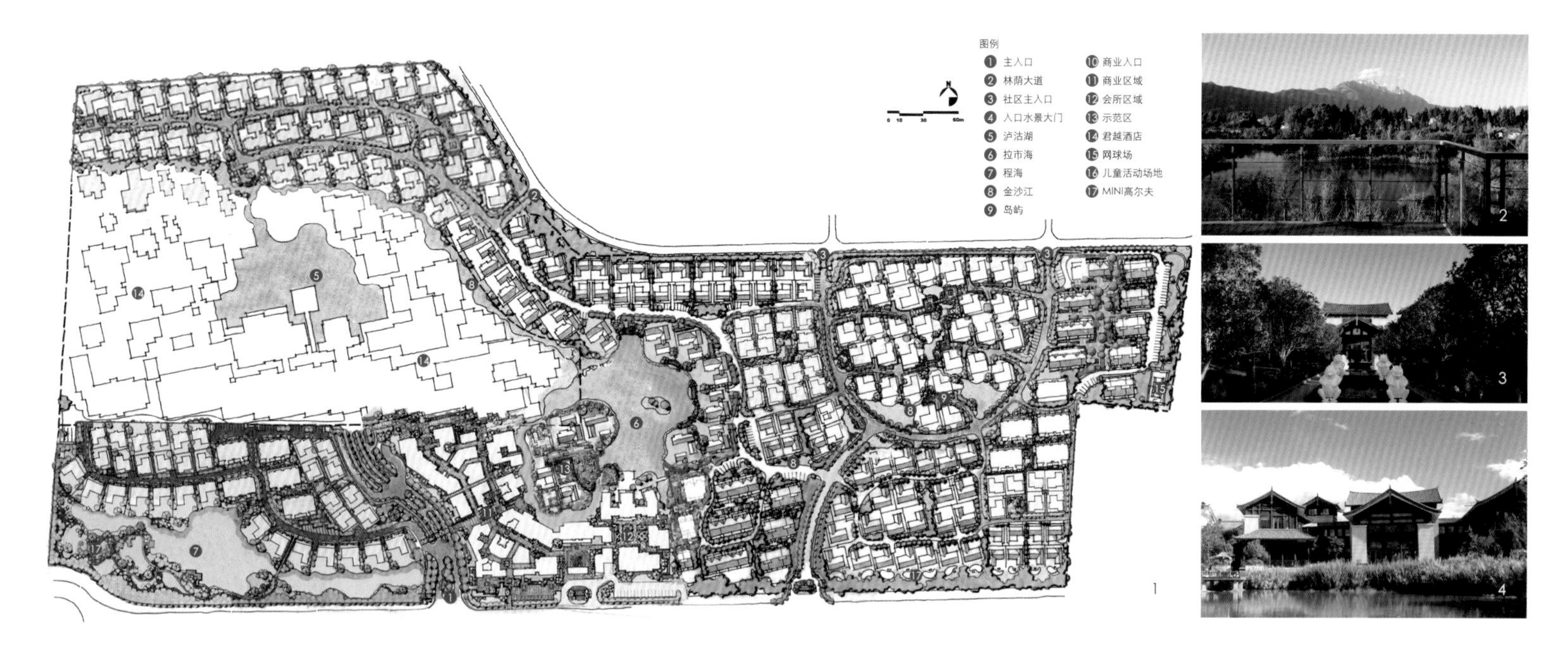

1.丽江金茂雪山语总平面图
2-4.丽江金茂雪山语实景

相结合的方式，其间穿插大型树种，使空间变化多样，增强节奏感，强调植物群体的变化，同时融入药草园的主题设计，更增加其静心、养生的主题。

3. 东侧溪山林语

东侧的溪山林语区域，由于现状的自然特色并不突出，通过植物的密植，减弱密集的建筑给人带来的拘谨和焦躁感，同时营造溪流峡谷的自然景致，使建筑融入自然环境。在庭院水系的种植方面，设计师考虑到水体、场地及建筑的空间关系，使庭院水系种植起到遮掩建筑，增强空间层次的作用，旨在营造幽静、闲适的气氛。水系周边多以垂柳和竹林为主，以软硬两种方式增加空间的变化。

三、视线的通廊设计

由于雪山是该项目的灵魂，为了让每户都能看到雪山，经过仔细测量，最终得出：基地对雪山的方位角为北偏西13°。简言之，如果能使大部分产品都可以直面雪山，酒店及销售物业则均须向雪山方向旋转13°。为此，在原有总体规划方案的基础上做了全新的优化设计，将酒店建筑和销售物业无一例外地扭转了这13°。与此同时，进行了各栋住宅的可视角分析和坐落分析，最终决定，减小容积率，增加楼间距，将别墅交错排布，这样一来不仅确保每户都至少有一扇窗可以直面雪山，更有效地增加了室内的日照时间。此外，对溪水、绿篱等软隔断的利用，既保证了居住私密性，也充分考虑了景观的共享和社区的交流。

四、水系设计是项目的灵魂

水是丽江的灵魂，也是项目中最重要的部分。在设计中以三块原生湖泊为核心水源贯穿园区各个组团，水系的曲折勾勒出一个神秘而美丽的“古镇水街”。同时利用水轴和绿轴交织，串联整个区域，形成开放与私密有秩的不同空间。将建筑依山就势而建，呈现出南高北低的建筑群，使户户都能观赏到雪山的胜景。

由于基地景观资源的不均衡性，现有湖泊都位于基地西侧，而酒店东侧的景观资源相对较少。设计希望能适当增大东侧地块的人造水景，经过一系列的探讨与设计优化，最终不惜删掉原规划中的多栋别墅，以保留两块天然湖泊和百余种原生植被，营造出媲美西侧的原生态景观，使得两侧的景观得以最大限度的平衡，空间布局更加灵活。

五、儿童游乐区填补开发空白

在项目设计之初，通过前期调研发现，丽江在旅游度假开发中普遍缺少对儿童的考虑，儿童游乐场所和设施几近空白。因此该项目中，在“程海湖”沿岸设计了儿童游乐区，该区域建成后成为了园内最活跃的地带：混凝土模拟出的树干滑梯，仿佛带人们回到了最原始的游乐场。小猴子雕塑活灵活现、俏皮可爱，攀援在滑梯上方的藤蔓成为小朋友最好的游戏玩伴。

六、综述

丽江金茂雪山语的设计在大自然的背景下，依旧保留着对玉龙雪山这座神山的尊敬，保证任何建筑都体现并衬托自然环境的完美，这是项目设计从始至终的思路。在进行风景园林设计时，要充分考虑各种因素，充分利用现有资源，考虑当地文化发展，结合土地特性、用户需求，合理布置功能分区，创制有继承有创新，融入当地发展思路又具有出众文化特色的景观园林，这也是和谐自然、文化传承的最终要求。

作者简介

陈跃中，ECOLAND易兰规划设计院总裁兼首席设计师，美国注册景观建筑师，美国麻省大学景观设计、城市规划专业硕士，美国城市土地研究院会员，美国环境景观协会会员，清华大学EMBA特聘教授，北京林业大学园林学院客座教授；

许小霖，ECOLAND易兰规划设计院第一景观设计院，第九设计所。

1

华东旅游度假胜地•青岛健康颐养乐谷
——生态与乐活并存的旅游度假区规划探索

East China Tourism Resort, Qingdao Health Care Happy Valley
—The Tourism District Planning of Ecological and Happy Lives

刘奇楠 杜 爽
Liu Qinan Du Shuang

[摘　要]　本文以青岛地区胶州市明山秀水国际健康旅游度假区概念规划为例，分析了旅游要素相对平庸地区的旅游规划开发策略与具体生态化设计手段，探讨了在当今社会背景下生态型旅游设计中应注重的规划思路及设计要点。

[关键词]　旅游区；健康养生；生态

[Abstract]　The paper takesMingshan-Xiushuiinternational health tourist area planning as an example to discuss the planning strategies means of spatial design in it, investigates the planning ideas and design elements in ecological tourist area.

[Keywords]　Tourist Area; Health; Ecological

[文章编号]　2015-69-P-064

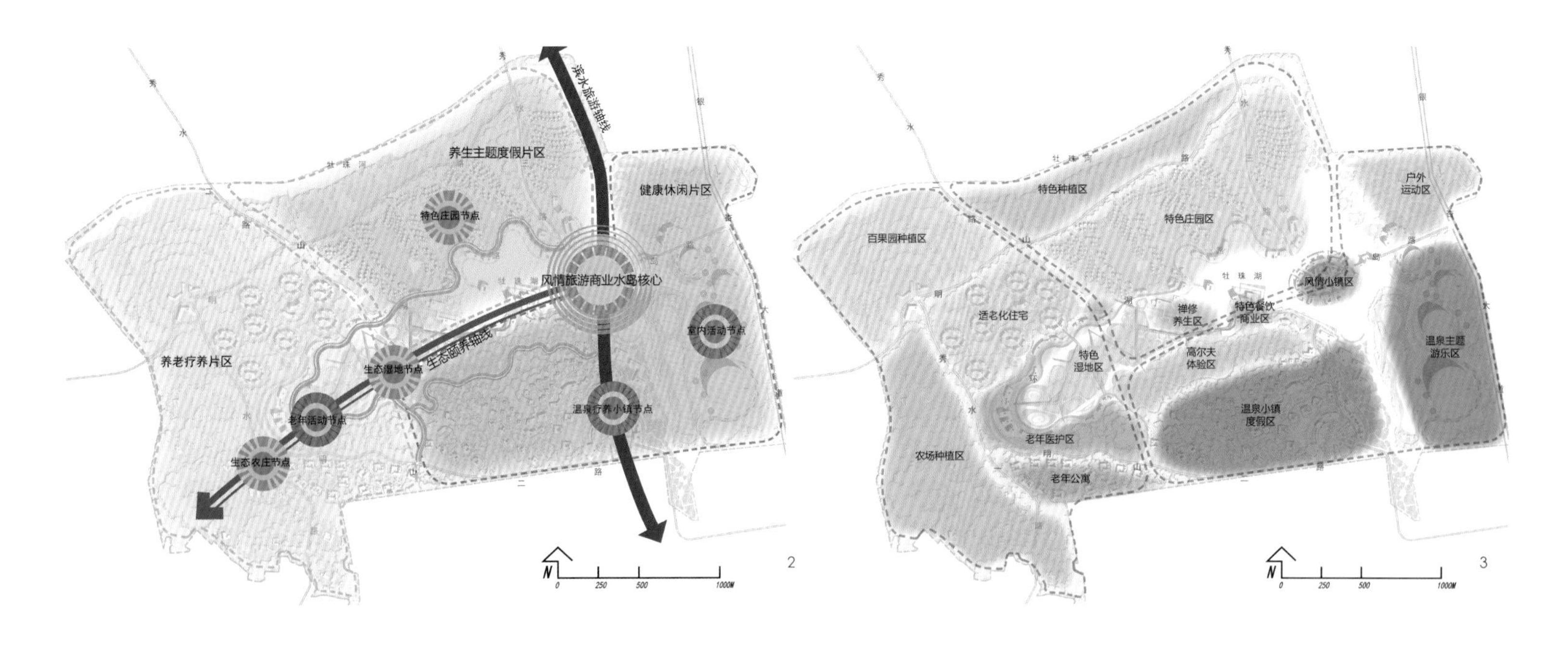

1.总体鸟瞰图
2.规划结构分析图
3.规划功能细分图

一、引言

当今旅游业的蓬勃发展，全国各地掀起了建设旅游度假村的热潮，千篇一律的度假模式，以其带动乡村房地产的开发，这已成为大量度假村存在的通病。旅游度假本是一种领略宜人风光、体验人文情怀、甩掉一切烦恼的享受过程。然而传统旅游一成不变的模式、千篇一律的线路成为游客集中抱怨的焦点，未来中国旅游市场需要创新、更需要适合国人生活方式的旅游产品，颠覆传统旅游便成为一种必然。随着人们出游意识的不断成熟，对于精致化、深度游的需求不断加大，突显旅游度假村的特色与个性成为了规划首要问题。

同时伴随着城市化进程的加快，人口老龄化程度加深，国内养老产业发展的不完善性，在未来很长的一段时间内，养老产业都将成为未来城市发展的主题。因此，本案针对如何跳出度假区规划发展的束缚及发展老年康养产业为要点进行探讨。

二、项目概况

1. 背景研究

（1）经济背景

胶州市是山东省青岛市所辖的一个县级市，位于胶州湾畔，东临即墨市、青岛市城阳区，北接平度市，西靠高密市，西南临诸城市，南与黄岛区接壤，是山东省首批沿海开放城市之一。在国家发展战略“山东半岛蓝色经济区”的指导下，半岛城市群以东北亚区域性国际城市青岛为龙头，带动山东半岛城市群外向型城市功能整体发展的城市密集区域，是全球城市体系和全球产品生产服务供应链的重要一环，成为与长三角、珠三角比肩的增长极。随着蓝色半岛经济圈的形成，城市的聚集化越发明显，生态资源的利用、城市近郊养生度假项目的市场广阔，以休闲度假为代表的休闲服务业是青岛和胶州十二五期间产业发展的重要方向。

（2）区位交通

胶州市区位优越，交通发达。国内重要港口城市，境内铁路及高速公路纵横交错，胶州距离青岛港45km，距黄岛前湾港40km，距离流亭国际机场40km，新规划的青岛机场也坐落在胶州境内。海湾大桥胶州连接段的联通令胶州与青岛的联系更加便捷，为区域的发展注入了新的活力。

（3）文化背景

根据胶州著名典籍的相关记载：胶州地区历史悠久，当年胶州城的经济非常发达，来往客商非常多，江西、浙江等省的商人纷纷来到胶州经商；胶州有“五步两处庙”一说，因为商业发达，仅关帝庙在胶州就有七八座，最优名气的有慈云寺、后天宫、文庙和菩萨庙等；自宋元以来，胶州就被誉为“三多城”，即庙多、桥多、牌坊多，据史料记载，清末古胶州城内城、外城就有牌坊60多座；“扬州八怪”之一的高凤涵故居，大量古墓葬、古庙宇和金石碑刻，书画诗文丰富多彩的民间文艺，胶州大秧歌，胶州茂腔、民间戏曲、剪纸绘画等。

杜村镇历史悠久，名人辈出。杜村曾是春秋战国时期介国（鲁国的属国）的都邑，历史上被史学家称为“黔陬东城”。这里有古代名寺一宝塔寺，现存一级古树名木——“八子绕母”银杏树，许多历史名人在此留下足迹和墨宝，诸如西汉时期被汉高帝封为“建信侯”并赐刘姓的娄敬、曾给清皇太子奕宁（清咸丰皇帝）当老师的匡源等。

（4）社会背景

旅游度假行业市场需求旺盛。

据不完全统计，我国商务旅行及相关费用每年高达103亿美元，其中培训、会议、奖励旅游三项占到国内旅游市场的50%以上，中国接待的境外游客市场中25%是商务会议旅游目的。

我国老龄化加速带来了巨大的养老产业发展空间，华东地区黄金养老族数量庞大；据初步预测，在2023年，青岛市65岁及以上老年人口将首次超过0—14岁的青少年人口，青岛市将先于全国进入老龄化社会阶段。

普通游客群体，占据整个旅游人群市场的绝大部分。据国家旅游通报显示，2012年国内旅游人数26.41亿人次，收入19 305.39亿元人民币，分别比上年增长13.2%和23.6%；近5年报告内，国内游的人数及收入增长在12%及20%以上，国内旅游市场已经成为GDP增长的一项重要指标；全国国内旅游出游人均花费767.0元，普通游客群体占据了旅游人数及旅游收入的绝大部分。

普通旅游市场需求特征：（1）主题度假形式受到青睐；（2）突出地方特色文化；（3）追求康体保健功能；（4）度假形式趋向多样化；（5）度假游客大多以家庭为基本单元；（6）旅游度假产业向国际一体化方向发展。

2. 基地条件

项目位于胶州市胶西镇，距青岛市区50km，青岛客运机场40km，距胶州湾高速公路营海出口12km，至同三高速公路胶州出口3km，距胶州火车站15km，217省道横贯全镇。项目地形起伏有致、林地成荫、空气清新，是开发旅游度假项目的理想之地。项目总用面积约13 105亩，其中现状建设用地面积约495亩，林地4 075亩，农田6 542亩，范围内共涉及村庄搬迁4个。明山岭用地属于丘陵地带，现状土地使用状况相对简单，除四处现状村庄以外，其余部分基本都被水域及林地覆盖。217省道从基地的北侧通过，是基地的主要对外交通，基地内部主要由乡村道路组成，没有统一的体系。

三、项目定位与案例研究

1. 形象定位

打造异域特色风情，构筑城市特色新地标。

生态形象——以景观水库人工湿地为核心，利用明山岭良好的生态资源，打造绿色生态形象；

风情形象——打造欧式风情，构筑特色形象，创造和谐统一的设计风格；

文化形象——将传统文化与现代文化、地方文化与异地文化相融合；

健康形象——以室内运动场馆为亮点，构筑区域健康运动形象。

2. 规划目标

（1）亚洲最富盛名的室内水上主题乐园

在度假区内打造亚洲规模最大的室内水上乐园，大体量的建筑形态形成区域形象地标，也是青岛乃至山东半岛的休闲娱乐地标；

（2）华东地区最具典范的养生养老综合体

结合明山岭良好的生态环境，完善各类服务设施，打造华东地区极高口碑养老养生的最佳实践区；

（3）青岛地区最具活力的健康休闲主题小镇

以欧式风情为主题的健康小镇及庄园，塑造地区独特健康休闲情境。

3. 功能定位

总体功能定位：以“健康—养老—养生”为核心，将东明山岭打造为集养老服务、生态养生、健康游憩、绿色居住、商业休闲、运动娱乐、文化体验等功能为一体的国际健康旅游度假区。

4. 案例研究

（1）三亚海棠湾国际养生社区

三亚海棠湾国际养生社区位于海南省著名的旅游度假城市——三亚，其自身在旅游养生项目的开发上就具有得天独厚的条件。当今社会，人们处于“心生活、心经济”模式下的“心时代”，传统的度假村、疗养院、养老院、商会会所、酒店等，无论是从数量、功能还是服务层面都已很难满足人们的“心”需求，“三亚海棠湾国际养生社区”便是为“心”的需求而打造开发的。社区的主要业态包括：房地产、旅游、商业服务、保健、健康管理、保险、教育、文化、传媒等。三亚海棠湾国际养生社区的开发，以养老养生度假为核心，多种产业业态为辅助的模式，不仅达到了建设一个康养度假综合体的初衷，同时也形成了一个比较完善的社区，达到了区域可持续发展的目的。

案例借鉴：①以养老养生度假为核心，多种业态并存，设施齐全，形成一个完整的社区，达到可持续发展的目的；②充分挖掘地区资源，打造最优产业模式。

（2）德国Krausnick热带岛屿

德国热带岛屿是位于德国Krausnick林荫大道1号，是世界上最大的室内水上乐园。水上公园结构最初被修造作为飞艇的机库，但它的目的是要从未建造房子的飞艇。室内不支持支柱，名为Aerium。一家马来西亚公司买的机库和转向到热带岛屿度假，热带雨林、沙滩、人造太阳、棕榈树、兰花和鸟鸣等一年四季均有开放。热带岛屿高107m，长约220m，高峰可容纳约6 000～7 000名游客。因为热带岛屿的存在，该市每年可以多接纳约15万游客，让这个原本名不见经传的小镇顿时成为区域内的旅游热点。这个远离水的地方，拥有一个有着5万种植物的热带雨林、一家酒店和一家夜总会。游客们甚至还可能进行一场气球之旅——所有的一切都不需要步行到户外。

案例借鉴：①打造室内游乐设施，使度假项目不受气候及天气影响；②以大型核心项目带动区域内产业联动。

（3）珠海海泉湾温泉度假村

珠海海泉湾温泉度假村位于珠海西部，项目占地5.1km^2，以罕有海洋温泉为核心，包括两座五星级度假酒店、集美食娱乐大型演艺于一体的渔人码头及高科技剧院、神秘岛主题乐园、健身俱乐部等七大项目组成，是中国目前功能最齐全、综合配套最完善的超大型旅游休闲度假区和国际会议中心。海洋温泉占地4万余平方米，有“南海第一泉”美誉的天然海洋温泉，海洋温泉以“海洋、温泉、健康、娱乐、世界旅”为基本构想，以现存的或是历史上曾经存在过的世界各地温泉设施为母题建筑背景，以北非摩洛哥建筑风格为主，融合中西建筑文化精华，将古老的建筑文化与现代设计理念相结合，呈现地中海浪漫风情。珠海海泉湾温泉度假村以温泉文化为核心打造了国内首屈一指的度假养生胜地。

案例借鉴：①以温泉文化为核心，并开发到极致，打造了同类养生度假项目的翘楚；②结合异域建筑文化，让度假区呈现了独特的异域风情。

四、设计开发策略

区域山水田林交织，是青岛都市圈内适宜静心养性、疗养度假之地。但是比较而言，区域同类主题度假项目众多，基地内在并没有核心竞争要素，引入独一无二的业态功能是项目成功的关键。

具体而言，我们确立了五大设计开发策略。

1. 星之谷：核心主题娱乐项目带动片区人气活力

旅游核心明星，打造亚洲最大的室内温泉水上主题乐园，四季开放。特色室内水上主题游乐活动直接提升区域知名度带动客流量。主题农庄、养老中心、温泉休闲体验则作为各片区活力推手，促进商业，度假地产开发价值。

2. 水之引：延伸临水界面塑造功能板块中心

扩大水域面积，塑造旅游服务核心水岛彰显情境风情形象。在景观湖沿岸设置各板块的功能中心，

4.平面图

梳理核心空间脉络，增加人与水互动频率与界面商业价值。

3. 山之复：农田果林休闲结合地产捆绑运营

构思片区中农田与果林作为地产开发的附带项目，采取一户多亩的私家使用方式进行对山体高附加利用，强化项目销售亮点。

4. 核之生：细胞组团斑块营造共享肌理构建

打造特色概念组团，庄园度假、适老疗养和温泉情景会所等空间肌理，以细胞状功能组合核心共享方式营造斑块式开发型态。

5. 境之灵：生态科技理念引导环境提升

利用生态理念科技塑造环境：湿地水体除污、阳光雨水收集、碳排平衡等生态理念运用于生态廊道之中。

五、规划设计

1. 总体结构

中央风情旅游商业岛作为引领核心；沿母猪河南北向的滨水旅游轴线及东西向的生态颐养轴线并展，形成“丁”字形结构，统领各个片区及节点；健康休闲片区、养生主题度假片区、养老疗养片区形成区域共赢；各片区主要功能结构点环绕旅游商业岛核心的总体空间结构，使基地成为多功能体验、多活动亮点的健康颐养主题旅游度假区。

2. 文化植入与演化

“八子绕母”千年古银杏树是基地区域内一方水土孕育出的自然与人文精髓，选其作为方案构思的出发点，不仅因为其独特的形态特征，也因它代表了

5.室内水上乐园
6.温泉度假小镇区
7.中心风情小岛

中华传统文化的核心“孝”道文化，与本案健康、养生、养老的定位具有丰富的内在的关联。

本案选取其形“八子环绕一个主体”，作为方案形态构思的起点。采用八大功能板块，围绕一个主核心形成整体空间结构意向。在文化层面，将传统修身、养性、养心、养老等功能内涵与异域风情相融合。

3. 分区规划

（1）中心水岛片区——打造活力时尚的欧洲风情小镇

牡珠湖核心风情水岛，基地核心门户。由旅游集散服务中心、休闲商业综合体、风情水上度假公寓、文化主题建筑与广场共同营造。主入口塔桥与钟楼地标引领进其间，水上刚都拉如梭、桥廊步道灵动。教堂与钟楼、商业服务设施塑造节点空间，广场与周围岸线形成丰富的视觉对景，驻足其间宛如置身威尼斯水城。

欧洲风情小镇位于湖面中心，是整个度假区的形象主入口，同时也是园区的公共服务中心及旅游集散地，功能涵盖旅游服务、旅游商贸、婚庆服务、广场文化、街头艺术、水街特色观光、旅客住宿等。小镇的建筑风格既有古典的富丽，也有现代的简洁；既有着皇家的华贵，也有着小镇的古朴，一砖一瓦都独具匠心。

特色餐饮商业以开阔的水景与对岸小镇的沿岸景观为特色，形成以各式餐厅、酒吧、咖啡馆为主要业态的滨水街区。

（2）水上乐园片区——打造全季节的乐活天地

区域最大健康乐活运动载体，核心水上娱乐主题设施。主体建筑功能让人体验大波池、水滑梯，一年四季热带岛屿度假，热带雨林、沙滩、人造太阳、棕榈树、兰花与鸟鸣。室内设有滑雪滑草场、活体动植物馆等特色活动内容。外围布置牧马场、马球俱乐部、卡丁车赛道、房车营地等多元娱乐设施。

室内温泉水世界是整个景区的标志性建筑，巨形穹顶建筑群组，营造了强烈的视觉冲击力。内部遍布了温泉主题的游乐设施，各色热带风情文化充斥其中。考虑到胶州地处自然气候环境与旅游度假需求，选择大型拱壳类建筑，通过塑造自身的内部小环境，达到全天候、全季节的运营模式。结合地形水岸关系，以广场绿地和滨水岸线景观为区域设计主体。

（3）温泉小镇片区——打造健康养生的自然天堂

牡珠湖南侧温泉为题的度假镇区，利用南坡斑块式集中开发。布置温泉体验中心、企业温泉会馆、温泉会议中心、温泉度假五星酒店、私家温泉体验、温泉健康高尔夫练习俱乐部等特色内容，从而带动温泉度假地产开发。

五星级温泉酒店是整个度假区的标志性建筑之一，大体量的圆弧建筑与大型广场的结合，在给游客营造了湿地公园的景观视觉冲击后，又创造了新一轮的视觉高潮，强化了度假区南入口的整体形象。整个酒店豪华气派，装饰典雅，色调协调。酒店内布置温泉游泳池、VIP功能区和五星标准的健康养生会所等，可为游客提供一个舒适、温馨、幽雅的最佳去处。建筑风格为西班牙建筑风格。

温泉会议酒店滨水低密度布置，南与生态湿地公园有机联系，北与度假区中心水岛隔湖相望，配置的高级游艇码头，可让客户通过水路畅游整个度假区。该会议酒店不仅可以满足度假的商务会议需求，也是胶州湾地区高端商务会议功能的有效补充。

企业家会馆和康复理疗中心均隐秘于密林之中，

6

7

企业家会馆不仅能为企业家提供交流企业经营、管理理念等的活动场所，也是商务人士放松身心，感受自然的绝佳场所。康复理疗中心设计包含有高端康复中心、健康评估、健康管理等功能。可为老年人及其他客户提供健康检查、疗养服务、运动型伤病康复、会员式健康咨询与体验等专业化的健康管理服务。

（4）主题庄园片区——打造知名的红酒养生主题庄园

处于牡珠湖北岸山林幽谷之中，葱翠田园中种植葡萄、蓝莓、茶叶三大养生保健品作为主题要素，形成以庄园带动养生度假地产的开发模式。分别为：葡萄酒庄园，融入酿造采摘体验、品酒养生交流、酒坊文化创意等特色业态；蓝莓庄园，打造蓝莓养生交流、种植休闲体验、品尝推介等活动。以养身养心、禅茶会馆、茶道体验等组成的禅意茶庄。

种植园和度假山庄利用基地北部自然林地，种植葡萄、蓝莓、茶等经济作物，配套建设适当规模度假养生别苑。结合地势高差，建筑布局错落有序，整体风格以欧式为主。

规划选择基地内背山面水的核心地块打造特色红酒庄园、红酒产研基地及名酒品鉴中心，形成以商务洽谈休闲、红酒文化展示、产品推广于一体的功能片区。整体风格以古典欧式为主，注重滨水界面的打造，吸取西方园林造景经验，建筑与环境相融合。

规划引入红酒养生、禅茶研修及产品展示等功能，建设高品质的滨水休闲养生组团。建筑风格以欧式低层院落式围合建筑为主，突出滨水观景效果，将山景水景引入建筑之中。

利用地形创造南北向通透的景观轴线，突出建筑群落的天际线变化，通过枝状交通系统组织空间，形成错落有致、收放有序、形式多样的整体有机结构和丰富的空间效果。利用南部水岸关系，以广场绿地和滨水岸线景观为区域设计主体。

（5）养老片区——打造乐享晚年的新生活

中心谷底西片静谧清幽，在田园果林间集中布置养老疗养公寓与适老化住宅。老年活动中心、老年大学、抗衰老中心、康复中心及老年医院作为片区主要功能沿湿地带状布置。南侧养老助老公寓，利用典型的养老助老模块院落式布置；北侧适老化住宅与周末亲情公寓，结合孝心亲情中心，共同营造儿孙天伦的惬意生活。适老化田园果林种植采摘园集中在西侧山岭之间，让赋闲的老者拥有夕阳晚年的农夫乐趣。

（6）中心湿地片区——打造展示科技魅力的生态湿地

中心湿地以四季常开的郁金香种植花卉形成生态花海观谷，与步行路径结合构成一区四景的景观结构。湿地风雨步道不仅可游览观光，又是生态科技如太阳能照明、人造喷雾的功能平台。

露天剧场采用现代形式的景观构架，开敞的草坪及台地的景观看台形成一种层次错落的景观空间，提供了一个都市集散的市民活动场地；湿地观景瞭望区域通过板块状的木平台伸出水面，游人休憩停留观景，瞭望塔登高远望，纵观周边景色，使游人此时达到较高的情感体验；滨水花园采用野生花圃与湿地植物通过木栈桥相互连接，对面河岸的钓鱼台伸向水面，野趣横生；滨水垂钓通过一个个不规则钓鱼台伸入湿地芦苇丛中，特色栈桥和自行车道从两边通过，

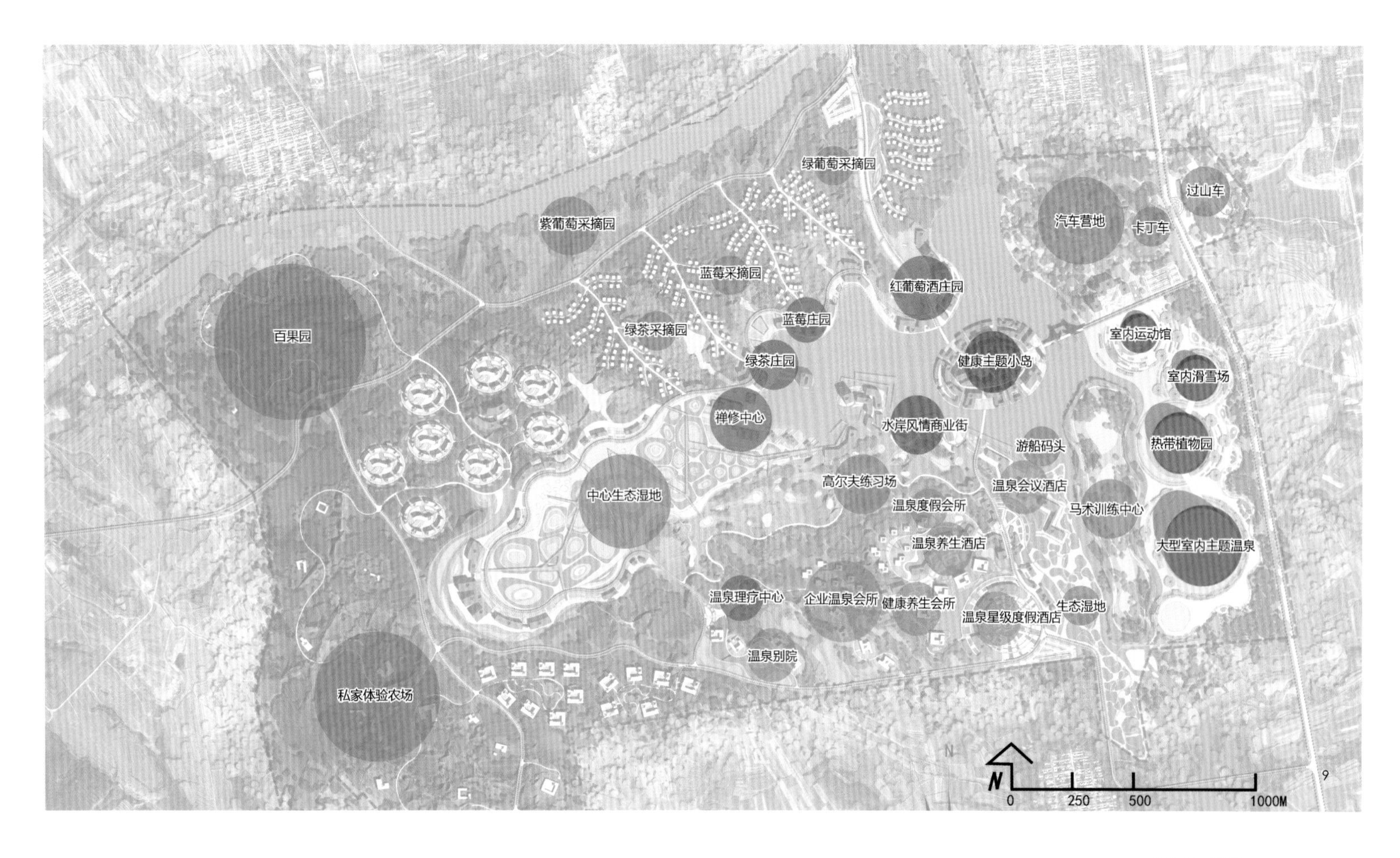

8.中心生态湿地
9.旅游景点分布图

利用地形起伏变化和植物种植方式为此营造了一个安静的生态空间。

4.旅游规划设计

（1）参观游览规划

区域内以“春夏秋冬”的概念设置了不同的度假、游乐设施，便于游客在一年四季都能找到合适的游乐项目；内外两条环路及东南部温泉游乐区的景观道是设计的主要观光线路，基本串联了所有观光景点及游乐设施；内部环路限制普通机动车出入，以景观步道为主，并配置电瓶车方便游客游览观光，在外环及内环之间设置了景区观光火车道，在母猪河水域设置了水上游艇观光设施，多种游览线路结合，丰富游客的度假需求。

（2）四季游程规划

春之秀：春回大地，万物复苏，区域内的湿地公园、樱花园、郁金香园，都将成为民众踏青的好去处；而度假区内的高尔夫练习场、跑马场、卡丁车场、房车营地等设施也为游客春日的运动提供了场所。

夏之时：夏日炎炎，母猪河水域上的各类水上项目，是全家人游水避暑的胜地，湿地内美丽的薰衣草也会在此时竞相开放，而坐落在绿林庄园间的原木树屋更是夏日避暑、宿夜观星的天堂。

秋之韵：秋季代表着收获，区域内的采摘果园、观光种植园已是硕果累累，平日在都市中的居民也可借此机会返璞归真，而种植园内秋日壮阔的大地景观，也能令人心旷神怡。

冬之日：冬日万物萧索，但在这里，游客尽可在亚洲规模最大的室内温泉、滑雪场里领略冬日的魅力，而此时推出的SPA、茶道、禅修静养等项目也能使人沉静心灵、休养生息。

六、结语

在旅游度假村产品日渐增多的竞争环境下，如何才能避免盲目性、粗犷型的开发模式成为了热点难题。一方面是日益提高的旅游休闲意识和度假享受需求，另一方面则是缺乏创新精神的景区建设，提高自身的服务质量，突破原有定式思维，避免形成单一活动季节、单一重复项目的泛泛之作，抓住“眼球经济”盛行下的新机遇。

作者简介

刘奇楠，上海同济城市规划设计研究院，规划设计师；

杜　爽，同济大学建筑与城市规划学院，在读博士。

“大区小镇”呀诺达热带雨林生态旅游区

New Planning and Design Approach for Forest and Tourist Area Yanoda Tropical Eco-Tourism Planning

陈跃中 张 毅 唐艳红
Chen Yuezhong Zhang Yi Tang Yanhong

[摘　要]　在快速的旅游业发展进程和风景度假区开发建设中，建设并不总是遵循“最佳设计原则”。旅游业和房地产的发展常常要付出风景文化资源损失的代价，景区、景点、度假区的发展主要是通过搬迁当地居民来获得发展空间，而三亚呀诺达热带雨林旅游度假区打破传统方式的规划设计理念，在规划设计及建设过程尝试了一套新的模式。

[关键词]　旅游；风景区规划；文化遗产；热带雨林；生态旅游

[Abstract]　In the rush to develop the tourist business, open the scenic area to tourist and build modernize resorts, “best design practices' have not always been followed. People have been relocated despite their objections, making way for housing complexes and other lucrative ventures, at the public's expense. Yanoda Tropical Park project in Sanya, Hainan is a progressive blend of ideas involving local residents in a project that improves their standard of living and the environmental conditions of the site while creating a high quality resort and unique tourist experience.

[Keywords]　Tourism; Scenic Area Planning; Culture Heritage; Tropical Forest; Ecotourism

[文章编号]　2015-69-P-072

1.三亚呀诺达热带雨林生态旅游区
2.三亚呀诺达热带雨林生态旅游区
3.三亚呀诺达热带雨林生态旅游区
4.三亚呀诺达热带雨林生态旅游区
5.三亚呀诺达热带雨林生态旅游区
6.三亚呀诺达热带雨林生态旅游区总平面图

一、引言

近年来，在快速发展的旅游度假产业建设中，并不总是遵循“最佳设计原则”，旅游业和旅游度假地产的发展常常要付出风景文化资源损失的代价。尤其是热带雨林旅游度假区以其独特的地理优势和风土人情成为了旅游度假区设计的热点，其脆弱的生态环境、频繁的人为干扰以及景区规划设计的不合理，导致了热带雨林景区环境的严重破坏，进而也影响到了度假区的正常运作。

三亚呀诺达热带雨林旅游度假区打破传统的设计理念，在规划设计及建设过程尝试了一套全新的模式：将景区、度假区与所在乡镇地区一起整体规划、共同发展，通过培训使原住民身份转变，成为景区、度假区发展的参与者和经营者，使景区生态环境面貌、乡镇经济发展水平、园区村民生活标准，随着旅游景区和度假区的发展而同步得到提升，同赢共生。在建造高质量的度假村，让游客感受独特的生态旅游

体验的同时，还可以提高居民的生活质量，促进旅游度假区所在行政区划内居民整体文明程度的提高。

二、规划区概况

呀诺达热带雨林旅游度假区项目位于海南三道保亭，大三亚旅游规划中的生态景观轴上，占地面积约20km^2，是海南岛五大热带雨林精品的浓缩，堪称中国钻石级雨林景区。

“呀诺达”一词是海南本土方言，景区赋予了它新的表示友好和祝福的含义，其环境以地貌景观类与水域风光为主、旅游资源基础较好、自然生态环境相对完整，是海南岛不可多得的热带雨林自然风光区和黎苗少数民族集居地，易兰旅游规划团队经过对其所在区域文化和自然资源的调研分析，认为适宜开发综合性自然人文旅游景区。

但项目同时也存在着缺陷和挑战：如规划区内经济发展和群众生活贫困导致人为地进行破坏性环境实践活动；不合理的开发和砍伐致使当地热带雨林也受到了破坏；由于文化遗产保护意识的缺乏，当地传统的黎峒文化、南药文化都在逐渐消失；简陋的铺面道路意味着很少有机会去消费品市场从手工艺品上赚钱，交通的落后需要改善；传统的开发意识与新模式在理念上的冲突，本土建筑风格的消失等。

三、“大景观”理念下的“大区小镇”规划

项目中，规划团队在“大景观”理念的基础上针对呀诺达热带雨林景区的现状提出了“大区小镇”的设计理念。“大景观”理念强调设计的整体性，主张用生态景观的原则来指导城市的发展布局，其规划设计领域中特别强调了景观规划设计师在不同层次工作领域的整体连贯性；依据自身的专业特性，在这些不同空间尺度的规划中扮演着举足轻重的角色。其中一个重要的角色就是“区域规划•景观生态规划的制定者”。设计团队对呀诺达热带雨林度假区景观生态进行了整体评估，完整的评估包括自然层面、社会人文层面和政策三方面内容，不仅需要评价景观对现在利用状况的适宜性，也要考虑对于将来利用状况的适宜性。

依照传统的设计方式在此时即可进入规划阶段，而在综合考虑了政府的规划要求、开发商投资回报、现有场地的环境改善、原住民的生活居住和经济情况等多方面因素的基础上提出了“大区小镇”的设计理念，并特别在当地召开探讨会议，对区域未来的规划设计各方提出了愿望要求，并达成基本的共识。

“大区小镇”即指将景区度假区与所在乡镇地区一起规划、共同发展，摒弃了传统的独立规划景区的设计方式，使乡镇的发展水平、村民的生活水平随着景区的发展而同步得到提升。与此同时，通过乡镇中的传统民俗和风情丰富景区的文化特色和内涵，提高吸引力和竞争力，从而达到双赢的目的。

同时，区域生态环境的保护和优化是未来旅游度假区发展的持久推动力，规划中通过GIS等手段对水表径流和水体流域等进行分析形成规划区蓝色生态廊道；对水土流失敏感性，山体开发建设等进行叠加结合现状农田，形成规划区绿化生态廊道。由此进一步建立了覆盖整个区域，分为四级的生态保护系统，其中包括绝对保护区和相对保护区，通过生态系统的整合，以保证度假区发展的可持续性。

四、“大区小镇”视角下的景区示范规划设计

1. 规划定位

在该项目规划设计前期，设计团队已经对度假区进行了系统的分析。景区定位于以风景独特的热带雨林为主体景观，融汇“热带雨林文化、黎峒文化、南药文化、生肖文化”等优秀传统理念于一体，且包含观光度假、体验自然、休闲娱乐合而为一的复合型生态文化休闲度假景区。依照区域自然环境与自然资源适宜性的等级分析为核心，将整个

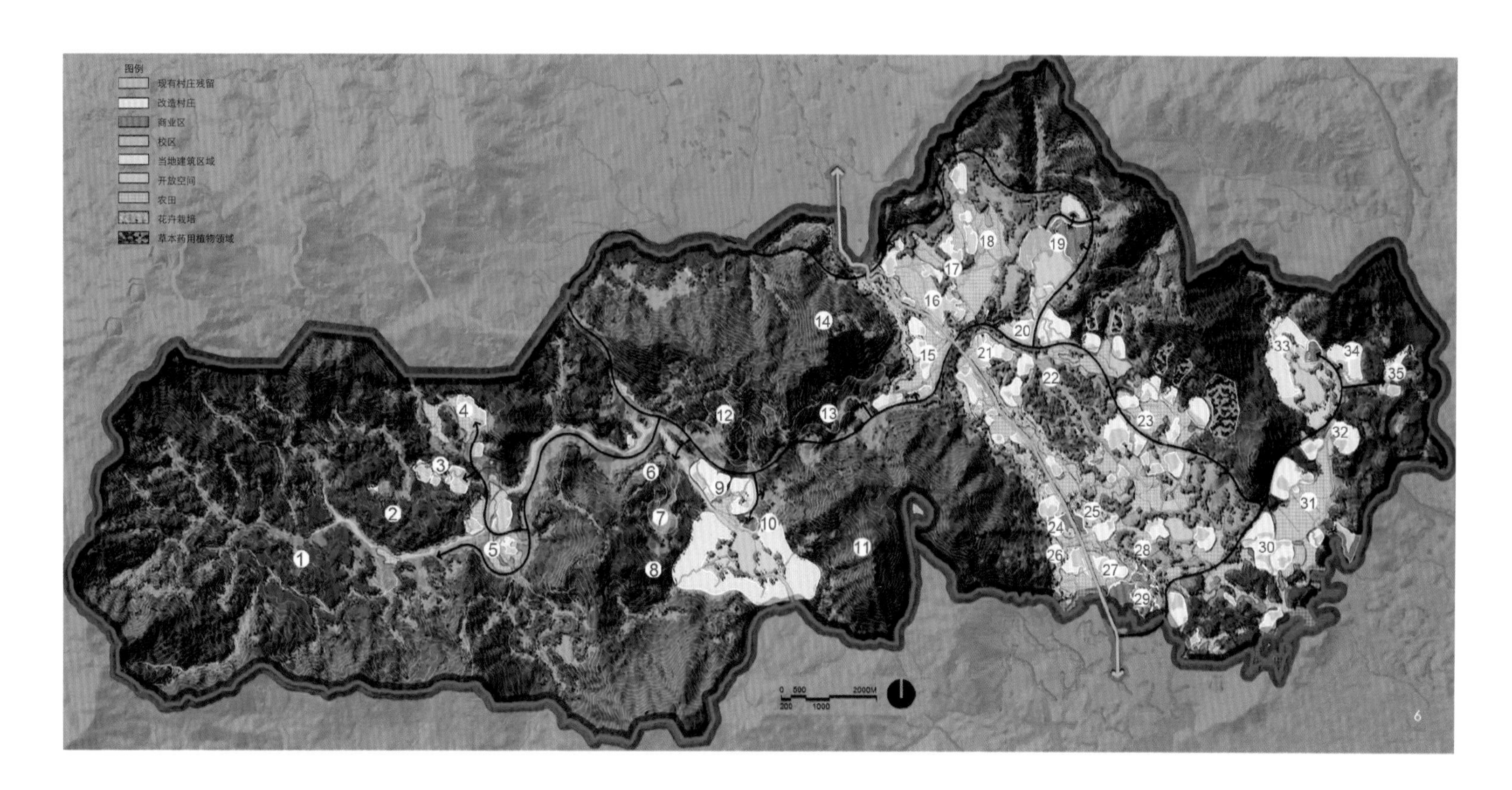

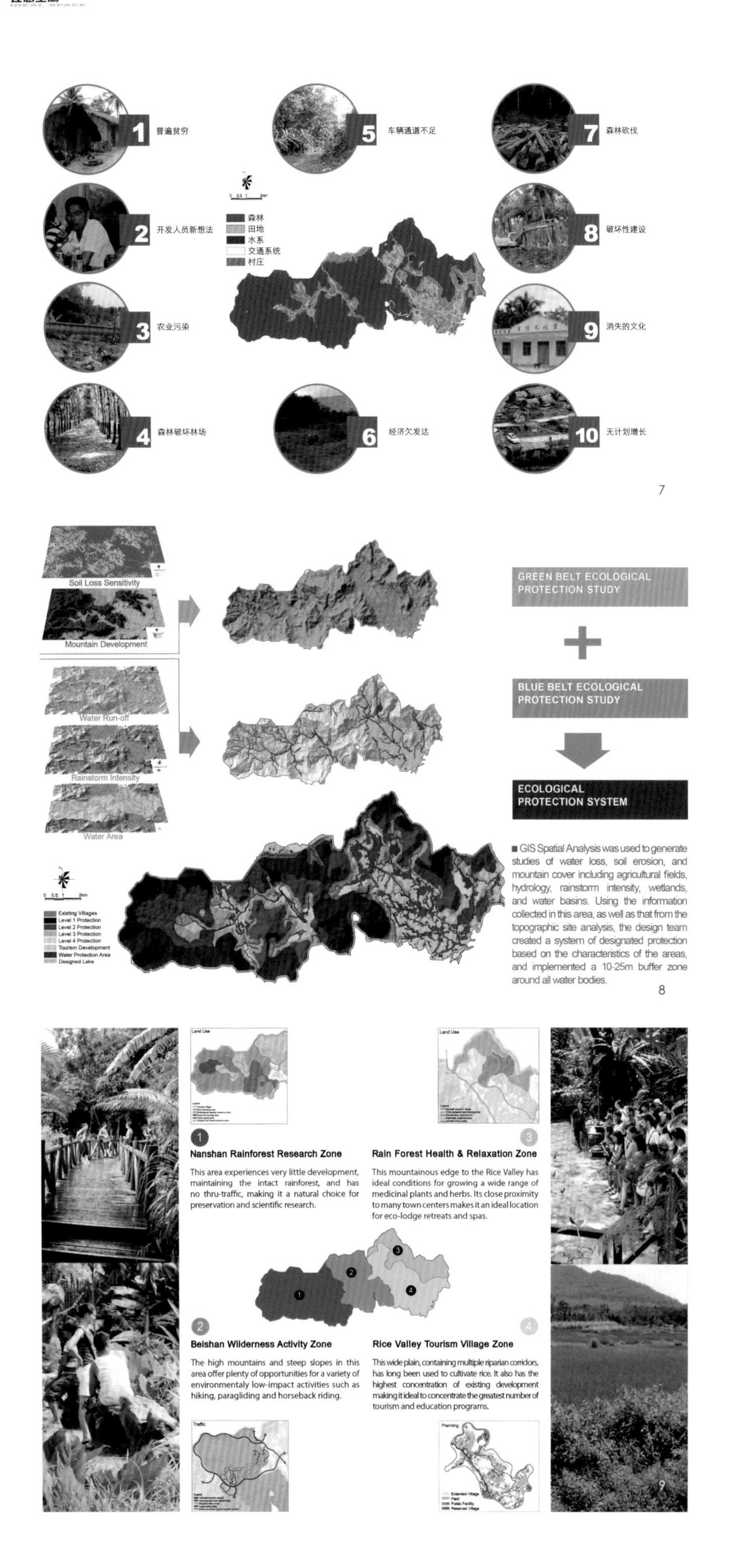

■ GIS Spatial Analysis was used to generate studies of water loss, soil erosion, and mountain cover including agricultural fields, hydrology, rainstorm intensity, wetlands, and water basins. Using the information collected in this area, as well as that from the topographic site analysis, the design team created a system of designated protection based on the characteristics of the areas, and implemented a 10-25m buffer zone around all water bodies.

8

地区划分为四个区域：

（1）原始热带雨林区—以保护为主，不鼓励建设、不提供过境交通。

（2）山地活动区—增设局部的步行交通设施以便登山等山地活动。

（3）旅游观光区—设计团队在本区确定了可以开发成包括酒店、农产品市场、会议中心和购物村的“城镇中心”的12个地点，也确定了一期示范区，通过改善公共事业设备、扩大市政工程设施、配合演出介绍“诠释文化中心”以及销售当地手工艺品和产品同时满足了当地居民和旅游者的需求。

（4）生态居住区—呀诺达热带雨林中有1 400多种乔木、140多种南药、80多种热带观赏花卉和几十种热带瓜果，这个区域得天独厚的自然条件让其成为在保持传统生活方式的基础上改良的最佳区域，将保留绝大部分农田并发展南药种植，以改善环境破坏问题。

2. 生态景观核心概念

项目中的“旅游观光区”内确定了一期示范区的生态旅游度假示范区和生态景观的核心概念，即：

（1）为该区域引入恰当的生态旅游；

（2）增加可持续性的基础设施，保护本地资源；

（3）创造一个能展现本土丰富文化和景色的度假村；

（4）通过增加人均收入，根除造成环境持续退化的需求。

设计中，设计师特别注重淡化商业气氛追求自然风格，改良传统惯用的整体酒店和会议中心模式而造成一系列有黎族风格的小型建筑，保持远眺稻田的传统乡村景观特色。这样的设计方式不仅让旅游者感受到文化与地域特色所赋予该区域的独特魅力，且有助于改善原住民的生活环境。该理念引出了“五室”项目的设计，使当地家庭共享收益，并且他们还负责特殊酒店别墅以租给提供支持的管理公司；保留耕作农场以及结合有机方式帮助保留了传统的家庭单位并促进了旅游业内农业旅游和市场的快速发展；使用创新策略改变常规的旅游区开发建设观点，使伤痕累累的景观变成和谐繁荣的景象成为可能。

3. 热带雨林建筑风格

传统度假区内旅客的居住方式是游客在观光后前往星级酒店入住，这样的设计方式不仅需要高成本的酒店建设费用，游客也需花费较长时间到达居住区，独立居住区的设计也必将占据景观环境，营建施工过程也会导致生态环境的破坏，基于多方面的考

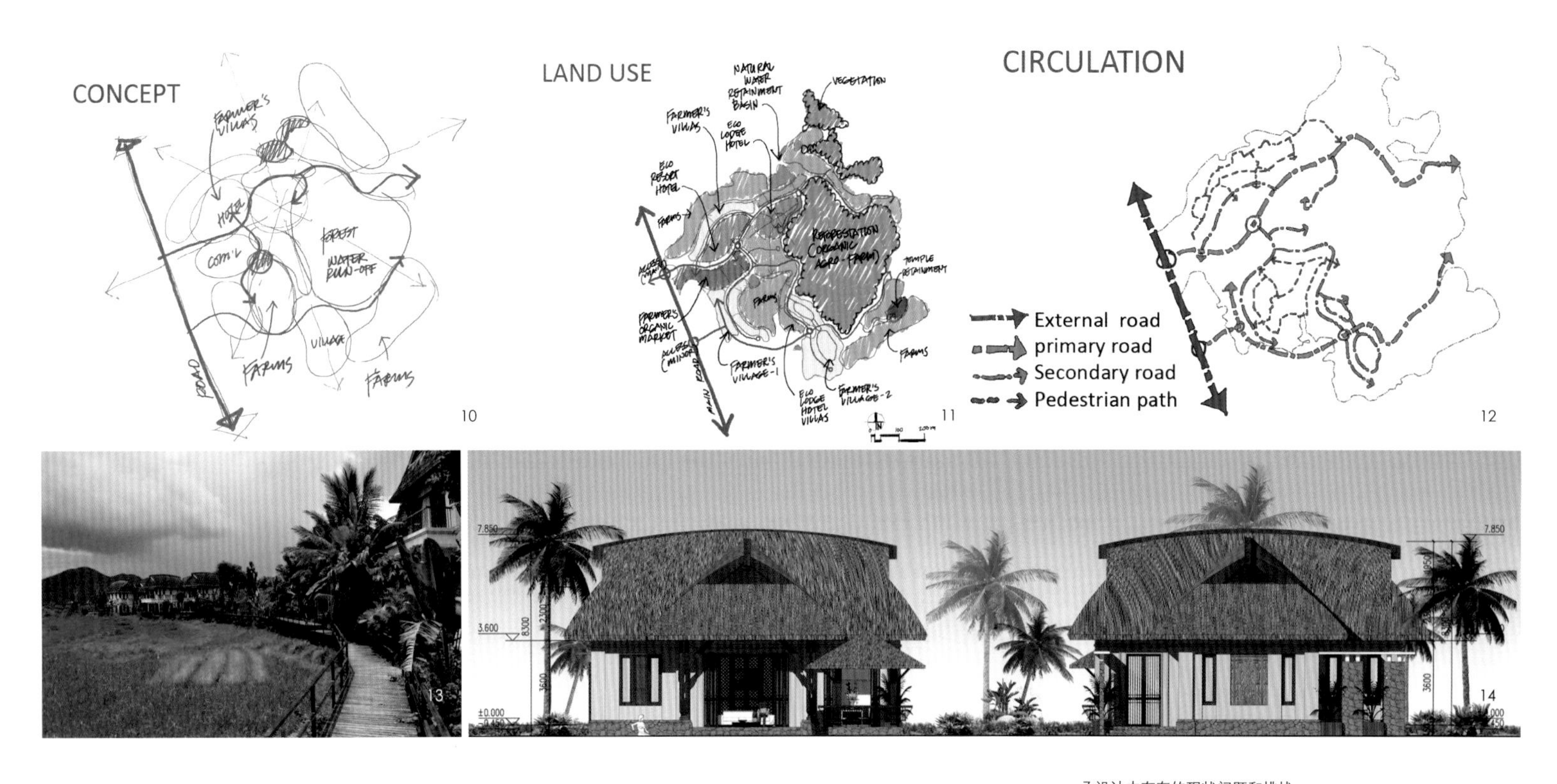

7.设计中存在的现状问题和挑战
8.三亚呀诺达生态保护系统分析图
9.依照自然资源适宜性的等级分析将整个地区划分为四个区域
10-12.三亚呀诺达热带雨林生态旅游区—示范区概念方案过程图
13.三亚呀诺达热带雨林生态旅游区
14.三亚呀诺达黎族风格的小型建筑

虑，设计团队将游客居住区融入景观里。而对于居住建筑的设计则延续了热带雨林的建筑风格，例如在木结构的建筑上利用废弃船体改造成为屋顶这样的建筑形式既节约了建设成本又延续了传统建筑文化，并且减少了环境的破坏。

4. 大区规划带动乡镇发展

在农民不离乡、不失居、不失业、保增收的新理念指导下，建立新的村庄规划体系。乡镇发展的关键在于得天独厚的地理和民俗文化，这原本是其吸引游客的重要优势，但是其基础建设薄弱，环境缺乏保护意识，是阻碍乡镇发展的关键点。所以易兰决定在乡镇中集中建立基础设施和商品市场，将不同乡镇的特点进行重组和发扬，使游客在进入不同乡镇后会有不同感受，从而吸引旅游者前来，小镇之间形成一种循环互补式的发展方式。通过提供给游客的住宿、表演以及售卖等服务加快当地居民的经济增长速度，为促进农民增收提供了多种多样的手段。

5. 实施进程

设计团队在规划中认识到，未来旅游度假区的良性发展不仅仅限于实体空间的营造，更有赖于产业体系的营造，这样才能有效实现“大区小镇”的最初设计理念，根据市场及区域自身发展需求的综合判断，整合雨林资源、文化资源、乡村风情的同时，植入新的旅游资源，重新组构多个关联性强的旅游产品体系。拓展上下游产业，布局多个功能复合、产品多元的景区、小镇及旅游村庄，共同组构规划区核心旅游产业体系。设计团队还对今后发展中一些常规内容提出了设计导则，以保证未来不同阶段发展的统一和生态设计理念的持续。

五、“大区小镇”规划带动良好综合效益

热带雨林的开发设计不仅是环境的改造和优化，更要通过设计引导度假区内的良性循环。易兰提出的“大区小镇”合理规划将带动周边良性发展并取得生态效益、社会效益和经济效益在内三方面的良好综合效益。

今天，旅游度假区开发正处在一个蓬勃发展的时期，旅游地产正成为众多房地产开发商转型的新热点，而国内设计界对旅游度假区规划设计的理论与案例研究还处于探索阶段。如何实现从观光旅游向度假旅游的转变，最终达到农民致富、游客满意、区域进步、生态保护的综合效益，设计行业急待在理论与实践上进一步创新、探索与提升。

注释：本文图片由ECOLAND易兰提供。

作者简介

陈跃中，ECOLAND易兰规划设计院总裁兼首席设计师，美国注册景观建筑师，美国麻省大学景观设计、城市规划专业硕士，美国城市土地研究院会员，美国环境景观协会会员，清华大学EMBA特聘教授，北京林业大学园林学院客座教授；

张　毅，ECOLAND易兰规划设计院旅游规划院副院长，西安建筑科技大学城市规划硕士，中国园林风景协会会员；

唐艳红，ECOLAND易兰规划设计院董事副总裁，美国城市土地研究院ULI会员，美国景观师协会ASLA会员，美国麻省大学景观规划设计专业硕士，中国城市规划学会风景环境规划设计学术委员会委员，北京园林学会常务理事，清华大学EMBA客座教授，北京林业大学园林学院客座教授。

新时代背景下的旅游度假区规划实践
——秦岭•太白山国际生态旅游度假产业新区总体规划为例

Planning Practices for Tourism Resorts under the New Era Background —Case Study on the Master Planning of the New Development Area of the Mount Taibai International Ecological Toursim Resort in Qinling

吴 頔 李 塬
Wu Di Li Yuan

[摘 要] 本文在简要介绍《国民旅游休闲度假纲要》内容及其重要意义的基础上，提出了在旅游休闲新时代背景下编制旅游度假区规划需要着力关注的三方面问题，并以秦岭•太白山国际生态旅游度假产业新区总体规划为例，分别从生态建设、旅游产品、新型城镇化三个维度提出了相应设计对策，为我国旅游度假区规划实践提供借鉴。

[关键词] 国民旅游休闲度假纲要；旅游度假区；总体规划；秦岭•太白山

[Abstract] This paper introduces the main substance and the significance of The Outline for National Tourism and Leisure (2013-2020), highlights three aspects in the compilation of tourism resort planning that needed to be concentrated on under the new era background of tourism and leisure, and proposes strategies respectively responding to dimensions of ecological construction, tourism production and new urbanization through the case study on the master plan of the new development area of the Mount Taibai International Ecological Toursim Resort in Qinling, offering references for planning practices for tourism resorts in China.

[Keywords] The Outline for National Tourism and Leisure (2013-2020); Tourism Resort; Master Planning; Mount Taibai in Qinling

[文章编号] 2015-69-P-076

一、前言

依据2009年《国务院关于加快发展旅游产业的意见》（国发200941号），2013年2月国务院办公厅正式颁布实施了《国民旅游休闲纲要（2013—2020年）》（以下简称《纲要》）。《纲要》的发布促进我国旅游休闲产业健康发展，推进有中国特色的国民旅游休闲体系建设，对于我国社会经济发展具有里程碑式的意义。

《纲要》作为旅游休闲产业的顶层设计文件，其从社会与经济综合发展的高度，规范了国家休闲旅游体系，并就进一步推进国民旅游休闲基础设施建设、加强国民旅游休闲产品开发与活动组织、完善国民旅游休闲公共服务、提升国民旅游休闲服务质量提出了明确的要求。

《纲要》的出台也为旅游度假区规划编制提出了新的挑战与要求，必须不断总结、发现此前规划编制中的经验与问题，在充分领会《纲要》内容的基础上，编制符合新时期旅游休闲发展趋势的规划。国民旅游休闲新时代背景下，旅游度假区规划的编制可以从以下三个问题作为切入点。

（1）生态建设：旅游休闲度假区规划的编制应将生态保护与建设放在首位，着力保护、规划好为旅游休闲活动提供环境与内容的生态基底。

（2）旅游产品：在旅游产品策划中应提升旅游休闲产品的结构体系、丰富旅游休闲产品项目类型，顺应大众休闲度假的新趋势。

（3）新型城镇化：旅游度假区规划要以旅游休闲业的发展带动新型城镇化建设为战略目标进行整合。

秦岭•太白山国际生态旅游度假产业新区的规划编制，正是从上述三个问题出发，基于新时代背景下旅游度假区规划的设计实践。

二、项目概述

秦岭•太白山国际生态旅游度假产业新区位于陕西省宝鸡市眉县汤峪镇汤峪口内，太白山国家森林公园入口处，距眉县县城东南18km。新区区位交通条件便利，东接西安，西邻宝鸡，与西宝高速、法汤旅游专线、关中旅游环山公路相接，近邻陇海铁路和规划新建的南环铁路，西安咸阳国际机场和规划改扩建的宝鸡机场可为度假产业新区提供良好的空中交通保证。秦岭是中国气候南北分界岭，其有丰富植物、动物、药物资源，故又有天然地质博物馆、亚洲动植物公园之称。主峰太白，以3 767m的海拔高度，成为青藏高原以东的中华内陆最高峰，被誉为中华第一山。太白山文化积淀丰厚，其是道、佛、儒教等宗教文化相融合的圣地，并孕育了无数美丽的传说。介于太白山优越的交通区位和自然、文化资源，未来将建设成为中国一流、西部最佳、具有地域特征的标志性休闲度假产业新区。

三、目标定位与方案特色

1. 目标定位

秦岭•太山国际生态旅游度假产业新区的发展以优越的原生态资源和深厚的人文积淀为基底，以山岳观光、温泉养生和生态运动为核心特色，目标建设成为具备国际水准、国内一流的国际性复合型山地旅游目的地。秦岭•太山国际生态旅游度假产业新区规划定位为：

（1）多样化体验旅游休闲度假胜地；

（2）理想的投资置业地；

（3）生态宜居示范地；

（4）度假养生目的地。

2. 方案特色

（1）“生态观”贯穿设计始终——构建区域生态安全格局为旅游休闲产品开发保驾护航

1.规划总平面图

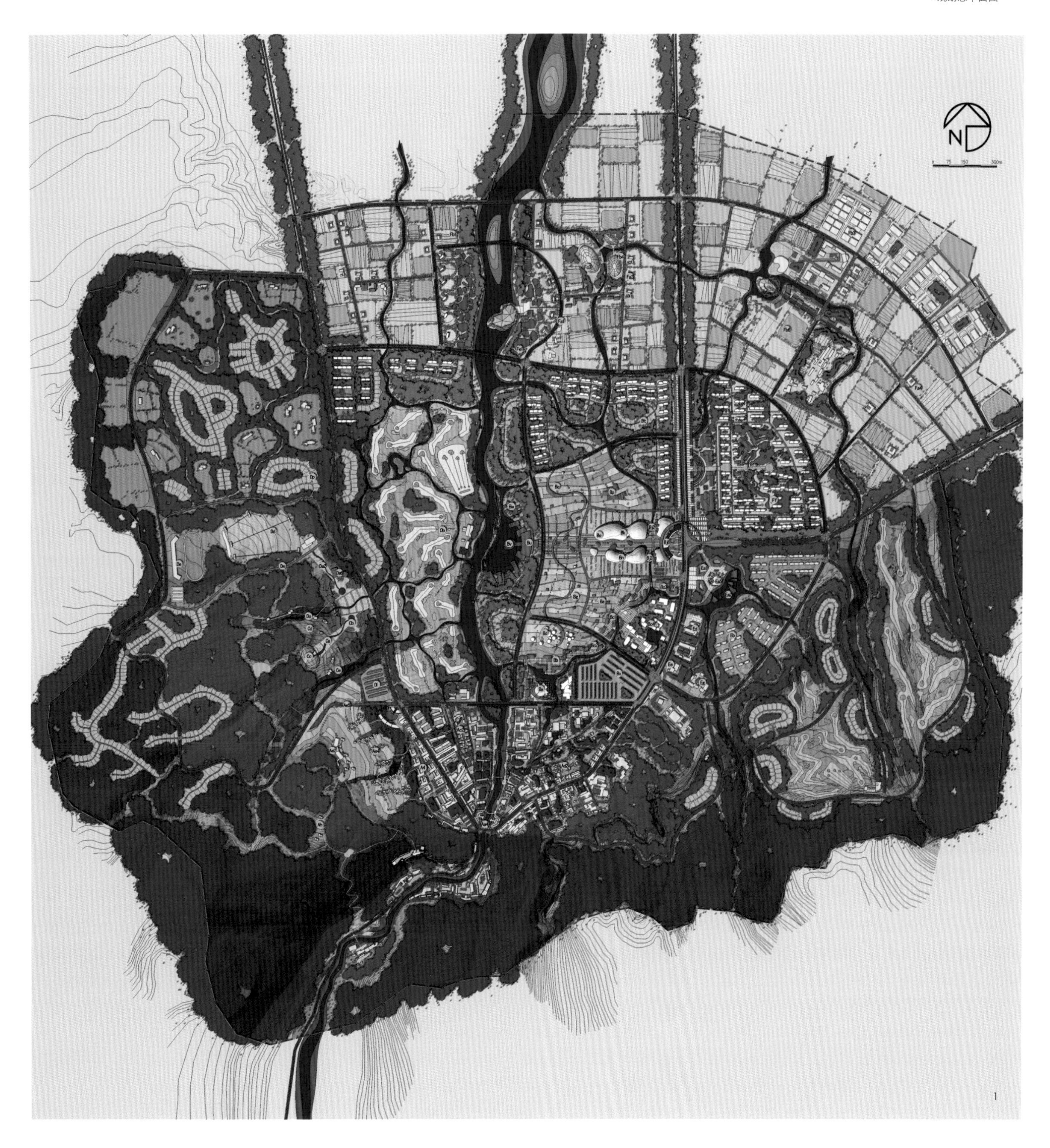

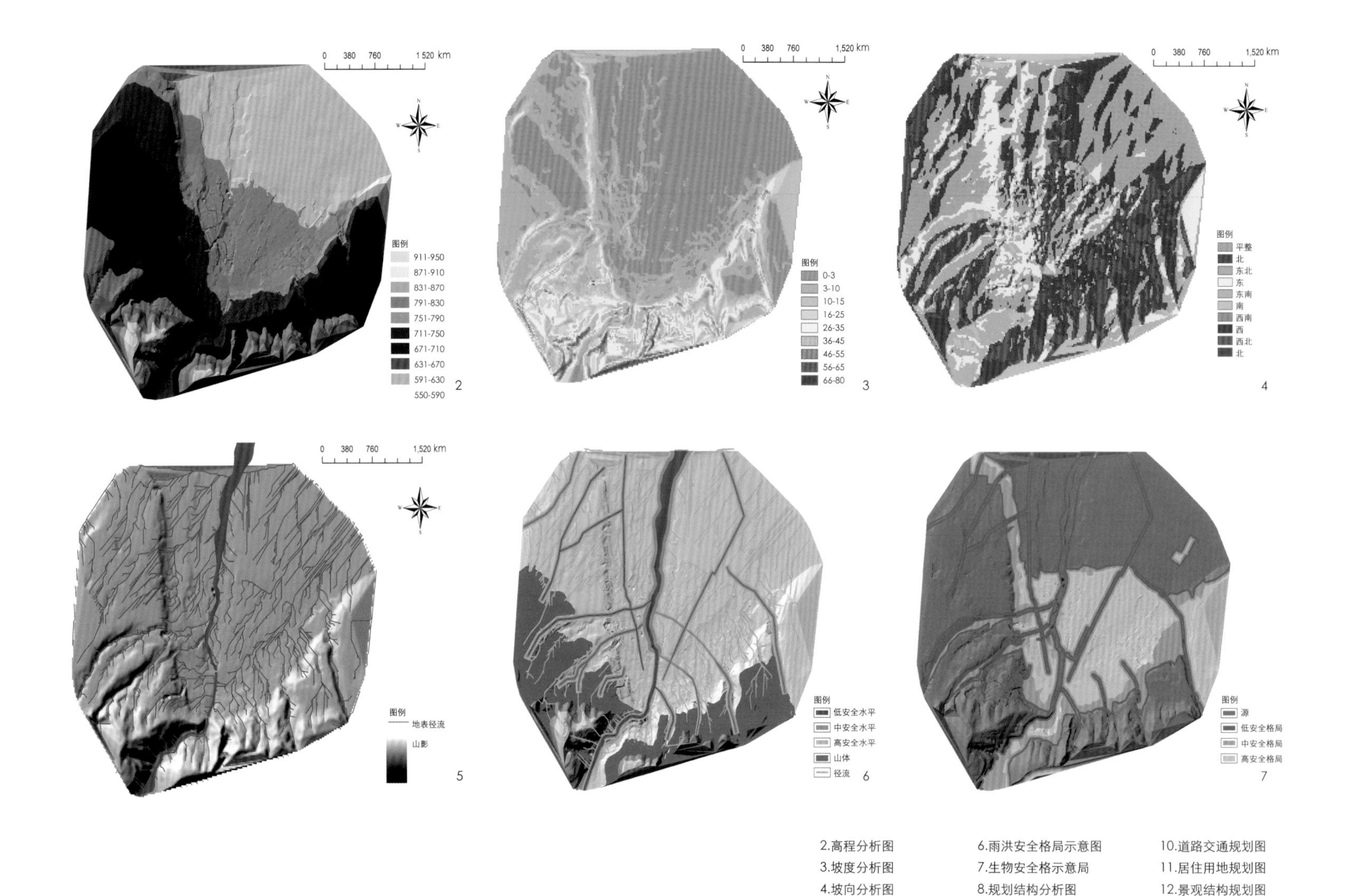

2.高程分析图
3.坡度分析图
4.坡向分析图
5.地表径流分析图
6.雨洪安全格局示意图
7.生物安全格示意局
8.规划结构分析图
9.水系统规划图
10.道路交通规划图
11.居住用地规划图
12.景观结构规划图
13.功能分区规划图

生态作为项目规划的核心主线，贯穿于项目规划、开发、建设、运营、管理各个环节。

首先依据“反规划”与生态基础设施理论，通过构建生态景观安全格局优先进行不建设区域的控制，进而引导城市发展的空间格局。在明确区域生态基础设施空间布局的基础上，再进行传统城市规划的空间布局和开发建设，就能使城市开发对自然生态系统的不利影响降至最小。结合场地的自然及人文特征，分别选取水系统、生物栖息地系统及乡土游憩系统作为分析对象，以GIS空间分析为手段，构建水、生物保护及乡土游憩安全格局。基于上述三种安全格局叠加得到综合安全格局，其后可进一步制定相应的实施导则并最终引导开发项目的布局。

其次依据平洋风水理想模式，分析场地现状风水格局，提出梳理措施。恢复项目场地周边原有生态廊道，引龙凤二山之地气入“穴”，充分利用山地地势开发具有特色的项目，形成独具吸引力的旅游产品；改造汤峪河堤岸两侧，引入内部水系加强对汤峪河水资源的利用与开发，增加场地的灵动气息，令“气”回旋于场地，利用现状塬地加以景观改造形成山水环抱的景观格局；同时在场地北侧布局大片果林项目，藏风于明堂，有利于度假产业新区整体生态格局的形成与维护。

（2）旅游休闲产品升级——根据不同受众人群构建多样化旅游体验产品体系

规划采用“点面结合”度假休闲产品规划模式。首先构建面状旅游休闲产品体系网络，通过旅游休闲市场及相关案例分析，顺应旅游业发展的趋势，重构度假休闲产品体系。新的产品体系不仅提供如山岳观光、温泉养生、生态运动、医疗养老等多样化的度假休闲产品，而且能同时满足不同阶层、性别、年龄等的差异化需求。

其次在面状的产品体系中进行筛选，着力打造新区旅游休闲的“龙头产品”。以秦岭•太白山优势资源为依托，开发以秦岭地域特征为出发点的系列主题产品，通过多种手法（景观、建筑、活动组织服务业态组合等）营造独特的空间氛围和文化特质，让游客/居住者获得深刻而个性化的体验。将度假产业新区建设成为一个由各种游憩设施、活动、环境、服务组成的高质量的地域旅游综合体，结合秦岭地域特色，形成多种文化共存的文化系统。同时注重龙头旅游产品的打造，形成度假产业新区声名远播的拳头项目和地标性景观。

三、旅游开发带动新型城镇化

“一业带百业”，旅游度假产业是一种引擎产业，能带动一系列相关产业的发展，形成区域发展的综合效应。在拉动内需的大背景下，以旅游休闲产业为战略主导，以旅游小镇、旅游区、旅游综合体为载体是新型城镇化不可忽视的动力。

作为国际生态旅游度假产业新区，新区内的不同主题片区采用以旅游综合体（非建制的产居一体化）为载体城镇化模式，即以每个片区开发为契机推进该片的城镇化进程。在旅游休闲主题片区开发过程中，强调原住民深度参与，帮助其完成由农民向市民的真正转化；强调土地利用的混合用途，同时保留大量的绿化开敞空间，成为完善的绿地系统。各片区开发中采用组合业态的形式，由餐饮、酒店、零售、观演、配套等项目按一定比例构成综合业态体系，保证每期开发均有综合的服务体系，形成度假产业新区完整产业链结构。

四、总体空间布局规划

1. 总体结构

总体规划依据综合生态安全格局，构建旅游度假产业新区宏观生态基底。形成一心一轴两环三镇三片区的空间格局，以水系形成整体网络构架。

一心：利用规划区腹地汤峪河两岸良好的自然及生态资源形成全区规划的核心，统领全区格局。

一轴：沿汤峪河形成全区的龙骨龙脉，与规划核心一起构成度假区最主要的生态廊道体系。

两环：以规划汤峪路、绛法公路、中心大道、太宝路形成内环游览线路线，并与龙、凤二山形环抱之势构成规划“双环”。

三镇：指在原有度假区基础上做提升改造的太白旅游风情镇及新规划的国际运动品尚小镇、龙腾温泉小镇。

三片区：包括极富特色的秦岭生态主题社区、生态农业休闲区及凤颐养生社区。

水系：贯通全区水系形成生态网络结构，活化场地结构，形成山水一体的空间格局。

2. 道路系统规划

道路系统规划主要目的是联系外部道路与度假产业新区中的游赏设施，组织度假区内部交通路线，增强游览区域的可达性，提高交通便捷性。采用机动车分流机制，进入度假区的游客须换乘内部环保车辆，并建立完整的步行系统，将太白旅游风情镇建设为步行街区。

（1）关中环线——是陕西省公路次骨架的主要组成部分，是度假区外部交通的主要通道，也是园区客流来源的主要方向，承担了园区的主要游客量。

（2）主干道——为了使游客方便快捷地到达度假区内各个功能片区，规划将太宝路、绛法公路、规划汤峪路、规划产业路作为度假区主干道。

（3）次干道——设置于各功能片区内部，满足其内部交通需求，保证对外联系的便捷。

（4）支路——分布于片区内部，方便各个景点

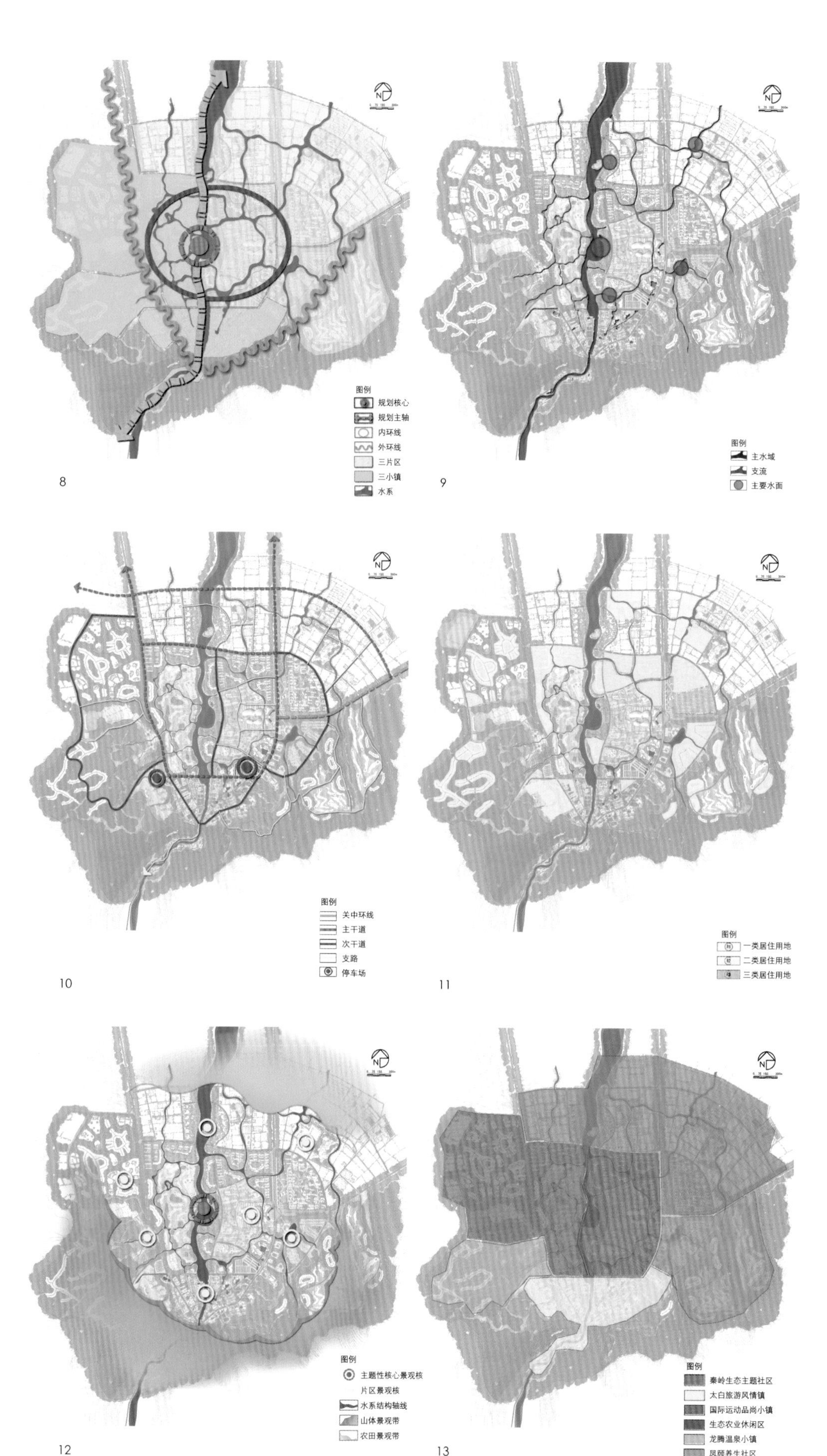

8 9 10 11 12 13

14.鸟瞰图

之间的联系，便于游客的游览与居住者的生活。

（5）停车场——度假产业新区停车场分为三级体系。一级停车场位于降法公路与中心大道交叉口西北角，为大型集中停车场地；二级停车场位于各片区中心以及人流集中地段；三级停车场是地块内部小型停车场，满足局部停车需求，根据地块性质，对其规模有指导性配建比。

3. 景观结构规划

景观结构规划旨在通过梳理场地内景观资源内容，打造富有秦岭地域特色的景观结构体系，将功能设施配套齐全的休闲度假功能组团镶嵌在山林田园中，形成太白山下的世外桃源。

（1）主体性核心景观核——利用汤峪河沿岸良好的生态资源形成全区核心性景观核，统领全区景观体系，是景观建设的重点所在。

（2）片区景观核——分布于各个片区内部主要景点处，是片区景观中心点，与主体性核心景观核一起构成景观点状层级体系。

（3）水系结构轴线——由主水域经各支流向全区形成水体渗透，活化度假区山水体系，强化水体所应具有的“环境绿肺”功能，是景观结构的支撑骨架。

（4）山体景观带——沿龙山、凤山形成的山体景观地带，为度假区提供秦岭山体景观背景，体现太白山独特的山地景观特色。

（5）农田景观带——由生态农业休闲区内的农田景观构成，将乡野田园风光体现于此，丰富景观系统的层次和内容。

4. 水系统规划

度假产业新区水系主要由汤峪河及其支流组成，在主要水域和支流汇合处形成若干主要水面景观点，构成完整的水系统体系。

（1）主水域——指汤峪河的主河道流域，是度假区内景观和生态用水的主体。应保护其水质，强化周边植被的生态保育和植树造林，并在水边规划设置景观节点和亲水栈桥。

（2）支流——汤峪河的支流水系以网络形式布于度假产业新区内，贯通各个功能分区，活化整体布局结构，丰富景点景观内容。

（3）主要水面——结合水域优势进行特色景点建设，形成度假区内重要的水面空间，分布于汤泉湾酒店、太白广场、凤颐广场、湿地公园、农业产品推广展示区共5个景点处。

5. 游憩系统规划

秦岭•太白山国际生态旅游度假产业新区中，不同功能的游线贯穿各个功能分区，有效组织起游人的游览线路，为游客提供丰富多样的旅游产品和游憩体验。

（1）主要游览线路——由新区主要道路中心大道、太宝路、兴农路、绛法公路、太安路围合而成，有机联系着各个片区内部的游览线路，是新区游憩系统的核心组成。

（2）次要游览线路——遍布新区内部，贯穿于各主要景点之间，呈网络状构成，是游客进行游憩活动的主要线路。

（3）片区游览线路——分布于各个分区内部，连接各个景点，构成度假区步行游憩体系。

（4）滨水步行线路——位于太白旅游风情镇、

秦岭生态主题社区、国际运动品尚小镇、生态农业休闲区沿汤峪河沿岸地带，是游客进行滨河游览的主要线路，也是贯穿整个新区的一条生态游览廊道。

（5）马道——位于体育运动公园内，由马术俱乐部出发将各个主题运动场地串联起来，形成公园内独特的游览项目和景观游线。

6. 居民社会调控规划

秦岭•太白山国际生态旅游度假产业新区内的居民主要依靠当地的山、水、农田从事传统的农业生产、果木种植和少量乡镇企业。现状村庄建设缺乏统一的规划控制，村庄发展呈无序蔓延状态，影响和破坏了旅游度假产业新区的整体景观，也限制了游览片区、各个景点及游览道路的建设，必须加以调控和改造。

（1）以旅游休闲产业的发展带动城镇化，统一协调居民点布局和乡镇产业发展，使人口和产业适度集中，以节约土地，合理配置各类资源，规模化、集约化发展，提高设施的共享程度，使原住民真正分享到发展的红利。

（2）居民点发展应有利于旅游资源的保护和开发建设。分期搬迁部分度假产业新区内的居民点，保障度假产业新区合理有序地发展 。

（3）依据资源条件，结合市场需求特点，积极创造条件，选择恰当的旅游项目开发建设，丰富游赏内容，提高度假产业新区的吸引力。同时结合旅游项目的开发建设，增加各项基础设施和服务设施，完善居民点建设。

五、旅游产品布局与分区规划

根据综合生态安全格局及度假产业新区旅游休闲产品体系，可将新区分为不同主题且各具特色的六大功能片区。其包括秦岭生态主题社区、国际运动品尚小镇、凤颐养生社区、龙腾温泉小镇、太白旅游风情镇以及生态农业休闲区。

1. 秦岭生态主题社区

以我国南北气候、地理的分水岭——秦岭为主题，以游客对寒暑、温凉南北差异的深度复合体验为主线，充分发掘与利用秦岭主峰——太白山得天独厚的气候和温泉资源，打造无可复制的创新型旅游度假产品和奇绝地标符号，是度假产业新区的核心游览区域。特色项目包括秦岭主题广场、太白广场、太白第一寨、花田芬芳路、秦岭山家、清凉一线天、汤泉湾酒店等。

（1）秦岭主题广场

是秦岭生态主题社区的门户空间，具有集会、观览等功用。以山体叠瀑为主要景观，有天桥连接凤颐养生社区和生态农业休闲区。广场是度假产业新区的标志性景观，给游人具有冲击力的第一视觉印象。

（2）太白广场

通往太白山森林公园的入口节点广场，同时作为一个节庆广场，可以举行开山节及封山节等节庆活动。在焦点处设置一个漂浮在水面上的巨大舞台和一系列的台阶、草坪看台，以满足人们的驻足与观赏需求。广场中央一端指向太白主峰的光带，嵌在地下，另一端指向湖中大地原点标志；其正前方水域内有象征大地原点的巨大喷泉和光柱；湖滨石滩，象征太白石海地貌。

（3）清凉一线天

利用地形以下沉建筑的形式，营造象征北方气候和地貌的综合服务区，打造富有生态和地域特色的体验场景。下沉式建筑的建筑形式抽象于冰川的裂痕，岩石以冰凉冷峻的景象带给游客清凉的氛围。下沉广场冬天是暖洋洋的温泉泡汤，夏天是清凉的人造溜冰场。有极地餐厅、寒冰床、清凉一夏、花岗森林、乐活部落等游乐项目。

2. 龙腾温泉小镇

利用太白山独有的汤峪温泉资源和黄土高原特色山地景观，打造以温泉为特色，兼顾游览、住宿、居住等多功能复合型的游览片区。着重开发温泉小镇、万国温泉、爱情谷、山居人家、温泉别墅等特色项目。

3. 国际品尚运动小镇

充分利用片区地形特点，以运动为主题，设置涵盖山地运动、滑雪、马术、热气球、山地自行车、拓展训练等时尚运动项目的运动人本营。小镇中心、奇幻谷、山地运动场地、拓展训练营等项目是吸引游人目光的焦点。

4. 凤颐养生社区

依据我国逐步进入老龄化社会的发展特点，结合度假产业新区的开发定位和发展方向，打造既可为老年人提供宜居宜游、山水相间的居住、疗养场所，又可满足游客高端度假疗养服务、置业需求的综合片区，同时解决部分本地居民回迁问题。

5. 太白旅游风情小镇

凸显汤峪口本土文化特色的休闲片区，结合汤峪口镇建设现状，综合开发餐饮、住宿、购物、娱乐等多种接待功能，是度假产业新区内满足中低端需求的综合服务区。特色项目有闲情水岸、姜子牙雕像等。

6. 生态农业休闲区

以杨凌农业高新技术产业示范区为依托，充分利用场地内现有的农业产业优势，综合开发农业研究培育、农业贸易、私人农庄、湿地公园等多种业态组合。

六、小结

《国民旅游休闲纲要（2013—2020）》的颁布与实施标志着我国迈入旅游休闲产业发展新时代。《纲要》在为旅游度假区发展提供更为广阔空间的同时，也带来诸多新问题。诚然物质空间规划虽不能解决全部问题，但如何运用科学的规划方法论为指导，通过恰当的设计途径为新时期旅游度假区规划提供合理导引，是当前亟待解决的课题。笔者试图从规划的角度，探索旅游度假区规划的新思路，希望能起到抛砖引玉的作用，为类似的项目设计实践提供有益的借鉴。

参考文献

[1] 国务院办公厅．国民旅游休闲纲要（2013—2020年[Z]．2013，02—02．

[2] 解读“国民旅游休闲纲要”：提升人民生活质量[EB/OL].http://finance.chinanews.com/cj/2013/02-19/4574455.shtml．

[3] 林峰．国民旅游休闲纲要．对旅游规划的新要求[EB/OL].http://www.lwcj.com/StudyResut00281_1.htm．

[4] 俞孔坚，王思思，李迪华，等．北京城市扩张的生态底：基本生态系统服务及其安全格局[J]．城市规划，2010（02）：19－24．

[5] 俞孔坚，李迪华，韩西丽．论“反规划”[J]．2005（09）：64－69．

[6] 俞孔坚，李迪华，刘海龙．“反规划”途径[M]．北京：中国建筑工业出版社，2005．

作者简介

吴　頔，北京土人城市规划设计有限公司，第三分院规划所所长，注册城市规划师、工程师，硕士研究生；

李　塬，华远地产，责任建筑师，硕士研究生。

1.总体鸟瞰图

创意为骨文化为魂，营造“1+4”体验的主题酒店集群

——九华山国际大酒店整体策划方案

With Creativity and Culture as Bone and Soul, we Build the Conceptual “1+4” Hotel Clustering —Master Planning of the Jiuhua Mountain International Hotel

刘江泉 孙 璐

Liu Jiangquan Sun Lu

[摘　要]　本项目提出了鲜明而极富创意的总体策划——以国际领先的酒店类物业开发模式“酒店集群”为核心概念，融旅游度假、星级酒店、休闲娱乐、会议商务、高尔夫球场及高尔夫别墅等功能于一体；以“个性酒店•山水莲城”为开发主题，呈现“艺术徽居•价值连城”的文化理念和提升品牌附加值，涵盖复合物业形态和功能区块，打造成独具风情的中国中部首个世界级主题酒店集群的园林式五星级别墅酒店。

[关键词]　主题酒店；文化；创意；风景；运营

[Abstract]　This project proposes an overall distinctive and highly innovative planning—with leading international hotel property development model "hotel cluster" used as the core concept, in order to merge the tourist resort, hotel, entertainment facilities, business meeting facilities, golf courses and golf villas and other functions. To personalise the hotel theme it is used the "lotus city landscape" concept, presenting the "Huizhou architectural style" in order to enhance the brand value, including multiple functions and diversity in property management, thus creating a unique and one of a kind in China type of five star garden hotel complex.

[Keywords]　Themed Hotel; Culture; Creative; Landscape; Operate

[文章编号]　2015-69-P-082

一、项目概况

本项目位于安徽省池州市贵池区马衙街道境内，地处沪渝高速安徽沿江段九华山出口处，距建设中的九华山国际旅游机场4.5km，距池州市区、铜陵市区、九华山风景旅游区均约16km，紧邻规划中的皖江城市带承接转移示范区江南产业集中区，交通便利，地理区位优势明显。

本项目占地约48hm²，定位为五星级园林式别墅酒店。业主方为了项目在后期规划设计与建筑设计中更加体现市场需求与理想定位，就九华山国际大酒店项目前期整体策划进行了国际招标。此次竞赛中美国W&R国际设计集团以新颖的创意得到了甲方的肯定并一举中标，本文就本项目的经验做出总结，共同探讨此类项目策划的方法。

二、整体定位

通过对基地现状的调研，结合其优势特点的分析以及未来基地的运营理想，提出了本项目的总体定位——主题酒店集群•文化地产典范，即强调所谓的“1+4”体验。这是本次策划对于特色酒店定义的一种全新理解。“1”指的是酒店客房给宾客们提供的基本居住需求，这些看似简单的要求，想要达到超越宾客心理预期并为其留下深刻的印象，却并非易事；“4”也就是特色酒店给予住客和投资者们的附加值，这些附加值依附于何种事物，如何体现，如何运营，如何让主客与投资者都满意才是项目策划中最重要的一个环节。

三、1+4

1. 文化为魂——九华山佛教文化体验如何化繁为简

项目伊始，策划进行的是对于本项目的理解与发现——解读九华，发现池州，进行本项目的基础资料研究与核心竞争力分析，同时对本项目的风格特色定位提出初步战略布局。

项目毗邻九华山，以“香火甲天下”“东南第一山”的双重桂冠而闻名于海内外。近年来通过旅游业的营运与发展，九华山现已成为旅游热点，其最大的客户群是世界各地来此进香朝拜的香客。通过对其市场的调查研究发现，近年来九华山香客的构成越来越年轻、更有知识，也更具备消费能力，他们不仅是单纯的佛教信徒，还为了在这里洗净心灵的浮华和感受自然的美景，将都市的喧嚣和工作生活的压力抛去。如何将这部分客户群引入正是设计的难题。

首先，这些特定人群怎样才能成为本项目的目标客户？我们设想将酒店的文化特色从单纯的佛教参拜引申为养生哲学。针对酒店高端定位，选取这些主流客户中的优质客户需求，形成一种以养生为中心，集休闲、娱乐、社交、商务为一体的高品质多元养生活，倡导和营造全新的健康生活方式。其次，在本项目的服务对象明确后，分析区域内同类已建成的多家酒店，对比其优劣势、交通便捷度、定位类型研究后，明确本项目具备的区位优势和佛缘养生特色的项目定位，建立属于其他竞争对手所不具备的特性。

本项目位于安徽省池州市，在这里，城市虽小却独具风情，生活简单却充满浓郁的亲切氛围。策划中将池州定义为“安徽最美小城”。初觉山明水秀，又见粉墙黛瓦，再赞古城新姿。这也为酒店的风格找准了方向，策划设计中处处体现小城之美，并与城市之美融为一体，满足客户群心灵上的需求，但在其设施配套上处处展现国际化的高标准与高品质，满足高端客户群对生活与居住环境的高要求。

以通行的标准来评价“名胜度假区”与“区域性度假区”。三亚这类旅游地对于国人来说是典型的“名胜度假区”，它距主要消费市场较远，游客选用的交通方式通常只能是飞机，往往一年去一次或者若干年去一次。而随着安徽经济的发展和诸如池州此类中小型旅游城市日益走上前台，这里将日渐成为“区域性度假区”，与长三角等地区便捷的交通环境，游客可选择的出游方式可多重选择。自驾行与高铁出行都是主选出行方式，这极大地增加了出行的可达与频率。便捷的区域交通与良好的自然山水环境互为亮点，同时别墅式酒店与大城市截然不同的居住体验，以及一定的文化氛围将这里塑造为全新的区域内度假休闲目的地。

2. 创意为骨——主题酒店集群如何化零为整

本项目总占地约48hm²，但其中山体和水面面积约15.3hm²，其余为较平坦的丘陵地形。根据项目业主单位的要求，该项目采用产权式酒店模式进行开发，在周边建设高尔夫球场并配套建设球场别墅等，打造国内知名、省内一流的休闲度假胜地。针对上述策划要求，建议项目应把握国际高档星级酒店发展趋势，深入挖掘特色自然资源和地域人文资源，紧紧抓住安徽经济发展和九华山机场建设的历史机遇，以国际领先的酒店式物业开发模式，融旅游度假、星级酒店、休闲娱乐、会议商务、高尔夫球场及高尔夫别墅等功能于一体；以“个性酒店•山水莲城”为开发主题，呈现“艺术徽居•价值连城”的文化理念和品牌附加值，涵盖多重复合物业形态和功能区块，按照“宜山则山，宜水则水，宜林则林，宜建则建”的原则，景观呈现“青山环抱，绿水环绕”的理念，打造成独具风情的园林式产权星级酒店。

酒店集群概念是目前国际上旅游发达城市酒店式物业开发的新思路和新模式，比如美国的拉斯维加斯，拥有大量建筑风格各异、主题不一的高星级酒店，而这些聚集程度很高的酒店集群本身就是具有相当魅力的旅游目的地。近年来，酒店集群概念渐渐引入中国，成为伴随着中国旅游酒店业蓬勃发展滋生的一种经济现象。这种类型的产业集群往往围绕一个或几个核心酒店，依托该区域的某一突出产业优势，形成各具特色的酒店空间集聚格局。共同的规模效应提升品牌影响力，化周边的竞争成为共同的发展优势。发展酒店集群的规模效应，就是要错位发展部分由文化品味、有消费能力、强调品质、有特殊要求的目标客户。通过实质性的酒店居住和休闲度假体验，打出自己的品牌，营造自己的文化。

策划无法保证本项目的产品内容全部是唯一的、独特的，却是对其发展定位来说最适合的和最好融合的。通过“酒店集群”概念创造一个平台将这些闪光的元素整合和归类，汇合和提升。也就是一系列以佛教文化、养生度假、商务时尚为主题的个性酒店，这三大类主题酒店形成了一个主题酒店集群，成为九华山和池州城市旅游的新亮点，它们为旅游过程的体验化提供了全新的视角，为旅客提供了多元化的服务，带动了周边经济的发展，并在服务过程中向旅客提供了许多新鲜理念与文化熏陶。

3. 风景为笔——宾馆即景区专卖绿水青山

曾经让五星级酒店引以为傲的“在世界各地都能享受到的统一标准”已经在被悄悄地打破了，越来越多的高端酒店已经把“个性”作为奢华的新标签。主题性强的度假产品越来越受欢迎，而个性化的酒店也正成为中外旅游消费者热衷的类型，“地域文化”和“细节创新”是个性酒店产品的主要策略。经过详细读与分析我们发现，可用沙漏的“两边大，中间小”来形容中国中部也是本项目周边的酒店业市场格局。陷入同质化竞争的高星级酒店和大量中低档酒店代表着中国酒店业发展的固有模式。

个性主题酒店的建设将成为一种潮流和时尚，尤其在现场调研中发现，称池州为“安徽最美小城”“山水城”恰如其分，这里宁静、生态，而又不

2.总平面图
3.高标准会议商务区—“天上城”效果图
4.园林式主题餐饮区—“河中园”效果图
5.度假主题客房区—“莲花溪”效果图

缺少文化、内涵。九华山国际大酒店以“山水莲城”为主题，同时拥有 “酒店”加“景点”的功能，使主题酒店的特色十分鲜明，为酒店创造了新的发展空间。

在青山环抱中，粉墙黛瓦的徽派中式花园别墅错落有致。原山、原水、原自然的度假场所满足现代人对自然、格调与浪漫的追求，针对度假性人群的需求对酒店定位进行全面解读。

在项目的总体规划布局上，原有的山体和水系被合理地保留与利用。与别的度假酒店不同，本项目在青山中引进了别墅和公寓度假。别墅类面向家庭与企业，以及部分高端度假客户，公寓类面向中高端客户及未来高端潜在客户对其培养感情，逐步在客户中达成亲近感。整体建筑风格均沿袭了中国徽派庭院的风格，基本上每个房间都将窗外的秀丽风景引进了室内，一步一风景，一室一风情。享受偷得浮生半日闲的悠闲自在，自由呼吸着山林间的清新空气；在清淡雅逸的山间小木屋品茗；抑或在拥有大型落地景观玻璃的书吧里娴静地阅读等理想的状态在这里都可实现。

4. 运营为精——产权式酒店规避政策风险

产权酒店于20世纪70年代兴起于美国的一些著名旅游城市和地区，英文名称为“time-share”。这些地区全年气候均适合旅游，因而酒店的出租率高，一般年出租率都在40%以上。90年代中后期，“时权酒店”的概念传入中国，逐步衍变成颇具中国特色的产权式酒店，并在国内大受追捧。

选择投资产权式酒店最重要的因素就在于要选择一个好的地段。对于本地目的地游客与周边游客，本项目可视为旅游活动的一部分，成为旅游功能的延伸；吸引了希望在九华山旅行时更强调私密性的高端度假人群，而有特色的商业房产提供档次齐全的餐饮、住宿、交通、购物、娱乐等休闲功能，在九华山其他著名风景旅游区观光之外的所有活动都可以在此项目区内进行，游客可以以此为据点，停驻几日游玩周边景点。

项目中区域经营商将出资建设免费观光快递巴士，令在客户群可以十分方便地通过免费观光巴士到达九华山和其他风景旅游区游玩，并树立了社会形象并为区提供了内容丰富、便利的功能服务，同时也将客户群扩展。通过此模式的设计，项目区与周边景区

3

4

5

6

7

8

表1　　策划项目表

区域	项目	子项目		项目说明
主题酒店	高速•九华山国际大酒店公共部分	独创子项目	餐饮配置、会议功能	高标准会议商务区——“天上城”；园林式主题餐饮区——“河中园”
		精品子项目	康乐设施、公共配套	精品大堂——“绿珠岛”；康乐中心——“水清坊”
		一般子项目	后勤区域、设施设备	——
	高速•九华山国际大酒店产权式客房	独创子项目	主题式产权酒店客房	商务主题客房区——“秀仕轩”；佛教主题客房区——“九华阁”；度假主题客房区——“莲花溪”；总统套房——“出云楼”
文化地产	山水别墅	独创子项目	主题式隐士徽居、主题式东方庄园、主题式度假石屋	中式院落隐士徽居——“竹隐居”；新亚洲名士庄园——“三亩园”；新东南亚度假屋——“江南岸”
	院落公寓	精品子项目	主题式家庭度假、主题式养生公寓	主题式家庭度假——“梦里水乡”；主题式养生公寓——“福寿山居”
	文化风貌展示区	独创子项目	徽文化博物馆、佛文化展示馆、石文化博览园	徽文化博物馆；佛文化展示馆；石文化博览园
商业街区	特色商业街区			园林式餐饮集中区、特色土产品、佛文化产品、游产品展示售卖区
	园林式餐饮集中区			
生态游园	绿色生态园林环境			莲花山佛教主题游园、高尔夫体育运动公园、滨水生态公园

形成了共赢的关系。从选择产权式酒店的角度来看，作为九华山辐射范围内唯一在售的一个产权式酒店的项目，九华山国际大酒店也自然将受到众多投资者的追捧。酒店管理公司全面、贴心、周到的管家服务，同时还会有一系列针对VIP客户定制的增值服务，以及每年的投资回报收益。

四、项目策划——凸现人文品味

针对上述策划定位，本项目四大主题区域共设置了九处有特色的精品项目，而它们的命名第一个字，连起来正好是一句诗仙李白赞叹九华山风景的名句——“天河挂绿水，秀出九芙蓉”。每一个项目都力求具备深厚的传统文化内涵，营造浓郁的中国文化气息。

“天”——高标准会议商务区“天上城”。江南产业集中区招商力度空前，筹备期将有大量的谈判、会议和展览活动，会议商务区结合酒店将提供一站式的全方位服务。策划拟将五星级酒店的会议商务区设置于现状山体西南侧，青山环抱绿水环绕。同时与商务主题的产权式酒店客房距离最近，便于商务客在此居住、会议、展示及进行相关商务活动，显示天人合一的人文精神，故名“天上城”。

“河”——酒店园林式主题餐饮区“河中园”。餐饮区为独立别墅式建筑，包括代表中国各地、亚洲各国风味美食的高档主题餐饮酒楼。三面环水的岛形地貌，造就了这里独特的园林式主题餐饮，宾客可以一边欣赏山水美景，一边享受地道美食。不远处的荷花池更是不时送来清香阵阵，故名“河中园”。

“挂”——主题文化展示区“挂云帆”。包括徽文化展示馆——集徽州文化展示、收藏、研究、培训、非物质文化遗产演示、旅游观光等功能于一体，收藏陈列了各种历史文物，是徽州传统文化的历史缩影；佛文化展示馆——以佛文化传入中国为主线，以文化传承和交流为主体，围绕九华山“地藏菩萨”的渊源发展等设计；石文化博览园——为户外景观建筑，以灵璧石为元素设计石趣园林景观，在山水环绕的绝佳自然环境中感受属于美石的独特魅力，全方位展示属于安徽，属于九华山的浓郁文化内涵。

“绿”——酒店精品大堂“绿珠岛”。作为标准五星级酒店的大堂，高速•九华山国际大酒店大堂设计极具度假酒店风格特质，处处显示低调奢华。酒店大堂建筑呈半岛形，开门见绿的美丽环境使之成为整个区域的一颗明珠，故名“绿珠岛”，带给游客以独特的印象。

“水”——酒店康乐中心“水清坊”。 作为标准五星级酒店的康乐区，“水清坊”借助现状水系，将更多的建筑建于水中，康乐区与自然零距离接触。背山面水，感受天之蓝，水之清，故名“水清坊”。

“秀”——五星级酒店商务主题客房区“秀仕轩”。由若干幢连廊式别墅建筑组成，风格徽派中带着现代简约，位于五星级酒店大堂与会议商务中心中间，便于联系。名人雅士汇聚，故名“秀仕轩”。

“出”——五星级酒店总统套房“出云楼”。项目建设方需要一定具备相当私密性的别墅式酒店用于接待重要客户。总统套房每套都是一座小独栋别墅式酒店，享受独门独院的精品管理。位于元宝山北麓，私密性绝佳，寻常人等无法到达。山半腰，水一侧，住在此间山水环抱颇有出士之感，故名“出云楼”。

“九”—— 五星级酒店佛教主题客房区“九华阁”。由若干幢连廊式别墅建筑组成，近邻文化风貌展示区的佛文化展示馆，浓郁的佛教文化气息令此处的主题酒店客房与众不同，故名“九华阁”。

“芙蓉”——五星级酒店度假主题客房区“莲花溪”。由若干幢独立别墅建筑连廊相连组成，位于五星级酒店大堂东北一侧，一面山一面水，别墅式客房享受无敌水景宛若水中莲花，故名莲花溪。

五、小结

九华山国际大酒店的运营策划策略，最终定位为“多位一体”打造度假休闲酒店集群的总体营销模式，通过旅游环境整体打造积聚人气，适用主题酒店+文化地产的开发理念，吸引有眼光、有实力的投资者，选用产权式酒店的业态形式将人气转化为消费，运用投资概念降低开发风险。

作者简介

刘江泉，美国W&R国际设计集团中国公司，执行董事；

孙　璐，美国W&R国际设计集团中国公司，策划部总监。

项目负责人：孙璐 刘江泉

主要设计人员：林升 张俊磊 张旭 黄雪君 Rory Patrick Keenan

6.商务主题客房区—“秀仕轩”效果图
7.总统套房—“出云楼”效果图
8.佛教主题客房区—“九华阁”效果图

1.鸟瞰图
2.交通规划
3.景观结构
4.齐云山岩前服务区功能分区
5.齐云山岩前服务区规划结构

谈风景旅游区的入口功能组织
——以齐云山旅游服务区详细规划为例

The Functional Organization of the Entrance of Scenic Tourist Area
—Take the Detailed Planning of Qiyunshan Tourism Service Area as an Example

卫 超 杜鹏晖
Wei Chao Du Penghui

[摘 要] 本文以齐云山旅游服务区为例，通过对风景旅游区的入口进行现状问题，整体功能定位，具体布置内容等方面的分析与规划，充分体现了作为风景旅游区的入口功能组织特点。

[关键词] 旅游服务区；功能组织

[Abstract] The Qiyun mountain tourism service area to, for example through the entrance of the scenic area problems, the overall functional orientation, the specific layout of the content such as analysis and planning, fully embodies the as scenic area entry function characteristics of the organization.

[Keywords] Tourist Service Area; Function Organization
[文章编号] 2015-69-P-088

一、项目概况

1. 齐云山现状概况

齐云山位于休宁县城西约15km处，古称白岳，与黄山南北相望。齐云山风景绮丽，素有“黄山白岳甲江南”之誉，因最高峰廊崖“一石插天，与云并齐”而得名，乾隆帝称之为“天下无双胜景，江南第一名山”。齐云山风景区面积110.4km²，以幽、丽、奇、险著称，与黄山、九华山并称为皖南三大名山，是全国四大道教圣地之一，1993年被列为国家森林公园，1994年被国务院批准为国家重点风景名胜区，1996年被批准为安徽省爱国主义教育基地，2001年被国土资源部批准为国家地质公园，2006年成为国家AAAA级旅游景区。

2. 齐云山发展中面临的主要问题

近年来，随着“美好安徽”“皖南国际文化旅游示范区”“黄山现代国际旅游城市”“休宁中国休闲养生之都”等发展战略的确定，齐云山迎来了前所未有的发展机遇。多年来服务设施建设滞后，景区入口环境品质整体不佳，用地发展空间不足，与其历史地位极不相称。为了更好地适应当下的发展需求，岩前服务区入口地段需要进行重新的定位与规划。

3. 规划范围

基于以上的问题，本次规划对于齐云山岩前服务区进行总体定位，并为进一步的规划建设提供详细设计、控制性条件和指引。齐云山岩前服务区入口地段规划用地四至范围为：北以横江为界，南至齐云山山体（等高线170m以下），西自岩脚村起，东至青春村东侧。总规划面积约为74.58hm^2（约1 119亩）。

二、本次规划关注的主要问题

1. 加强齐云山旅游服务形象打造

本次规划用地位于齐云山下岩脚村东，自山上索道下口飞云亭处遥望依稀可见。本规划区是风景区的一个主要入口，在意境上需要强烈的门户感和标识性；同时其在功能上兼具停车与换乘的作用。

2. 提升风景区旅游综合服务功能

齐云山风景名胜区乃至大黄山旅游区目前共同面临的一个问题就是旅游服务功能较为单一，多为简单的观光旅游，缺乏丰富多样，独具特色的旅游与文化活动。本次规划用地应当充分研究齐云山当地特色，并开拓思路，积极组织开发结合当地特点、丰富多彩的功能项目，从而丰富齐云山风景区的旅游功能和游乐项目，吸引更多、更高端的游客人群。

3. 完善风景区入口交通组织

齐云山风景名胜区的外部交通主要依靠S326省道，由于其过境与货运交通量过大，影响了游人在进入风景区之前的观赏体验及通行安全。本次规划需要重点考虑解决进入景区通道的规划与游览路线的优化组织，同时结合交通规划加强体现齐云山本区域的自然风貌特色。

4. 突出齐云山总体山水、文化优越特色

本次规划用地位于齐云山与横江之间，具有典型的山水结合用地的特色。在规划中需要加强考虑山水之间联系，保持景观廊道、生态廊道、水系廊道等，构建一处极具山水相间特色的综合旅游服务区。规划用地位于齐云山脚下，当地道教文化浓厚，徽派建筑风格明显，故在新的综合旅游服务区的塑造上，特别是建筑空间营造上需要注重发扬表现道家清幽修身养性为特点的文化氛围，同时在旅馆、商业等建筑的空间构成与建设风貌角度要着重考虑发扬徽派建筑空间特

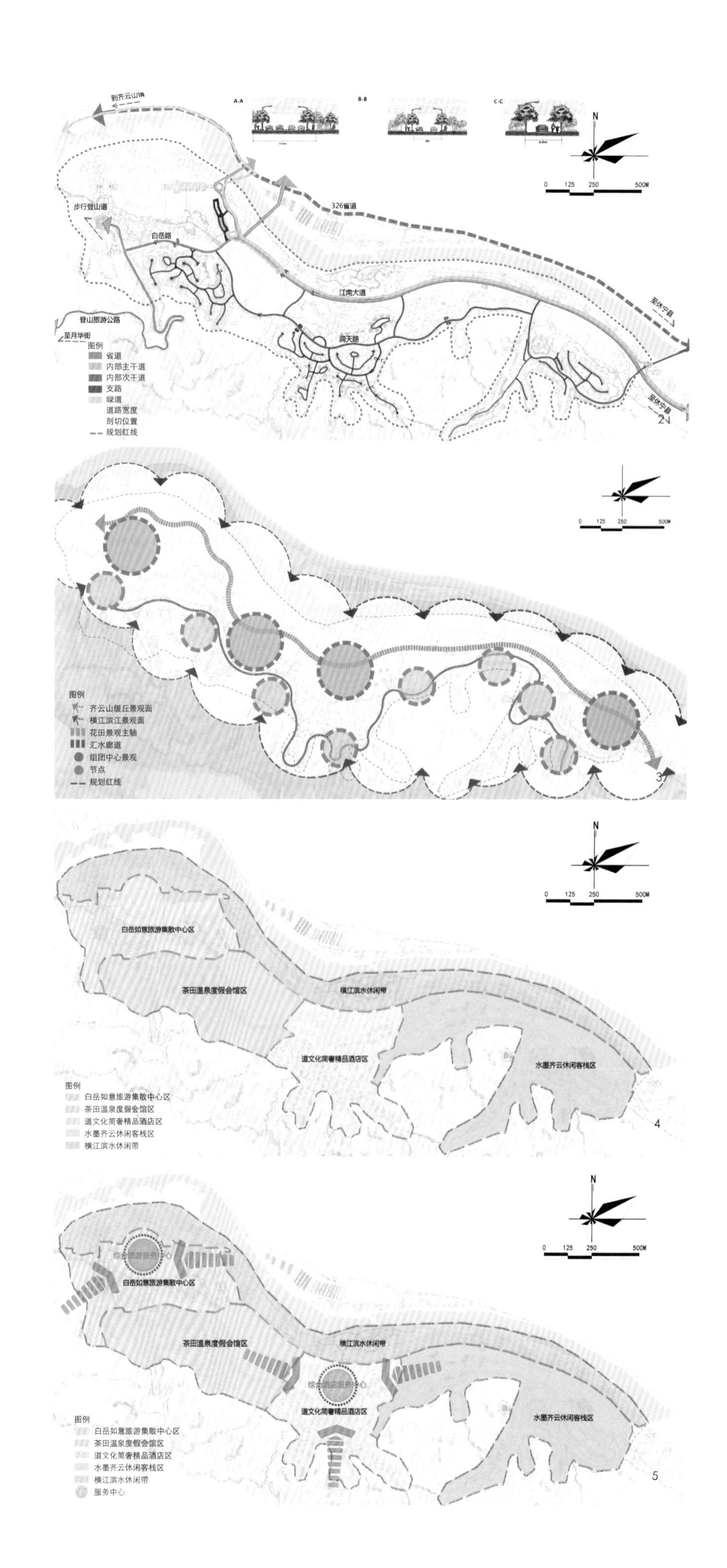

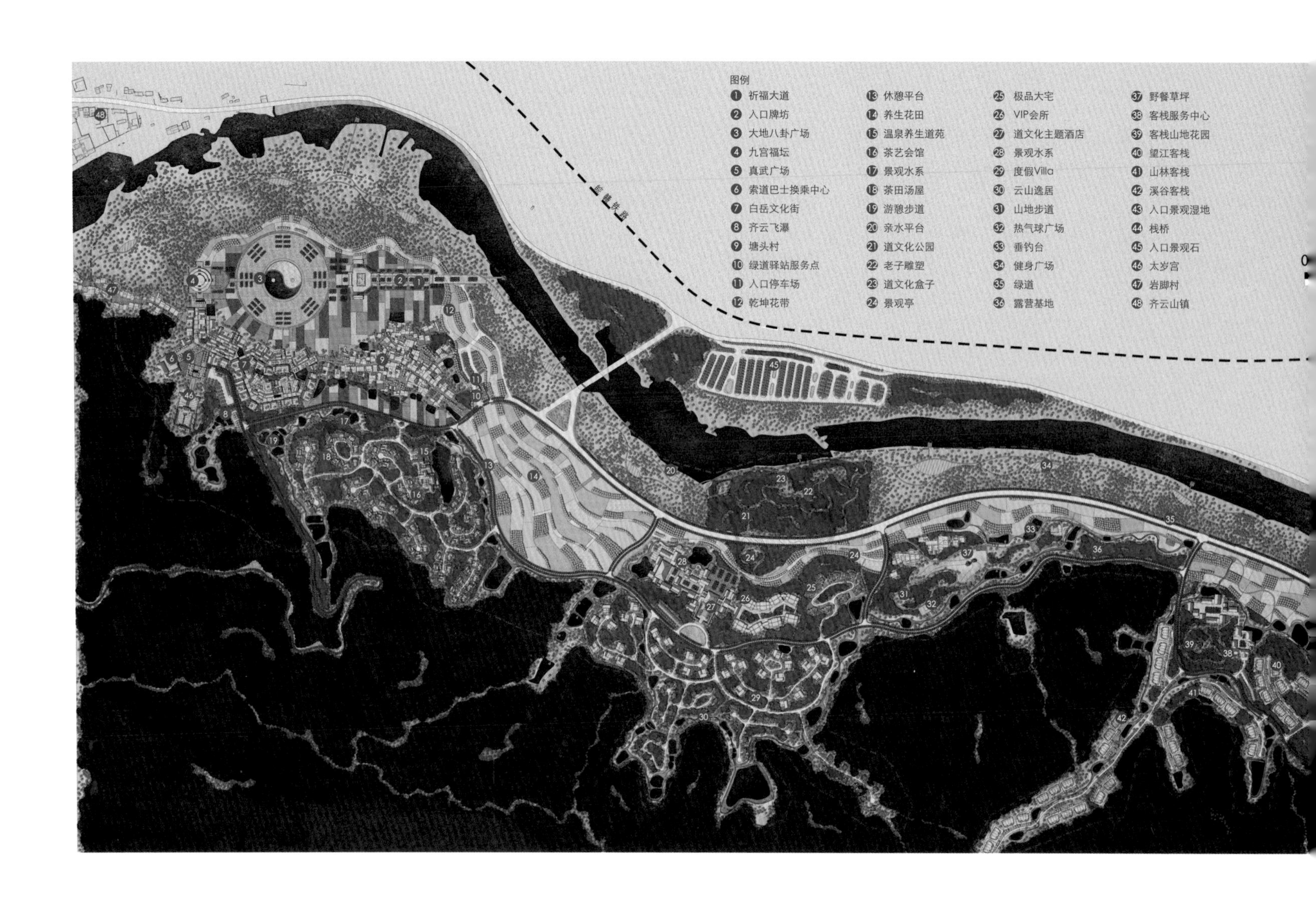

色，整体打造具有皖南特色与道文化相结合的空间格局意向。

5. 构建齐云山旅游服务区的安全保障体系

本次规划区范围内水域资源丰富，需要加强保护；山岳型风景区遇雨季要注重山体滑坡、泥石流等方面自然灾害问题；齐云山风景区森林覆盖率高，火灾隐患需要加强关注。所以如何构建安全保障体系，同时如何让这样的安全体系融入整个风景区的自然环境体系中，再造科学的山水景观系统，构筑山环水绕、山清水秀、山水相依、人地和谐的山水关系，是该旅游服务区需要重点综合考虑的问题。

三、规划定位

1. 总体定位

齐云山东部旅游综合服务区围绕休宁县确立的加快“休屯同城”、把休宁打造成为“中国休闲养生之都”的战略定位，按照“服务集群化、投资规模化、旅游产业化、产业生态化”的总体要求，积极导入休闲、养生、旅游、生态等新兴产业，以构建以休闲旅游与度假养生文化产业为核心内容的现代服务产业体系为目标，将齐云山东部旅游综合服务区打造成为“以齐云山风景名胜区为依托，以休闲观光、生态养生、旅游度假为主题，服务于大黄山旅游区的国际级综合性旅游综合服务基地，同时也是齐云山风景名胜区的重要入口门户”。

2. 功能定位

（1）大黄山高端游客休闲养生度假集散地

主要包含简奢精品酒店、温泉SPA中心、道家养生体验、徽派乡野旅居等。

（2）泛长三角一流的文化体验游乐目的地

主要包含道文化体验项目、非物质文化体验项目、5D剧场、反季节游乐项目、文化情境酒吧街区等。

（3）皖南国际旅游文化示范区先导区

主要包含国际旅游论坛、生态导向的开发项目、自然与文化的融合项目、景区转型升级示范项目等。

3. 主题定位

主题定位为“道源冠江南，文鼎齐天下。”——齐云•道源•文化情境体验度假服务区。以“道源、文鼎”两大文化为“眼”，祈福、养生、静隐、修学、启智、耕读六大要素为“脉”，商业休闲、高端度假、主题游乐、展示体验、旅游服务五大功能为“骨”，福慧双修、天人相应，打造长三角首席文化情境体验度假游乐区。

4. 客群定位

规划区未来将主要服务于四大细分客群：高端

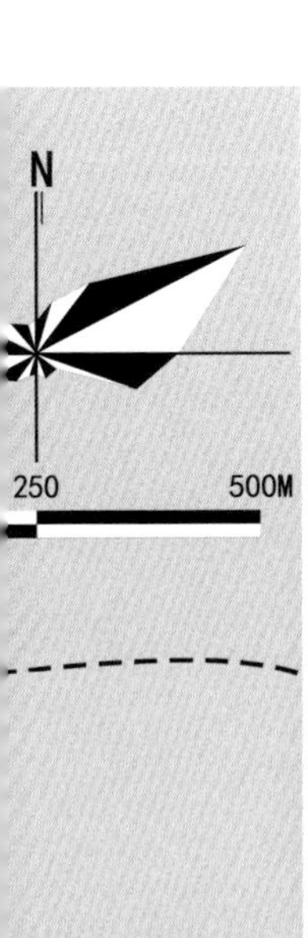

6.平面图
7.效果图
8.索道广场效果图
9.滨水平台效果图意向
10.茶艺会馆效果图意向
11.国际会议中心组团效果图意向

富裕人群、白领小资人群、都市驴友人群、艺术采风人群，同时兼顾一般大众家庭游客。

表1　游客人群分类表

人群分类	典型需求
高端富裕人群	以暂时脱离繁忙工作的度假养生、交流论道、置业旅居为主要目的，注重度假区的品质、环境的私密性和高端的私人管家服务，喜爱富有品位和文化内涵的服务设施
白领小资人群	关注富有文化内涵和故事性的旅游景点，原生态客栈及有一定品质的配套服务设施
都市驴友人群	以游客量较少的原生态自然或人文风光的体验为目的，偏好丰富多变的生态环境，特色民俗文化及户外运动项目
艺术采风人群	以迸发创作灵感为主要目的，偏好自然生态的工作环境、美丽宜人的大地景色，原汁原味的乡土建筑和文化
大众家庭客群	注重旅游对促进家庭关系和亲子教育方面的功能，偏好项目包括亲子育乐、山水观光、大众型文化体验等

四、规划结构与功能分区

1. 规划结构

本规划形成“五区二心”功能结构。

五个分区为：

（1）白岳如意旅游集散中心区：景区的核心旅游服务区和商业娱乐集中区，满足旅游集散、餐饮住宿、休闲娱乐的功能。

（2）茶田温泉度假会馆区：依托场地温泉、茶田资源，设置茶田汤屋、温泉养生道苑，养生花田等精品休闲度假功能，面向海内外高端人群，为其提供创作、交流、展示会晤、度假的高端旅居空间。

（3）道文化简奢精品酒店区：以道文化为主题，打造会议休闲区，主要面向长三角地区及国内一线城市的政企界精英、提供国际会议中心，精品度假酒店等包括高端住宿及道文化公园等精品休闲娱乐功能。

（4）水墨齐云休闲客栈区：规划区东入口，利用山、水、田的自然要素，面向青年旅客，打造水墨村庄特色的国际客栈区，辅以运动公园等活动场地，提供富有活力的度假旅居空间。

（5）横江滨水休闲区：横江南岸滨水地带，受326省道及皖赣铁路交通噪声直接影响；江南大道以北为山洪淹没范围，不适宜设置建设项目。保留原生态的河滩风貌，融入漫步道与亲水平台、茶亭等构筑物，成为贯穿规划场地的生态休闲游憩廊道。

“二心”为白岳如意区大地八卦广场周边服务设施及道文化简奢精品酒店区道文化主题酒店服务综合体。

2. 功能分区

（1）白岳如意旅游集散中心区

一心一环三区。以大地八卦为景观核心，商业步行内街和祈福大道连接成环，串联三个分区和主要

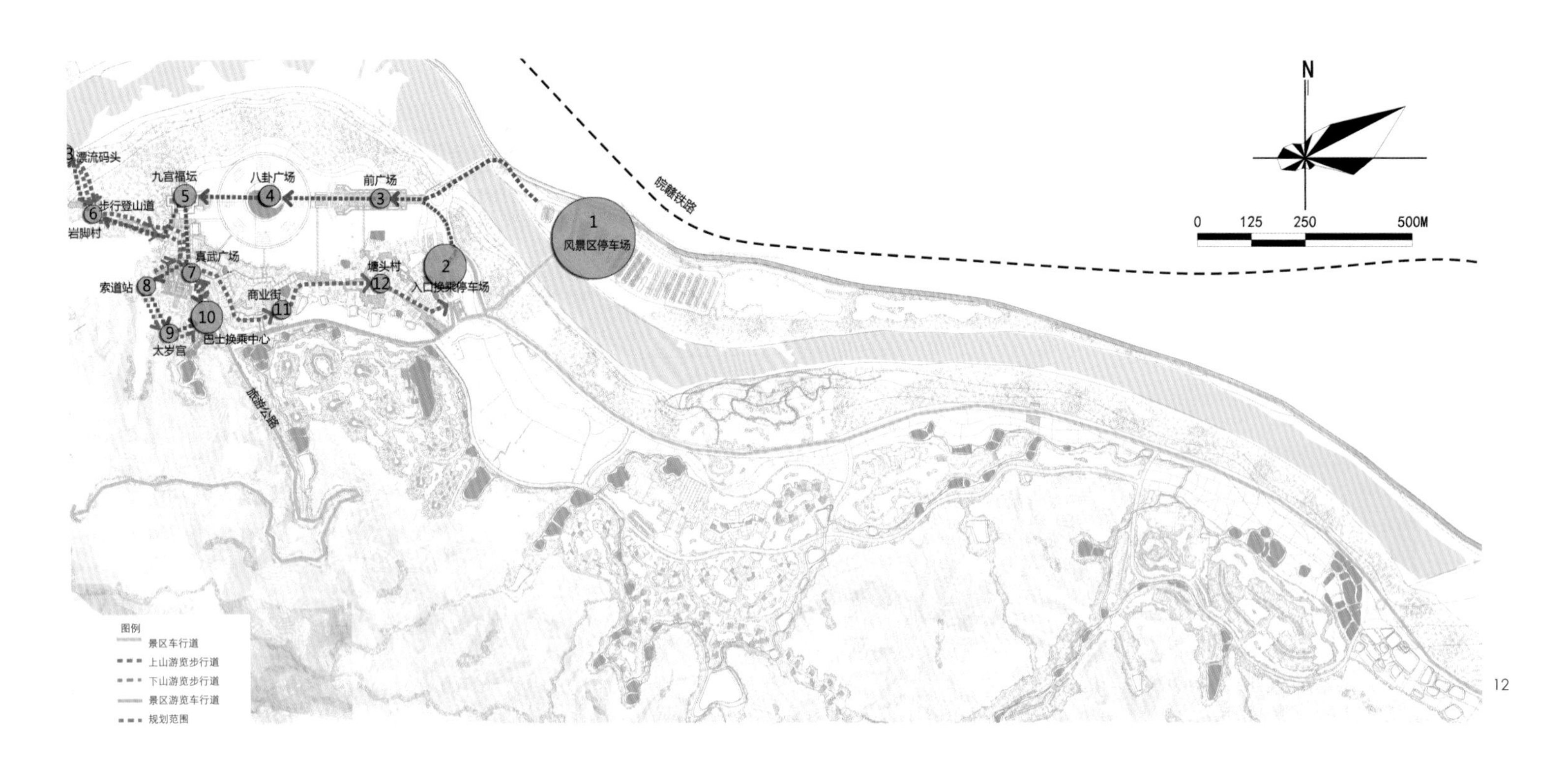

12

12.总游线图
13.东入口效果图
14-15.局部效果图

开放空间串联，形成主要的步行动线。

三个组团：和光同尘——道之根（白岳文化街）、吉祥止止——道之果（民俗文化村）、庄生梦蝶——道（乾坤花带）。

和光同尘：集旅游集散服务、道文化体验、民俗展示销售等功能为一体，以团队游客为主要服务对象，以太岁宫等道文化探索体验项目为引擎，以旅游互动零售为基础，雅俗共赏，打造一个以旅游综合消费为特色的特色商业服务街区。

吉祥止止：利用场地中现状村落进行改造提升，充分挖掘当地民俗文化，融入道家文化，打造富于特色的民俗文化街区，衔接白岳文化商街。

庄生梦蝶：曲线灵动的花带，以大地八卦为起点，顺应其边界，向东侧场地缓缓展开，结合横江滨水空间，打造体验丰富的自然活动空间，体现“道法自然”之境。

（2）茶田温泉度假会馆区

全区分为两个组团：茶田度假组团与温泉养生组团。茶田度假组团利用场地南侧的丘地茶田，在茶田中创造高品质的旅居空间。温泉养生组团，主要建筑围绕中心水面展开，保留北侧台田地形，南依缓山，北望油菜花田，枕横江清流，打造山水田园度假空间。以主环路划分南北两个组团。组团外围的半环形水系联系主要开放空间，形成组团内景观骨架。

（3）道文化简奢精品酒店区

本分区结构为一心三组团。道文化主题酒店一配套综合服务体，提供会议、入住、餐饮、商务配套等服务。奢华大气的极品大宅，院落式度假villa，临近道文化主题酒店，便捷享受酒店配套服务。云山逸居组团深入山谷深处，小体量的建筑融于山林中，打造清幽的修身逸居空间。由山体径流形成的水系环绕组团外侧，形成组团内重要的景观游憩空间。

（4）水墨齐云国际客栈区

本分区结构为一心两组团。一心为客栈服务中心，提供咨询、日常管理、入住、餐饮等配套服务。东侧国际客栈区，建筑布局顺应地形，形成望江、清林、溪谷三种不同景观意向的客栈类型。西侧利用缓丘、田块、坑塘水系等现状场地条件，为年轻的客户群体打造富有活力的运动空间。东入口利用现状坑塘打造湿地景观，曲线灵动的栈桥驾于湿地之上，打造自然本底之上标识清晰的景区入口形象。

（5）横江滨水休闲区

横江滨河休闲区保留原生态的河滩风貌，融入漫步道与亲水平台、茶亭等构筑物，成为贯穿规划场地的生态休闲游憩廊道。江边的缓丘结合南侧道文化简奢精品酒店区，打造道文化公园，在制高点放置老子雕塑，景观视线控制点清晰鲜明。

3. 小结

本次规划明确了片区定位，确定风景区用地和可开发建设用地位置，在满足上一层次规划的要求的基础上，直接对建设项目做出具体的安排和规划设计。规划起到了有效组织风景区入口地段旅游观光服务一体化建设的作用，并将以此旅游区为起点更为有力地推动整个齐云山风景名胜区的发展。最终将使齐云山建成为皖南国际文化旅游区比较重要的旅游节点；并以其独特清幽的道教文化和奇幻俊美的山岳景观，将逐步成为大黄山高端游客休闲养生度假集散地、泛长三角一流的文化体验游乐目的地、我国旅游文化示范区的先导区。

作者简介

卫　超，安徽省城乡规划设计研究院，设计二所，副所长，北京大学风景园林硕士；

杜鹏晖，安徽省城乡规划设计研究院，设计二所，副主任工程师，2005年哈尔滨工业大学本科毕业参加工作，后北京大学，风景园林硕士。

13

14

15

新常态经济下山地水库度假区可持续旅游开发浅析
——以溧阳王母坝水库大溪庄园概念规划为例

Sustainable Tourism Development for Hilly Area and Reservoir in New Normal Economy —Wangmuba Reservoir Daxi Manor Conceptual Planning in Liyang

车 铮
Che Zheng

[摘　要]　新常态经济下，通过旅游产业实现绿色经济增长是未来发展的必然趋势。山地、水库、普通农田是新型的家庭、团队度假休闲旅游载体。但是生态环境保护要求、可持续的开发建设运营等要求是本类型规划的新挑战。本次规划全面分析项目区域及旅游市场多维度背景、现状资源禀赋等要素，并借鉴国内外成功项目案例理念，打造一处长三角顶级家庭、团体野奢型生态度假区。

[关键词]　多元可持续；互联网+；低碳生态+；旅游度假项目

[Abstract]　In this new normal economy, the future trend is that, tourism industry is a green approach for GDP. Tourism in hilly area, reservoir, farmland is a new leisure tourism style for family, and social group. In this project progress, the requirement of environmental Protection, sustainable development operation will be considered challenges. This concept planning has resolved the project position, market situation, multi-dimensional context, present situation of resource endowment, consulted successful projects at home and abroad. Finally it makes a family-oriented, group-oriented ecological resort in Yangtze River Delta.

[Keywords]　Multiple Sustainable; Internet+; Low Carbon ECO+; Resorts and Hotels Projects

[文章编号]　2015-69-P-094

1.土地利用平衡
2.休闲农业产品旅游
3.游览产品旅游

山有仙则灵，水具灵而秀；灵仙谷——大溪庄园就是一处山水交融、静谧秀美实景诗卷。“溧阳不游灵仙谷，纵然长涉也虚途”以后将是长三角区域和周边地区脍炙人口的周末休闲旅游度假揶揄般的辞藻，也许契合这样的知名度，未来伴随着天目湖品牌一起走向全国，远播海内外。

它，不再是一个旅游度假的空间，而是一个能让你身心完全释放的伊甸园，心境乐享归属的塞万提斯。

一、溧阳王母坝水库大溪庄园旅游背景与现状研究

本案位于江苏省溧阳，长三角的几何中心，以天目湖最为著名的优秀旅游城市。2011年，天目湖旅游度假区入围国家旅游度假区试点单位；2013年成功创建5A级景区。天目湖包括沙河水库与大溪水库，沙河旅游开发已经相对成熟，而大溪水库作为一级水源保护区只允许保护性开发。

王母坝水库位于大溪水库东北方向，隶属于天目湖镇。本次规划范围以王母坝水库为中心，周边以牯牛山、李大山、新塘山、簸箕山的山脊线为界，用地面积107.44hm^2。

1. 宏观层面区位解析

溧阳距南京、上海、杭州、苏州、无锡、常州等，主要城市均在200km以内，通过高速公路在4小时内均可到达。未来通过高铁连通，溧阳与周边城市的交通运输时间将在2小时以内。当前溧阳已成为长三角都市圈的后花园；随着溧阳城市发展与旅游产业的提升，势必成为长三角地区短途旅游度假核心目的地。

2. 溧阳宏观旅游业发展背景解析

溧阳是江苏省的旅游胜地，其旅游业对区域经济发展的贡献页逐年上升。溧阳市旅游业已经成为溧阳的支柱产业之一。2011年溧阳市接待游客901万人次，实现了旅游总收入86.4亿元。从溧阳整体发展格局来看，大溪水库区域将成为溧阳旅游转型发展的新动力和新鲜血液，是新常态经济下，真正实现绿色崛起的一轮红日。

3. 大溪水库片区层面相关规划解析

在溧阳旅游发展总体规划（2003—2022）中分析，项目地处旅游总体规划中的“天目湖生态旅游度假区”内，与其他景点相比，更加临近溧阳市区与长深高速。作为天目湖度假区中的北侧大溪水库的生态旅游新目的地，王母坝休闲度假区应依托未开发的自然环境的先天优势，突出自身特色，厚积薄发，与溧阳市其他旅游景点形成共赢。

本案处于天目湖大溪片区旅游发展总体规划中的森林公园片区，强调原始景观的保留，并且规划中建议结合周边农庄、村落开展登山探险、徒步旅行、户外运动等旅游活动。此外，本案紧邻大溪水库片区游憩绿道环线的北侧起点，未来可作为环湖绿道上的重要驿站。

4. 基地现状分析

现状基地内以山林、农田、茶园和水域为主，另有少量的农舍、栗园等。其中山林植被覆盖率高，种类丰富，鲜有人工开发痕迹，自然环境质量优良。

基地内的主要景观元素涉及山林、山体、农田、茶田、拦水坝水库及坑塘，规划中应充分尊重地块原有的生态结构。由于地势高差，西北部为相对低洼且平坦的地势，因此形成视线由西北部通向水库景观的视觉通廊。

现状地形高度分析，基地整体呈东南西高、中西北低且平坦的地势。最高海拔145.9m，位于东侧高地，最低海拔15.3m，位于西北部。

现状地形坡度分析，基地内整体坡度较大，部分不适宜建设。其中坡度较大的地段位于山顶或部分山脊处。

二、旅游开发策划与目标体系构建

1. 旅游市场调研分析

随着我国经济的增长、人们生活水平的提高，

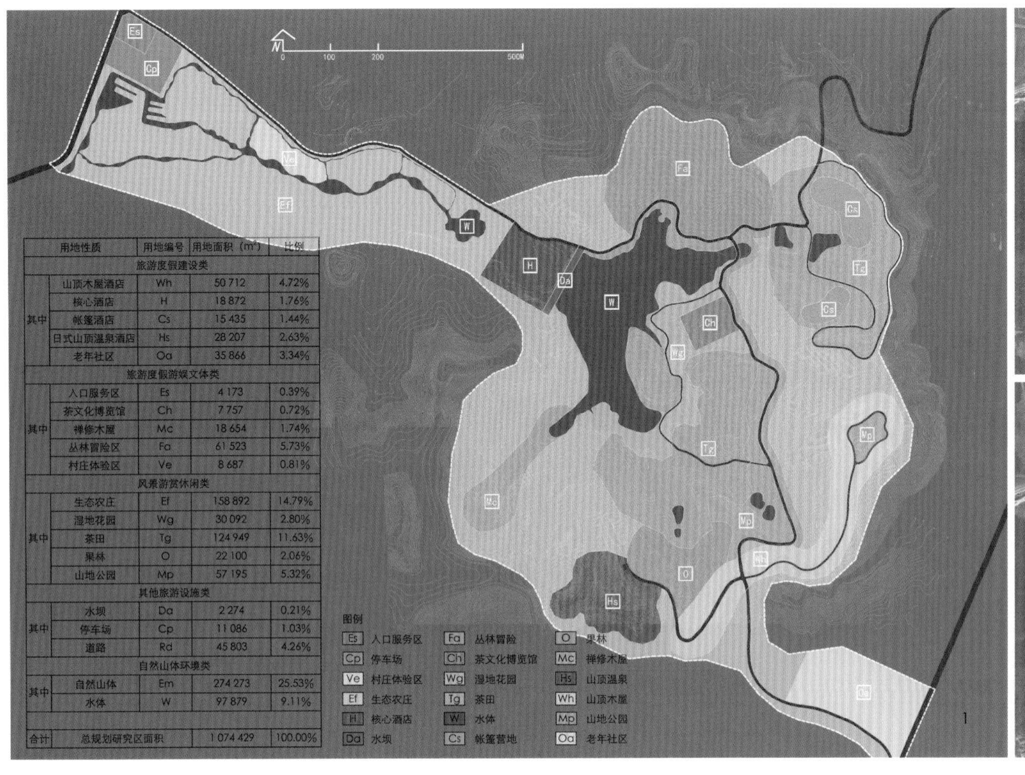

用地性质		用地编号	用地面积（m²）	比例
旅游度假建设类				
其中	山顶木屋酒店	Wh	50 712	4.72%
	核心酒店	H	18 872	1.76%
	帐篷酒店	Cs	15 435	1.44%
	日式山顶温泉酒店	Hs	28 207	2.63%
	老年社区	Oa	35 866	3.34%
旅游度假游娱文体类				
其中	入口服务区	Es	4 173	0.39%
	茶文化博览馆	Ch	7 757	0.72%
	禅修木屋	Mc	18 654	1.74%
	丛林冒险区	Fa	61 523	5.73%
	村庄体验区	Ve	8 687	0.81%
风景游赏休闲类				
其中	生态农庄	Ef	158 892	14.79%
	湿地花园	Wg	30 092	2.80%
	茶田	Tg	124 949	11.63%
	果林	O	22 100	2.06%
	山地公园	Mp	57 195	5.32%
其他旅游设施类				
其中	水坝	Da	2 274	0.21%
	停车场	Cp	11 086	1.03%
	道路	Rd	45 803	4.26%
自然山体环境类				
其中	自然山体	Em	274 273	25.53%
	水体	W	97 879	9.11%
合计	总规划研究区面积		1 074 429	100.00%

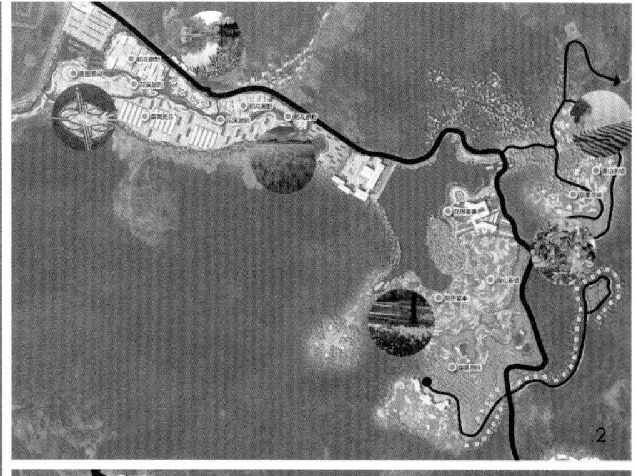

休闲度假旅游市场已经成为国内重要的旅游市场。我国旅游业逐渐从休闲多样化需求阶段跨越到休闲度假旅游需求膨胀阶段。相应地，高层次的休闲度假旅游在国内走向大众化。

长三角地区的人均年收入位居全国前列，2003年长三角地区11个城市人均年可支配收入超过万元，长三角地区城市居民已具备度假旅游的条件。据调查，中年人经济地位和社会地位最高，度假旅游需求最大。长三角居民度假旅游的主要人群是23—50岁的中青年，其中36—50岁的中年人群是度假旅游频次最高的人群。

从旅游消费特征方面分析，未来呈现如下四个趋势。

（1）出游动机休闲化，家庭出游明显化；

（2）度假旅游主流化、高端化，养生需求突出化；

（3）出游方式自驾化，旅游目的多样化，旅游体验深度化；

（4）会议旅游热门化，商务会议情景化。

2. 旅游客群定位

（1）本案目标旅游客群一：中等收入以上的家庭

家庭度假已经成为当今旅游的消费主体。长三角地区约占总人口20%的中产阶级家庭旅游群体是目前休闲度假旅游的主体。举家出游已经成为一种趋势，并且市场规模不断增加。25%的家庭旅游携带18岁以下孩子，其中91%的家庭旅游以休闲娱乐为主。上海、南京家庭旅游愿望最为突出。此客源市场特征如下：

目的地选择：选择可提供多种娱乐方式的旅游地，以孩子需求为向导；出游方式：自驾车为主；出游时间：寒暑假及节假日；出游动机：子女教育、休闲度假、科普教育。

针对此客户群的旅游开发策略：对接家庭需求，开发亲子娱乐和主题体验产品；结合资源亮点，打造以休闲游乐、露营度假、科普教育为主的家庭旅游产品体系。

（2）本案目标旅游客群二：中等收入以上的团体

团队度假也是未来旅游客群的重要组成部分。未来长三角及周边区域省份，中等收入人群在2015年之后五年内预计达到人口比重35%～40%。这些人群以社团方式出行是团体活动的新方式，参与此种人群预期达到长三角中等人群的55%。此客源市场特征如下。

目的地选择：自然环境乡野品质高的度假休闲地，以野奢型度假为需求导向；出游方式：自驾或包车；出游时间：节假日；出游动机：减压释放、休闲度假、野奢享受。

针对此客户群的旅游开发策略：对接中小公司、企业；开发节假日活动类拓展娱乐休闲型产品；结合项目内在的自然资源与农业资源，对接各个社团或类型社群；开发主题型体验式休闲产品。

3. 旅游开发目标定位

项目立足于生态友好的原则，将生态水体、山体、旅游项目与度假服务设施有机结合，本案定位为：以生态自然环境为依托，以品牌农业休闲观光、特色山地运动、高品质温泉娱乐为主打内容，打造辐射长三角，生态环境优质、服务水平卓越的溧阳顶级生态休闲度假区。

4. 案例借鉴与旅游项目策划

在本次方案中，详细分析了国内外成功的六个旅游项目案例，在本次规划设计中进行归纳借鉴相应项目。

（1）借鉴无锡田园东方项目案例，本案策划构思：依托基地内特有的乡村旅游和休闲农业资源，运用花园式农场运营理念，不局限于打造一个休闲农庄，而是要打造一个农林、旅游、度假、文化等功能融为一体的田（庄）园综合体项目。

（2）借鉴北京阿卡云农庄项目案例，本案策划：依托基地的农地资源及其所在大溪水库地区的优质生态环境，打造以有机乌米和绿叶菜为主为特色的绿色农庄，打造O2O的营销网络，打造一个互联网+绿色农业的云农庄。

规划项目近期经济技术指标表

指标内容		单位	数值
度假区总用地面积		m^2	1 074 429
度假区建筑总面积		m^2	29 819
其中	自行车运动服务中心	m^2	1 044
	核心服务酒店		12 797
	户外帐篷露营屋		1 799
	溧阳茶道博览馆		2 429
	养生禅修木亭		350
	山顶树林度假屋		5 600
	日式温泉会所		4 936
	农庄乌米体验园		864
度假区毛容积率			0.03
度假区总停车位		个	350
旅游区旺季平均日游客量		人次	710
旅游区年均游客量		人次	122 200
旅游区就业人口		人	275

4.鸟瞰图
5.规划平面图
6.规划结构图
7.主题分区图

（3）借鉴浙江裸心谷项目，本案策划：溧阳地区有200多个休闲农庄和民宿项目，为了避免同质竞争，本案希望打造一个中高端精品酒店。其环境和酒店品质与涵田度假村达到相当的水平，但以“乡村野奢”为特色卖点。

（4）借鉴泰国清迈丛林飞跃项目，本案策划：依托基地内九龙山、牯牛山等森林公园的资源，打造一个“冒险、刺激、亲近自然、参与性强、老少皆宜”的树上丛林滑索和攀爬的娱乐项目。

（5）借鉴日本下吕温泉项目，本案策划：溧阳地区已经有御水温泉、涵田温泉等，但却没有一日式服务为特色的温泉酒店。依托基地内的温泉资源，打造一个以“禅意的自然环境特色”和体验“日式文化、男女分离”的日式服务为特色的温泉项目。日式特色服务作为抓住细分市场机会的要素。

（6）借鉴美国大狼屋项目，本案策划：溧阳地区已有天目湖水上世界项目，它是游乐园的一个组成部分，且仅在夏季提供游乐活动。本案则是一个“全年开放的水上世界”和以“森林主题亲子活动”为特色的度假酒店。

基于案例借鉴与项目策划构思分析，满足目标旅游客群的休闲、娱乐需求，运用互联网大数据管理系统，配以综合性的配套商业设施与国际前沿的人性化服务，打造成国内旅游业行的标杆项目。

六大度假功能设施具体为：日式温泉休闲、度假住宿、体验式农庄为主体功能，辅以户外山地运动、文化养生、综合商业等多样化多层次，并增加客户粘性度的度假功能。

三、旅游开发建设多元可持续亮点策略

1. 互联网+田园综合体

以休闲观光农园产品为互联App品牌，打造餐桌上耳熟能详的绿色农产品电商。“互联网+”是时下的新概念，以互联客户端的方式营销手段，利用这种方式将本次规划的农园种植的各种特色农产品，稻米、鲜花、有机蔬菜、鲜果及优质茶叶合理的营销。在基地中赋予农产品体验、农产品观光、农产品销售等功能载体，通过与周边村民的合作种植，彰显溧阳大溪农产品品牌，打造溧阳首屈一指的互联网+ 田园综合体。

2. 互联网+特色溪谷度假项目

打造大溪庄园度假旅游项目的互联网O2O模式。亮点度假休闲娱乐项目：帐篷露宿野营、山顶树屋体验、恒温室内水上乐园、日式温泉休闲娱乐、水坝观湖核心酒店、亲子型星期八小馆、花田喜事及森林冒险飞跃等特色内容形成与客户线上、线下的互动与交流。在O2O度假平台模式中，线下大溪庄园度假区专注于提供实体优质的参与体验服务。

3. 低碳生态+睿智自然

塑造与自然山林和谐相处的生态度假典范。在项目中，通过移植与新植的方式对于度假区良好的自然环境进行合理的重塑与改造，建设中力求不砍一棵树，不毁一片林。规划中合理利用现状的植物资源进行因地制宜的提升美化。湖水岸线充分利用现有驳岸线的生态结构，合理的利用软质驳岸及生态景观驳岸重塑滨水空间的环境景致。部分度假娱乐项目的选择，以不破坏树木及水环境为根本原则。

4. 低碳生态+科技节能绿谷

特色能源：利用太阳光伏背板膜等新型科技材料，以及空气能热泵等设施结合度假区内主体建设的建筑屋顶、部分立面、公共开放空间及景观设施小品，充分利用太阳能作为区域辅助的特色能源，主要用在加热装置及空冷装置中，环保节能。

特色能源管理手段：合同能源管理EPC的运用。市场化节能机制与度假区核心管理的商务模式，未来度假区中与节能服务公司合作，针对于度假区使用核心的能源进行科技使用及管理，避免度假区建设使用中能源的浪费。

绿色建筑设计：以被动型建筑为设计概念，作为度假区建筑单体的设计特色。以极低的能耗调节室内的温度。建筑单体设计上使用节约型生态材料与辅助能源设施，实现外墙保温、建筑新风及部分屋顶绿化等特色绿色建筑。

5. 低碳生态+海绵呼吸绿谷

打造海绵式生态呼吸型的滨水山地度假区。利用现状自然湖体、山间地表溪流、水塘及农田灌溉溪水，通过规划设计与人工措施的途径，保证度假区防灾排涝的前提下，最大限度地实现雨水在本度假区域的积存、渗透和净化，促进雨水资源的利用和生态环境保护。此外，协调度假区的给水量，在满足度假生

8.鸟瞰图

活使用的前提下，利用污水生物环保净化得到中水，并实现中水回流机制，作为度假区的农植物灌溉、消防和景观水之用。

6. 全民健康+自行车赛知名度

环绕大溪水库绿道为载体、溧阳全民自行车赛事为焦点，打造溧阳生态骑行旅游的自行车运动中心。紧扣全民健身的国家政策方针，普及生态的自行车骑行运动。在环湖路本次方案的入口，建设户外自行车赛事运动及服务中心。通过这样的项目建设，推广天目湖地区的旅游整体品牌。

7. 旅游度假+乡村发展整体统筹

整体统筹大溪水库建设项目与周边乡村的发展互动。依托周边乡村的农业资源与人力资源，作为大溪水库旅游区的后期服务配套区；与乡村互动，并在其中创造一些低端度假配套设施，满足不同人群需求。通过与项目联动，解决当地人员就业与经济收入来源。

8. 合理投资+运营收益可持续

依据不同地块的特殊资源与溧阳当地的经济水平，结合类似旅游度假项目设施内容，规划设计打造2～3个精品酒店以及部分特色度假产品，每个系列的精品酒店产品的规模应在100～200套左右，且应具有鲜明的主题和建筑风格。度假区主要收益来源于酒店、特色度假产品运营以及核心娱乐项目。经过研究与测算得出策划度假产品数量与结论：主题精品酒店，客房100套，价格600～800元；帐篷体验屋20套，价格1 200元；日式温泉会所，50套，价格1 500元；山顶木屋别墅，35套，价格3 500元；水世界酒店，客房200套，价格800元。结合相应度假区的旅游娱乐设施的投资与收益，预期5年内收回成本并获得直接收益。

四、片区旅游规划设计的空间演绎

1. 五大规划特色主题分区

颐：以颐养康复为主题，针对老年人及养生养老、疗养康复的客户群。打造成以老年康复护理中心、疗养活动中心、疗养院等为主要内容的颐养生活区。

养：以高端度假休闲与生态度假休闲为主。以温泉会所、山顶林中木屋等度假休闲设施为主的精品养憩主题区。

康：以健康为主题，针对绿色品质生活及旅游度假人群。现代健康休闲绿色农业片区。其中包括生态自行车运动中心、绿色观光休闲田园及综合服务核心酒店。自行车运动中心、绿色有机农园是健康生活、旅游休闲的主题缩影。

乐：以运动为乐，针对片区旅游度假人群。构思户外丛林运动项目、丛林自行车等项目，近期打造户外野营帐篷体验屋、户外露营烧烤，远期建设华东地区特色的室内恒温水上乐园等综合游乐设施的片区。

雅：以雅为景观主题，突出渲染环境与自然风光意境。打造大溪水库难以复制的滨湖生态景观片区。花田茶田、果林湿地、高端茶博览馆是雅主题的形象代表。

2. 游龙如意为文化切入点的形态构思

游龙衔如意，王母芥如织。

九龙山，王母芥是区域历史传说的文化精髓，选其为方案形态构思的切入点，不仅为其独特的地形形态特征与方案构思节点的结合，也代表了以龙、王母等中华传说要素为地域文化传承的链接，升华本土文化要素的特色，提升本土文化的品牌价值。本案选取如意为意象构思，作为项目入口片区的主体形态脉络，如意的两端则为大溪水库与王母坝；龙，作为盘山而踞的各个规划的活动、休闲节点，生态自然的如龙形有机衔接。构成以王母荠为地域特征的，生态规划设计手法与本地文化承载构思。

3. 山地与滨水空间和谐交织的设计结构

本案具体演绎为“一轴一带、环山多点”的空间结构。

一轴：田园休闲观光轴；一带：九龙山环山休闲度假带；多点：环山休闲度假带串联的各个板块景观特色节点及休闲度假功能节点。

在“一轴一带，环山多点”的规划结构上，采取生态景观铺开，度假休闲功能适度集中、合理服务配套的结构布局手法，使基地的规划建设格局更加娱乐活动中心因地制宜、生态友好。

4. 未来可持续项目开发强度

综合考虑项目区位、交通服务、生态环境等多方要素，集中中高强度开发地块为核心服务酒店用地与远期室内水上游乐园用地，开发强度分别控制于1.0与0.5以下；其他度假建筑建设用地，入口自行车运动区、日式温泉休闲区及山顶木屋区等集中建设地块，最大开发强度容积率控制小于0.3。

5. 经济投资运营优先的开发进程

大溪庄园度假区整个项目建设优化阶段共分三期。

（1）一期开发打造大溪庄园休闲度假主体功能框架格局。基于基地现有的景观条件优化改造，建设大溪庄园核心度假娱乐版块项目，自行车运动中心、现代农庄、核心服务酒店、溧阳茶博馆、户外丛林运动、帐篷露营体验屋、养生禅修谷、日式温泉酒店及山顶木屋等度假运营主体项目。

（2）二期开发打造溧阳大溪度假片区整体品牌项目。在一期主体项目投资有一定回报的收益前提下，打造提升知名度品牌的核心娱乐项目，建设华东最具特色的恒温室内水上娱乐世界和200套客房的特色水世界娱乐酒店，作为游乐的核心主体吸引人气。

（3）三期开发打造老龄化社会的需求品牌养老中心。在基地东南侧山脚处，建设溧阳最具知名度与社会价值的养老社区，满足未来老龄化高端养老人群的度假疗养、护理康复的需求，与基地核心度假养生休闲设施，周边乡村资源整体联动共赢，增加品牌效益与社会效益。

6. 生态低碳型交通组织

规划区内部交通设计依照现状路网肌理及地形优化改善，形成“一脉带多团、分支达尽端、步行通其间”的旅游区枝状路网模式，与非机动车系统形成一个有机的整体；度假区内主要车行交通为电瓶车交通，内部主路赋予游览观光与运输功能，并实行度假区交通管制，即限定普通机动车不得进入度假区。区域的主要入口设置在西侧环湖道路上，并在主要入口处设置一处可容纳350辆机动车的公共停车场，截流外来旅游车辆，并将停车场与自行车运动中心整体设置，自行车运动中心也同时作为大溪水库片区自行车租赁、售卖点，服务大溪旅游片区。另在东南侧养老社区住宅组团内部设置一处地下停车场，供外来探亲者使用。

7. 因地制宜的山体绿地体系布局

度假区绿地系统可细分为七种绿地类型，依据现状景观资源与规划形象综合考虑布置。

（1）原生态山林：在现状良好的绿地生态资源基础上，其作为大溪庄园中面积最大的原生态自然林地树木茂密，生态环境极佳，本次规划中将其最大化的生态保留与视觉面优化提升，是基地绿地体系的核心组成部分。

（2）休闲观光农园：利用现状良好的西侧山谷溪水间的农业田园基础，是度假区中核心的农作物物色种植及观光区。本次规划中农田种植作物主要以稻米、油菜花及溪水花卉为主题，构成绿意盎然的景观田园。

（3）景观花卉公园：区域的景观游赏观光核心。度假区沿王母湖中心的旅游观光花田，其中以大量的郁金香花卉与薰衣草花卉为主题。在其间设置生态景观步道设施，使其具有人群欣赏活动、娱乐休闲等内容。

（4）有机茶田茶园：利用区域现有的坡地茶田，在现状茶园肌理上优化提升，使其成为王母湖湖光山色的第二层次灌木景致。

（5）观光果园：利用现状的板栗树、杨梅树、桃树等树种，在基地的南侧区域以果园观光采摘体验为主。

（6）户外运动型山体公园：利用现状高大乔木，在不影响生态环境的前提下，以树为乐，结合高大乔木，打造丛林冒险户外运动园地。

（7）组团绿地：核心服务酒店、山顶树屋、温泉酒店及养老社区的建筑群体间的绿地空间。树种搭配及环境营造上融合于原生态环境氛围，突出生态特色。

8. 多元主题特色的游程路线

本案针对风景游赏路径产品、游憩娱乐路径、休闲农业体验类路径、地域宗教文化类路径及特色骑行路径整体整合，通过步行、非机动车面向不同旅游需求人群组织度假区内不同主题线路。由于一般旅游项目受季节变化影响较大，因此本案此次策划不同区域，一年四季皆可旅游度假的一系列活动与旅游产品布局其中。

9. 满足旅游人次需求的服务设施布局

区域内的度假服务设施主要分布三处主要酒店中，包含旅游接待服务、安保、物品存放、急救等旅游配套服务和主要的住宿、餐饮、娱乐服务。核心服务酒店中也布局互联网数据中心、游客信息中心等智慧旅游服务设施。其余设施主要以分散的旅游设施点状的形式分布在各个片区组团中。体育服务设施集中于基地北侧入口及运动娱乐区中。

五、结语

在新常态经济下，未来旅游度假产业必然是区域经济绿色增长的焦点。而旅游度假规划核心问题是生态环境保护与利用、旅游可持续发展定位、旅游项目空间布局与生态的空间结构形态。政府政策、旅游开发商部分利益诉求是山地旅游项目推动的主导，投资与收益是项目推进决定性因素。因此旅游项目设施的空间布局要注重区域宏观影响，明确项目旅游未来方向与项目管理运营模式，结合目标客群的度假需求，依据旅游预测人次有机配置。在空间结构形态上，不仅要塑造自身与自然共生高品质度假空间，又要注重与相邻区域的风貌景观，生态物种的衔接。

参考文献

[1] 中国旅游研究院．中国区域旅游发展年度报告2013—2014[R]．北京：旅游教育出版社，2014：4－10，18－36．

作者简介

车　铮，规划设计工程师，从事于旅游规划设计、控制性详细规划及城市设计。

1.鸟瞰图
2.交通分析图
3.皇京港项目位置图
4.重要节点分区图

皇京港国际旅游度假项目定位研究及总体规划设计
——马来西亚二号政府工程

The Research and Master Planning of Malacca Gateway Resort Complex
—The No.2 National Project of Malaysia

李婷婷 张铭远
Li Tingting Zhang Mingyuan

[摘　要]　本文通过介绍一个位于历史文化名城马六甲的人工填海旅游岛项目，详细分析该项目的发展策划研究和总体规划设计，以及该项目对于马六甲和马来西亚国家的历史意义

[关键词]　马六甲；历史文化名城；旅游度假综合体；皇京港

[Abstract]　This paper, introduces the development research and master planning of a man-made tourism island, which is located in a world heritage city of Malacca, and discussed the meaning of this project to Malacca and Malaysia.

[Keywords]　Tourism Complex; World Cultural Heritage City; Tourist Resort Complex; Malacca Gateway

[文章编号]　2015-69-P-100

一、项目背景

马六甲市位于马六甲海峡北岸，始建于1403年，是马来西亚历史最悠久的城市。由于马六甲海峡具有战略性的地理位置，从1511年开始，马六甲先后被葡萄牙、荷兰、英国占领，直到1957年脱离英国独立。目前，城市里居住着马来人、华人、印度人、葡萄牙人、欧亚混血儿等民族，各种语言、文化及民族建筑得到完整保护。

2014年2月7日，马来西亚首相拿督斯里.纳吉为皇京港揭幕开工仪式时指出：“皇京港项目是马来西亚政府国家经济计划的一部分，希望可以通过此项目提升游客关注量，改善旅游服务，优化旅游市场。”皇京港作为马来西亚中央政府的第二号政府工程，选址于马六甲，与马六甲悠久的历史、独特的地理位

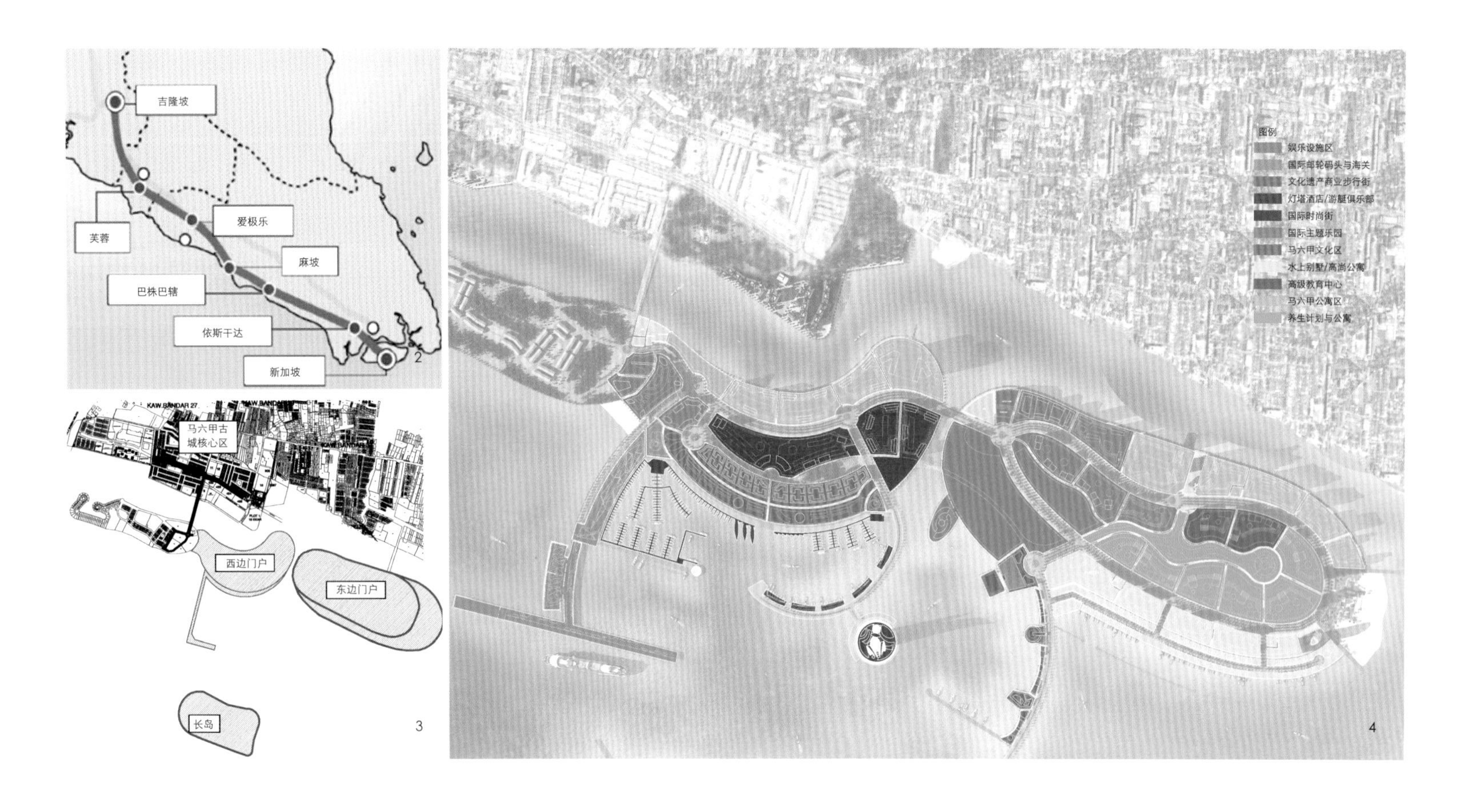

置、多元的文化及经济发展潜力等有着密切联系。

1. 列入“世界文化遗产目录”，旅游业成为第一大产业

马六甲城市见证了马六甲海峡500多年来东西方商贸及文化合作交流，葡萄牙、荷兰、英国、中国等多国文化赋予了马六甲独特的物质及非物质文化遗产，城市内保留的葡萄牙、荷兰、英国、中国风格的官方建筑、教堂、城堡、街道所体现出的建筑和文化景观在东方及东南亚都是独一无二的。

联合国教科文组织（UNESCO）于2008年7月7日以“马六甲海峡历史名城”宣布马六甲市列入“世界文化遗产”目录，从此，众多游客前来马六甲旅游度假，旅游服务业成为马六甲第一大产业（表1）。2013年马六甲全年游客数量达1 430万，到访马六甲的游客数占到全马来西亚游客总量的一半。

表1　2011-2012年马来西亚三产经济总量

编号	项目	2011年（百万马币）	2012年（百万马币）
1	服务业	7 491	7 978
2	制造业	7 031	7 400
3	农业	1 055	1 106
4	建筑业	474	493
5	矿业	13	17

2. 游客数量持续增长，旅游配套不足

从2008开始，马六甲的游客数每年呈两位数增长，但游客过夜率和平均逗留天数增涨情况不佳。以2013年为例，1 430万人的游客数中有60%选择住在马六甲，平均逗留天数为2.28天。

（1）缺乏时尚和现代化的旅游热点

马六甲古城内娱乐设施很少，城市内主要旅游产品为各历史建筑博物馆，以及鸡场街，仅需半天到一天时间可以游览完毕。旅游产品单一，没有其他类型项目留住游客。

（2）酒店入住率居高，客房短缺

2013年马六甲酒店入住率为62.2%（包括3星以下的酒店及民宿），其中4星或以上的酒店入住率达73.4%，旅游旺季需提前几周预定，据马来西亚旅游促进局统计，马六甲目前缺乏1.5万间酒店客房。

3. 邻近两大国际城市，跨国高铁带来经济发展机遇

马六甲位于吉隆坡和新加坡之间，距离新加坡220km，距离吉隆坡148km，离吉隆坡国际机场仅120km的路程。鉴于马来西亚和新加坡之间的汇率差，新加坡游客乐于到马来西亚旅游和消费。目前来马六甲旅游的游客中有大部分是来自于新加坡和吉隆坡的短途游客。

2013年，马来西亚和新加坡两国政府达成协议，计划于2020年建成通往两国的高铁，此高铁将在马六甲的爱极乐设站，届时，新加坡到马六甲只需要30分钟。便利的交通，将给马六甲城市经济和旅游带来发展机会。

3. 邮轮旅游需求持续增长，有条件提供国际邮轮港

东南亚三个邮轮旅游热点线路——马来西亚、新加坡、泰国等线路均经过马六甲，由于缺乏大型邮轮码头停靠，邮轮只能停在马六甲邻近海域，换成接驳船将游客送至马六甲市区。马来西亚丰富的旅游资源吸引着国际邮轮游客的关注，鉴于其便利的海上交通，马六甲成为国际邮轮企业开发的目标市场。

4. 旅游胜地游艇码头饱和，急需开辟新游艇码头

随着亚洲新贵的崛起，游艇拥有者与日俱增，游艇泊位日趋紧张。位于泰国、马来西亚、新加坡热门旅游胜地的游艇码头占用率高达90%以上（表2），急需新开发地理环境优美、又富有历史文化及经济吸引力的新码头。马六甲的地理优势和特色文化为开发大型游艇港提供了有利条件。

表2 新加坡、马来西亚、泰国热门旅游胜地游艇码头占用率

码头/俱乐部	泊位总数（湿）	占用率
新加坡-ONE 15 Marina	270	98%
新加坡-Marina on Keppel Bay	168	98%
新加坡-Raffles Marina	163	82%
马来西亚（槟城）_Straits Quay Marina	40	90%
马来西亚（兰卡威）-Royal Langkawi YC	200	85%
马来西亚（兰卡威）-Telaga Harbour	70	85%
马来西亚（沙巴）-Sutera Harbour	104	105%
泰国（普吉）-Phuket Boat Lagoon	180	100%
泰国（普吉）-Royal Phuket Marina	150	100%

5. 亚洲和中东新兴经济体崛起，游客潜力巨大

亚洲中国、印度及中东国家经济体的崛起，为世界旅游业提供了强劲的客源市场，马来西亚需通过创新性旅游项目打开这些国家的市场。

二、项目位置及规模

为不破坏古城风貌，项目选址于马六甲市区南部沿海地带，距离古城历史遗迹区3km。整个项目由两个填海岛与一个天然岛构成，总面积为616英亩，约249.3万m^2。

三、项目愿景

1. 完善旅游配套，恢复马六甲昔日荣光

历史上，马六甲也曾经成为南洋马六甲海峡地区最重要的商贸港口，吸引来自爪哇、印度、阿拉伯和中国的商贸队。作为繁荣贸易的停泊海港，皇京港项目将提供适合不同阶层、不同年龄阶段人群的旅游产品，从高刺激、深度体验、时尚的娱乐项目到滨海高尚住宅产品，将完善和提升马六甲现有的旅游产品，使马六甲再次聚焦全球目光。

2. 为全球精英阶层提供高品质的度假服务

随着环球精英分子的产生，需要高品质的旅游度假产品和高水准的服务，满足他们的需求将是推动马来西亚旅游业再上高峰的重点。

3. 引领马来西亚其他地区开拓邮轮市场

马六甲海峡是沟通太平洋与印度洋的咽喉要道，历史上吸引了无数来自世界各地的航海爱好者，为了重振马六甲的海上地位，政府有意将皇京港打造为亚洲的航海服务基地，以此带动马来西亚境内其他邮轮码头的发展。

四、项目规划设计特色

1. 功能分区方面，注重动静关系协调

三岛功能相对独立而又紧密联系，西边门户汇集了各种动态、刺激的娱乐项目，东边门户提供静态度假居住区，长岛打造低密度生态旅游项目，从功能上实现动静相对分区。

2. 空间形态方面，注重个体特征和整体韵律

通过伸出式的码头，在中间海域围合成巨大的圆形港口区，从平面形态上将三个岛整体统一起来；建筑高度由城市向海面呈阶梯式递减关系，城市一侧超高层建筑为天际线背景，通过沿海的低层建筑，结合小型广场、绿地等开放空间，向海面充分敞开。

3. 建筑特色方面，实现了“古”与“今”的完美结合

从马来特色古迹大街到现代化摩天大楼，沿海第一层次建筑为带状、仿古、小体量建筑，第二层次为片状体量的公共建筑，第三层次为点式摩天大楼，设计师特意通过带形曲线顶棚、蜿蜒的水系、公园等开放空间将三个层次建筑形态结合起来。

五、项目规划介绍

1. 西边门户——旅游综合服务基地

皇京港西边门户约213英亩，岛呈弧形，向北内湾，以扩大南面海岸线。两条伸出式圆弧形码头之间形成的海域，为轮船提供了充足的泊位。除承担客运码头等重要交通功能外，西边门户还提供了丰富的旅游配套项目。

（1）亚洲航海旅游服务基地

西边门户策划了三种不同方式的海洋旅行体验：

国际邮轮码头：西端伸出式码头规划了900m长邮轮港口，可同时停靠3搜世界级大型邮轮；

渡轮码头：290m长的渡轮码头，为往返于马来西亚国内及邻近国家码头的轮渡提供停靠服务；

全东南亚最大的游艇会：两条伸出式码头之间的海域规划了1 000个游艇泊位和100个超级游艇泊位，建成后将成为全东南亚最大的游艇码

（2）一站式旅游服务——海关码头综合枢纽区

伸出式邮轮码头是多层综合服务商场和交通枢纽，除了提供海关等服务功能外，码头底层规划了3.4万m^2的交通枢纽，其中有40个双层豪华巴士车位；码头二层为490m长免税区；码头屋顶旅游带规划了单轨列车道，从海上来的游客可以通过单轨列车到达皇京港的其他区域。

（3）滨海遗迹长廊——马六甲文化遗产商业步行街

为传承马六甲的历史文化特色，西边门户南海岸线的商业步行街将形成两条特色街道——马六甲遗迹滨海大道和文化展示大街。滨海大道长约890m，建筑风格模仿马六甲古城内的历史建筑，将汇集来自世界各地的艺术、手工艺品和美食；文化展示大街将承载多个博物馆、艺术馆，剧场，用现代艺术——歌舞、表演、光电等形式传承马六甲历史文化。

（4）热带狂欢——娱乐设施区

为满足游客日益个性化、体验化、情感化的旅游经历，项目规划了适合各年龄层次游客的主题娱乐项目。考虑到马六甲的热带气候特征，在西北角规划了室内主题娱乐区，有100m高摩天轮、5D主题公园、主题博物馆、电影院、户外活动广场、家庭式主题购物商场及便利设施。

2. 东边门户——海滨生态度假及疗养区

东边门户与西边门户以一桥相连，面积约310亩，定位为整个项目的高尚生活、度假疗养区，为不同阶层的人打造了宜居的生活空间。项目南北沿海线规划有多种居住空间，中间地带规划有主题公园、低密度“乐活”养生居住区、疗养中心，以及海上七星级地标酒店。

（1）主题乐园

主题公园内将修建多条刺激性娱乐设备，为寻求刺激和特别体验的年轻人提供了玩不尽的游乐活动；

（2）多种居住选择——从公寓到游艇别墅

东边门户充分利用海岸线的景观效果，沿海岸线规划了各种公寓和别墅——北侧沿海的天际线高层公寓和南侧带私人游艇码头的别墅，多样化的居住形式将满足不同人士的度假和投资需求。

（3）“乐活”养生居住区

位于此岛中间地带的是低密度“乐活”养生居住区，拥有25英亩城市公园，与东端头的沙滩连成一片，为居住在此的人士提供了静谧的休闲环境，成为整个项目的“绿肺”。

（4）288m高地标灯塔

位于项目水域中央的288m高地标灯塔将是一个七星级酒店及酒店式公寓，为来此的商务人士及游客

提供赏心悦目的居住体验。

3. 长岛——天然生态岛

长岛是一个天然岛，一望无际的海景不受任何的环境阻挡视线，利用其自然环境，定位为成生旅游岛，提供珊瑚培育、浮潜等生态旅游活动。全岛93英亩土地除海滨沙滩与绿化保留地外，其他地块将规划建设为酒店、零售和会展中心。

六、小结

皇京港项目在不破坏历史文化名城风貌的情况下，通过一系列各种时尚、现代、特色鲜明的娱乐项目，与古城内的历史遗迹形成优势互补，在完善旅游服务设施，提高服务品质，传承马六甲的历史文化等方面发挥了重要作用，将马六甲的旅游和城市发展提升到了新的台阶。

该项目总体设计的公司为：新加坡DP Architects Pte Ltd.

参考文献

[1] 赵姝岚．马六甲，马来西亚的精神家园[J]．今日民族，2012（11）19 - 23.

[2] Tourism in Southeast Asia: Challenges and new directions.

[3] Ooi, Chai-Aun, Hooy, Chee-Wooi, Som, Ahmad Puad Mat, Tourism Crisis and State Level Tourism Demand in Malaysia., International Journal of Business and Society,2013.12.

[4] 马来西亚旅游发展局：http://www.tourism.gov.my/en/my.

[5] 马六甲州政府官方网站：http://www.melaka.gov.my/en.

[6] 皇京港项目官方网站：www.malaccagateway.com.my.

作者简介

李婷婷，同济大学规划硕士，浙江卡森置业有限公司，设计主管；

张铭远，KAJ Development Sdn Bhd，副总裁。

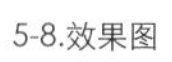

5-8.效果图

“新田园主义”规划探索
——以无锡阳山田园综合体总体规划设计为例

The Ideas of Neo-Garden City Planning
—A Case Study of Master Planning of the Neo-Garden City Complex in Yangshan, Wuxi

张 项 薛 松 徐晓敏 黄砚清
Zhang Xu Xue Song Xu Xiaomin Huang Yanqing

[摘　要]　本文以无锡阳山田园综合体项目为例，通过对项目的前期构思和总体设计的方案介绍，展示国内首个以田园生产、田园生活、田园景观为核心组织要素的、多产业多功能有机结合的田园综合体，并着重归纳案例中田园生活的有序演进、实现田园空间的生态进化。为国内相关田园综合体项目提供可供借鉴的设计思路和现实案例。

[关键词]　田园综合体；田园生产；田园生活；田园景观

[Abstract]　The Wuxi Yangshan pastoral complex project, for example by the project preliminary design and overall design scheme introduction, show domestic first to rural production and rural life, rural landscape as the core factors of the organization, multi industry multifunctional organic combination of pastoral complex, and summarizes the the orderly development of the case in rural life, realize the ecological evolution of the garden space. To provide reference for the domestic rural complex project design ideas and practical cases.

[Keywords]　Neo-Garden City Complex; Pastoral Production; Pastoral Life; Pastoral Landscape

[文章编号]　2015-69-P-104

1.阳山镇地理区位图
2.阳山镇周边交通区位图
3.无锡阳山田园综合体游线规划

在现今的社会背景下的城市化建设过程中，对于乡村的规划设计不再只是单一地注重发展区域经济，也同时开始关注自然生态的平衡。在这一基础上，建设以新田园主义为背景的现代田园综合体，对于乡村建设中经济、社会和环境的平衡发展有着重要的作用，同时也是切合中国乡村现状的发展模式。

本文以无锡阳山田园综合体总体规划设计为例，通过对于项目总体构思、规划策略和规划蓝图的系统介绍，试图为国内相关田园综合体项目的规划设计提供一个可供参考的实例。

一、项目背景

如今，城市化进程带来的矛盾正成为城乡空间规划发展的首要问题。城市发展中存在资源相对短缺、城市道路拥堵、生态环境破坏等问题，而乡村发展则遇到了如资源利用率低、农村用地空置、经济发展滞后、乡村特色文化消失等阻碍。城市过于快速地向乡村扩张，并不断向乡村索取资源。这一矛盾亟需新型的发展模式来打破，即新田园主义理念下的田园综合体。以生态理念为主体的新农村建设的政策导向带来了城乡发展的新契机，而乡村所特有的田园文化和田园生活，又向都市人群展示了其独特的价值。发展田园综合体势在必行。

正如陶渊明《归去来兮辞》中描述的宁静恬适、乐天自然的意境和生活理想，回归田园生活如今成为人们对于乡村空间发展的新要求。新的经济和文化要素正在向乡村空间渗透，并带动新的乡村变革。在追寻新田园主义理念的过程中，无锡阳山的开发为发展田园综合体提供了契机。

由于地处长三角城市群，阳山镇与城市经济的紧密结合，成为其得天独厚的发展优势。结合其自身优越的特色化的产业优势和良好的自然生态环境，阳山镇的城乡空间发展有着极大的潜力。鉴于阳山镇的现实基础，在此开发田园综合体，发展优秀的文化要素和产业功能要素成为必然。

由阳山现状概况分析，无锡阳山田园综合体“选址于阳山镇北部，东南部与西南部分别与阳山镇老镇区和新镇区相接，新长铁路穿过其南部，总面积约416hm^2（6 246亩），约占镇区总面积的1/10”。

二、总体构思

1. 基地要素

阳山田园综合体开发区地处于无锡市惠山区阳山镇，坐落在太湖北面，东邻无锡市中心区，与周围珠江三角洲地区联系紧密，拥有优越的地理条件。新长铁路、城市高速路及快速路均从阳山镇内穿过，使得镇域内的交通十分便捷。阳山镇拥有独具特色的资源优势和历史悠久的人文积淀。这个以水蜜桃闻名于世的小镇，有着优良的生态自然景观和人文景观基础：神秘的亿年火山、壮观的万亩桃园、肃穆凝重的千年古刹、弦歌不绝的百年书院。

2. 新田园主义形态

针对乡村建设发展过程中出现的问题，新田园主义形态下发展的田园综合体的建设，其主要目的是整合乡村分散的各类生态资源，建立完整的生态规划系统，开拓乡村旅游基地，通过镇域规划区的综合开发带动地方经济，同步建立乡村文化聚集的平台，在规划的过程中整合城乡资源，强化城乡联系。

现代田园综合体的建设，首要条件是尊重基地现状，在保持延续基地特征的基础上，将“农田及种植、水域及灌溉通航、池塘及养殖、村庄及居住、道路及交通”五大田园基地要素，与未来发展需要的高效农业生产展示空间的布局相结合，建立符合生态生长机制的乡村休闲空间，探索有机城市的经济文化要素向乡村自然生态空间渗透的田园空间发展方案。

3. 生产、生活、生态空间组织

阳山镇的镇域规划以“田园生产、田园生活、田园景观”为核心组织要素，其关键性内涵是通过生

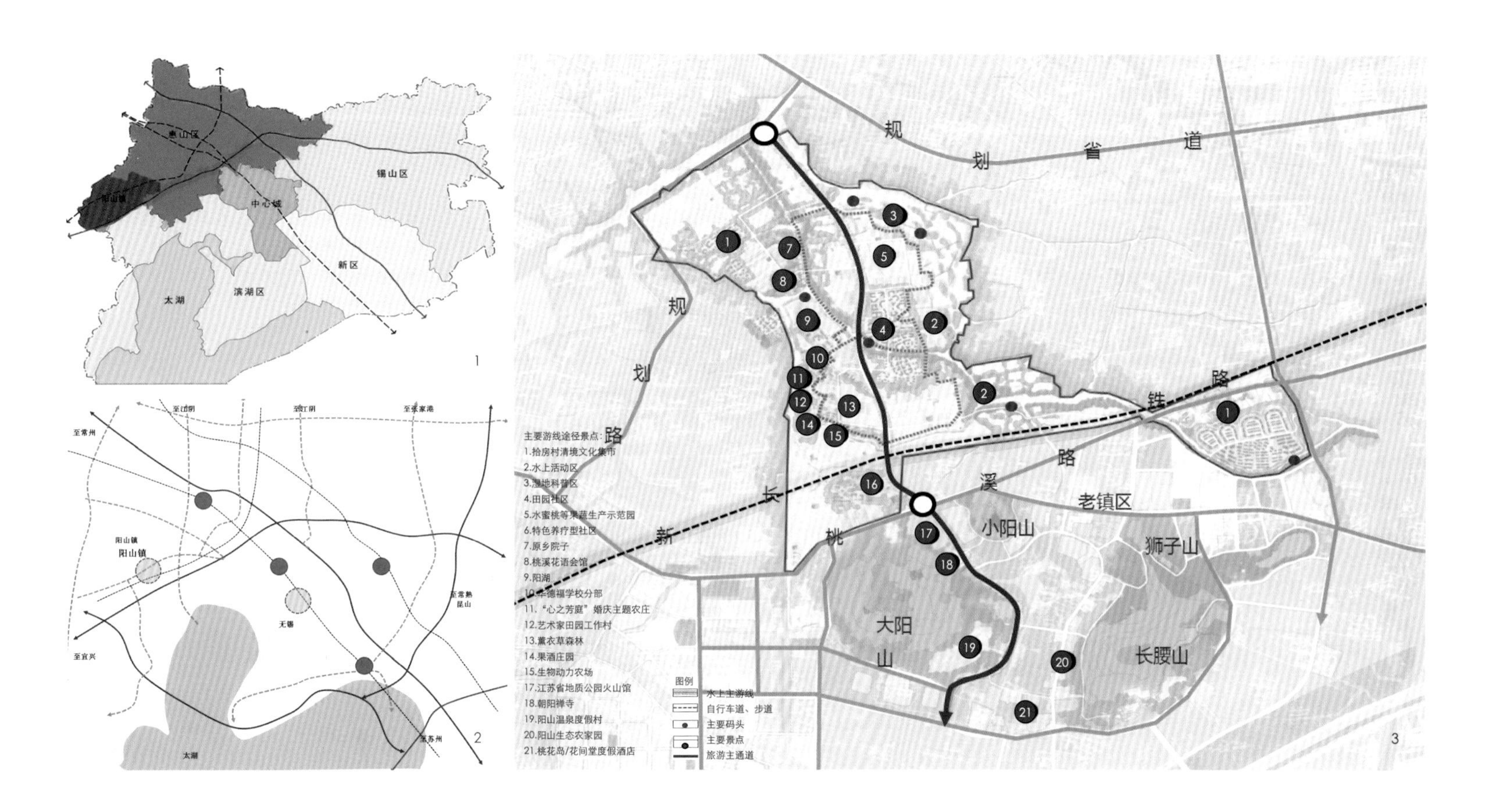

产、生活、生态三种模式和农业、加工业、服务业三种产业类型[1]的功能整合和联动发展，实现效益扩大和复合化功能的延伸。通过提高复合功能的开发效益，引导基地生活模式的转变，从而进一步满足和引导人的需求。

4. 业态及功能构成

基地规划将构建产业互动发展的格局，奠定乡村田园化发展的基础。借助以大小阳山为核心的旅游度假产业链的联动复合发展，逐步形成以高效科技农业生产优化为基础，以三期产业带动提升二期产业的产业发展模式。发展中以乡村文化创意为核心，打造乡村休闲、文化旅游、艺术家村、田园小镇等模块，进一步引领农业转型增效。根据规划的开发项目，基地主要功能涵盖了有机农业生产、农业新型产品拓展研发、田园主义形态村落、乡村休闲集群、健康养生服务集群、田园主题乐园等。

三、田园综合体的有机生长

1. 有机生长环境及特征

阳山镇作为规划主体，是田园有机生长的基础环境。在东方园林的策划与引导下，田园综合体的发展模式和空间构成结构在阳山镇的镇域空间格局中延展，并引领镇域规划区的整体生态有机成长。伴随着田园综合体的发展，阳山镇正向着更加“有机疏解和高效融合” 的方向演替。

2. 有机生长机制

乡村生态环境的发展，是可持续的、可循环的生长过程。通过田园综合体开发过程中有机的演变，实现具有实践意义的生态有机生长。在此过程中，建立田园生活氛围、保持可持续的进化、推进镇域生态产业的复兴、维护田园环境、规划道路交通流线和设计乡村风貌景观构成田园综合体有机发展的重要机制。

城乡融合的田园生活方式，是推动田园综合体有机生长的核心要义。在规划建设过程中，需要坚持镇域整体、可持续的发展，建设以人为本的现代新型田园乡村，构建“生态安全”的城乡格局，在保证乡村有序健康发展的前提下，统筹运营成本，提高镇域经济效益，达到经济与生态发展的双赢格局。

3. 田园综合实践区

阳山田园东方综合体，是新田园主义总体规划的先行实践区。田园综合体，是在解决城乡发展过程中的矛盾，满足人们对乡村发展的新要求和发掘展现田园风光的基础上形成的，是建设新型现代田园乡村的进程中，为了实现乡村综合性发展的新模式。这一发展模式，是城乡一体化的乡村发展模式，是通过多方面因素的综合发展，在提升农业生产的同时，植入旅游产业，构建城乡交融的社会生产和社会活动，形成生态优势资源的循环利用，达到镇域内的可持续发展。

四、规划策略

阳山总体规划设计策略包括空间规划策略、文化融入策略和产业策略三大主体。

1. 空间规划策略

道路规划：根据基础条件和现状分析，规划将在基地开辟一条通达南北的主干道路，作为基地整体的主轴线，用于为主体支柱产业（即乡村休闲集群和田园主题乐园）提供支撑，同时连接轴线上的各项功能要素，使各功能之间产生关联互动。其次，为迎合具有江南特色的乡村旅游项目的开发，进行河道整理，开辟水上游线，连通水上及部分岸上功能节点，形成镇域特色游览方式。镇域内原有、新增或拓宽的道路系统，在延续“以农业生产为脉络的机耕路网络” 的基础上得到控制和重新规划，并建设新的自行车环线，使镇域内的滨水景观节点连点成线。

建筑群规划：基于对基地现状的分析，项目中

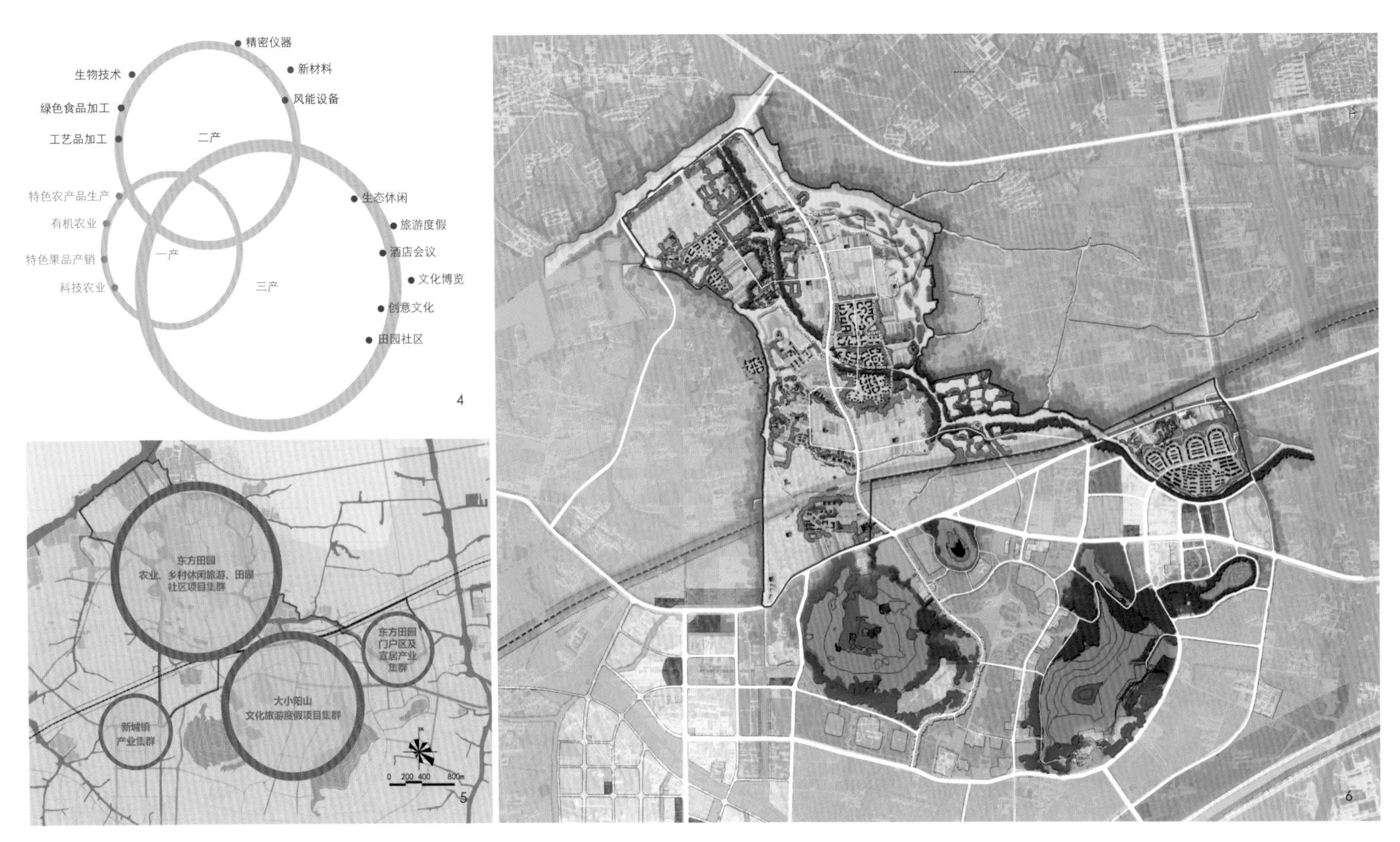

4-5.阳山总体规划设计产业策略
6.田园综合体总体规划结构示意图
7.田园综合体田园主题乐园规划意向
8.田园综合体乡村旅游主力项目集群—文化市集
9.田园综合体主题酒店及文化博览群意向
10-11.田园综合体示范区总体和分区结构规划—创意农业区结构规划
12.田园综合体示范区总体和分区结构规划—示范区整体结构规划

保留部分建筑及树木，以便呈现原有村落格局，在村落形成开敞空间；同时使现有的建筑功能产生相互关联，并与树木之间形成场地空间。不同的场地之间自然形成小径步道，为行人体验提供方便。

空间模式规划：项目打造镇、村两种空间模式：镇——空间紧凑有序，强调“围合感”，生活空间与室外活动空间尺度相近，注重“小空间的打造”。村——空间开敞、“无序”，生活空间与室外活动空间的尺度差距较大，注重空间之间形成落差。

阳山镇通过改造和再开发，打造更加有序和精致的生活空间；通过肌理的梳理和休闲空间的植入，其生产空间变得更加富有景观性、创意性和休闲生活气息。

2. 文化融入策略

乡村文化市集的创设，成为打造基地文化、实现文化融入的切入点。通过文化市集的开发，打造具有田园趣味的回归空间。借由白鹭牧场营造可持续的自然生境，作为田园生活展示的开端；小农夫绿乐园提供儿童教育的第二课堂，以多元智能的理论为基础，给儿童群体提供全新的角度去体验接触自然田园生活；而各类文化餐饮、书院和主题酒店则在特色文化底蕴氛围中提供镇域规划中的物质所需。

3. 产业策略

阳山镇的规划结合自身优势开展特色化的产业发展。根据基地特色规划，一产主要发展特色农产品生产、有机农业、特色果品产销和科技农业，同时注重二产生物技术、工艺品和绿色食品加工、精密仪器、新材料和风能设备的开发，以带动发展一产；三产主要发展生态休闲、旅游度假、酒店会议、文化博览、创意文化、田园社区等文化项目，植入同时引领一产、二产的发展。整体构建三个产业互动转型发展的格局，促进城乡社会一体化发展。

五、规划蓝图

1. 规划结构

分为总体规划和示范区1期两个阶段，总体面积达416.43hm^2。

总体规划构架以乡村旅游项目和田园主题乐园为主体，六大项目集群为发展构成。以完整多方位发展总体规划区域为目标，以发展示范综合体规划区为先导，先行发展带动后期规划。

示范区则规划为创意农业区、创意景观区和样板房区三大板块，其中创意农业区包含农业生产区、农业观光区和农业体验区。这一主次分明的规划结构将基地打造成为多功能、多体验、多发展潜力的新型田园综合区。

2. 分区详细介绍

（1）乡村旅游主力项目集群

作为基地发展的文化创意策划，这一分区规划包含了文化市集在内的五大文化版块：拾房村清境文化集市、“心之芳庭”婚庆主题农庄、艺术家田园工作村、薰衣草森林和果酒庄园和果林农庄。其中拾房村清境文化集市将利用周边地区丰富的资源环境，结合高端品牌合作，吸引多样化的文化工作者进驻，亲身体验新田园主义活动理念，并自发引导上海等周边城市。例如，文化集市中的特色餐饮（主题餐厅、面包坊、井咖啡等），在提供游览过程中的物质所需的同时，也成为镇域内饮食文化展示平台；特色手工作坊的设立构建了地区器物文化的展示空间；生活馆和民宿的建设给都市人提供田园文化生活展示和体验的不同方式。这一分区主要目的是通过业态的建设，达到经济与文化互补发展、有机融合，使都市人的进驻带来积极的经济提升和文化积淀。

（2）田园主题乐园

田园主题乐园区块的规划目的是为儿童提供一个完整系统的田园文化学习空间，其中的耕读园、菜园体验区、畜牧区、探索园、湿地科普区、儿童农场都为儿童创造亲临其中，亲身体验的场地，使儿童在感受乡村田园的乐趣中获得知识；水上活动区和垂钓区集娱乐、休闲和亲子互动为一体，成为亲子活动平台。规划中的华德福学校分部作为知名学校则承担文化传承的重任。

（3）健康养生建筑群

健康养生建筑群在镇域内提供兼具养生和商业价值的特色休闲空间。项目中的桃溪花语会馆、有机食疗会馆、健康养生中心、健康养生田园和原乡院子都是极具区域代表性的特色休闲文娱空间，其从建筑形式、室内装饰风格，到提供的服务类型，形成系统的服务产业链，作为吸引都市人的重要节点。

（4）农业产业项目集群

农业产业项目集群以“四园三区一中心”的结构，构成发展的农业生产系统。四园，即有机示范农场、果品设施栽培示范园、水蜜桃生产示范园和蔬菜水产种养示范园；三区，即农业休闲观光示范区、果品加工物流园区和苗木育苗区；一中心，即综合管理服务中心。这一系统化产业设置的主要目的是打造现代化的高端农业发展基地，以各类新型农业产品的生产，开创具有鲜明地域特色的生态农业产业链，形成“空间布局合理、功能多元表达、产业持续发展、经济效益显著、资源节约利用、生态环境友好、示范效果明显、引领能力强劲、基础设施完备、区域特色鲜明”的现代生态农业产业园。

（5）田园小镇群

田园小镇群主要服务对象是规划镇域内的旅游居住人群。作为由一系列建筑构成的居住社区节点中的配套设施，田园小镇设置了功能齐全的休闲街、服务中心，同时将不同居住节点打造成不同的特色社区，为都市人接触不同辐射范围的综合区项目提供高效的缓冲空间。

（6）主题酒店及文化博览群

这一分区充分展示了规划镇域的文化特色和现代化发展进程，完成了社会、经济和文化的统筹协调规划。分区内的文化博览园和朝阳禅寺，涵盖了文化展览、技术展示和成果体验三大版块，形成系统化的展示格局；科创社区、研究会所、火山馆等，则直接以科技和科研文化面向大众；各类山庄和度假酒店在民宿发展和社区规划的基础上提供高端的居住消费体验，同时与镇域内的经济发展形成密切联系，构成完善的产业发展构架。

六、田园东方启动区

1. 规划结构

无锡阳山东方田园一期示范区，是阳山田园综合体规划的先行启动区，主要打造健康可持续的高品质田园生活。

启动区规划的最终目的是引导实现600亩的阳山新田园主义的规划目标。其过程是，首先开拓示范区的建设项目，打开田园综合体规划的新篇章，以示范区为先导，通过拾房建筑群的构建和文化市集中相关业态的经营，营造具有浓厚文化

7 8 9

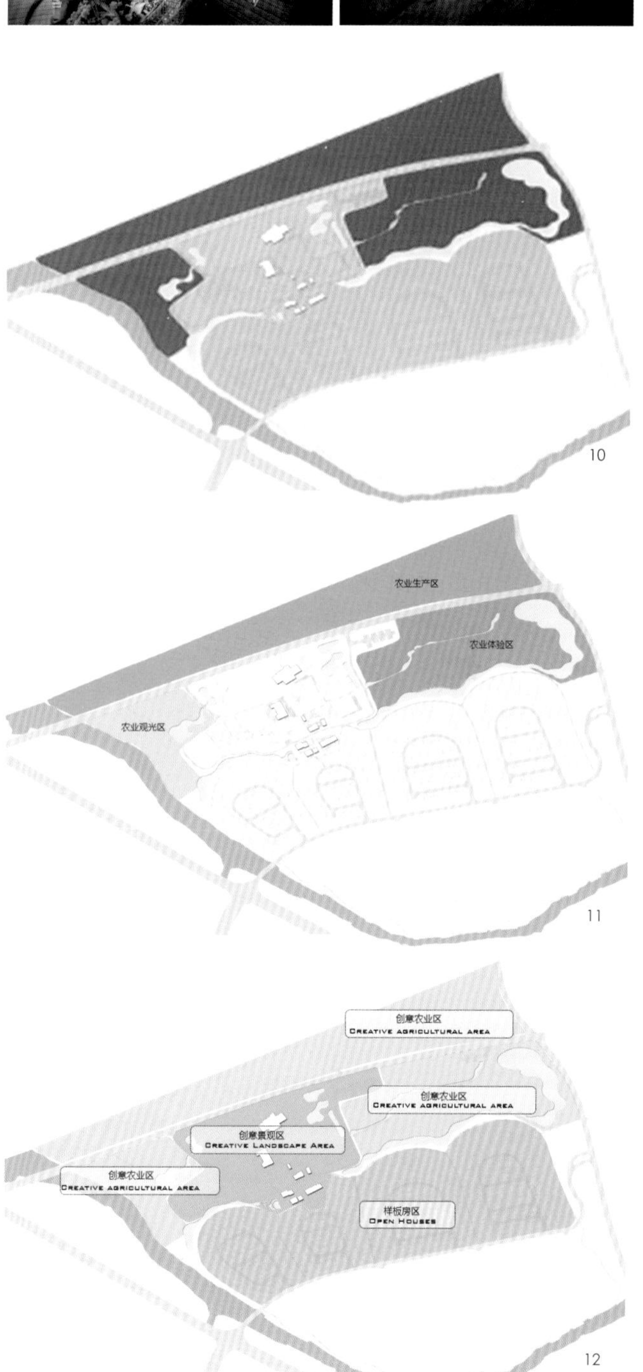

10 11 12

13.田园综合体示范区总体设计
14.田园综合体示范区文化集市效果图
15-19.田园综合体示范区拾房建筑群实景图
20-21.田园综合体示范区小农夫绿乐园设计实景图

气息和乡村田园氛围的核心产业示范基地，在保证项目经营所需的经济基础的同时推进镇域生态系统规划布局。

2. 总体设计

（1）概念策划

示范区的现状特点，是竖向排列的线状乡村景观体验。场地囊括了江南乡村特色元素：灰瓦白墙，波光剪影，绿植农田，远山近水，田垄竹篱。一系列的田园生态成分，为示范区的整体设计理念——啄于细微，返璞归真——提供了现实依据。基于这一设计理念，规划将采用有效的手段建立设计机制，开发有地方特色和田园风尚的景观造型和乡村体验功能，打造具有完整田园生态景观系统和乡村旅游功能的田园综合体开发示范区。

（2）分区设计

示范区共设立三大版块：创意农业区、创意景观区和样板房区。创意农业区包括农业生产、农业观光和农业体验项目，充分展示了示范区农业景观和特色生产机制，同时为都市人提供与农业生产生活零距离接触的机会，增加了田园综合体的吸引力。

在创意景观区，其首要建设项目是拾房建筑群。建筑群中的书院、井咖啡、嫁圃集民宿、华德福学校及主题餐厅等，用现代建筑表现手法，重塑乡村田园的建筑形态和特色，营造颇具乡村氛围的建筑主体。建筑群的空间结构是在部分建筑保留和相关建筑改造的基础上形成的，结合建筑周边自然式的开敞景观空间设计，形成艺术形态和功能结构兼具的建筑组团。

关注核心区建筑规划的同时，示范区还注重生态田园景观的整体控制导引，提高示范区的自然生态性，寻求新田园理念下生态化发展的突破。通过农业产业开发和观赏、绿乐园建设及田园文化生活研究，构成示范区农业、文旅、居住三方结合发展进化的可持续模式。具体开发的实践项目包括白鹭牧场、田园市集、小农夫绿乐园、农夫果园和田园文化研究中心。

小农夫绿乐园以蚂蚁为园区形象，为核心区规划设计创造了独具一格的品牌。项目主要面向群体为儿童，提供依据季节变化而有不同调整的各类体验项目，如捕鱼插秧、粮食收割等，让儿童在娱乐环境中学习，感受乡村生态多样性的魅力。

农夫果园和小农夫绿乐园相辅相成，蓝莓果

园、奇异果园和无花果园的培植拓展了示范区的农业生产脉络，增加了农业生产展示的趣味性和可观赏性，提高了区域内的农业生产效益，在综合能效上发挥了巨大作用。

七、总结

新田园主义理念下的田园综合体的发展，是最符合可持续城乡发展理念的发展模式。依托乡村自然风光，发展田园城镇，建立循环可持续的生态人居环境；同时整合发展复合文化产业链，使各个业态之间相互契合，联动发展，以此打造田园乡村的核心竞争力。通过系统发展，形成可自然自发生长的新型田园乡村，并带动周边城镇有机发展。通过生态、产业、人居三大战略的研发实践和结合发展，形成组合联动效应，以此打造新型城镇示范区，创造一个集文化大成、艺术传承、产业发展和文娱休闲为一体的乡村旅游圣地。

注释

[1] 田园综合体中提出的"三生三产"概念是在台湾"生产、生态、生活"三生一体的概念模式基础上提出的，是在契合项目建设概况的前提下，对三生一体概念的整合和提升。

参考文献

[1] 刘佳峰，秦川，徐勇．新田园主义理念下的田园城市[J/OL]． http://www.iwcj.com/w/StudyResut00084_1.html，2012-07-30．

[2] 刘静鹤．田园•生态•城乡绿化融合发展：以许昌城乡统筹发展推进区生态绿地系统规划为例[J]．城市发展研究，2009（16）：63－69．

[3] 陆建华，苟开刚，卢金河，等．"创意、旅游、生活"的三元融合：常州"中华龙城"创意产业基地概念性城市设计[J]．理想空间，城市产业空间创新与实践，同济大学出版社，2011（45）：88－91．

[4] 田园东方[DB/OL]. http://baike.baidu.com/link?url=Y4WEbOOn9QkGvHLvfEAIYQpBV2w2wFYwiW58E4QQG89eKHMPIGMPlaYdoicNcsTaWpJN9DZqsEvB1AxRLp3E7a，2015-06-23．

[5] 薛松，徐晓敏．田园生态进化论：无锡阳山田园综合体总体规划纪实[Z]．新田园主义规划，2014：3－27．

作者简介

张　项，东联设计集团 时代建筑设计院，院长，建筑师；

薛　松，东联设计集团，英蓓景观设计院，院长，规划师；

徐晓敏，东联设计集团，城市旅游规划中心，主任，规划师；

黄砚清，东联设计集团，时代建筑设计院，助理规划师。

18

19

20

21

“莫干山计划”
——莫干山清境 • 农园、清境 • 原舍、庾村1932文创园的乡村生态圈规划建设实践

Moganshan Program
—A Case Study of Master Planning of the Rural Ecological Circle in Moganshan, DeQing

张 顼 黄砚清
Zhang Xu Huang Yanqing

[摘 要] 莫干山计划是由在建设绿色城市中进行反思的专业规划设计者所发起的一场城乡互动运动，力图建立农垦、乡居加集镇的乡村生态圈，将小农经济与三产整合，致力于调和城乡信息不对称的局面，重燃莫干山这块宜居热土，重塑乡村农地的三生价值。

[关键词] 莫干山计划 生产 生活生意乡村生态圈

[Abstract] The Moganshan plan is initiated by reflection in the construction of green cities of professional planners and designers a urban-rural interaction movement, tried to establish rural ecosystem of agriculture, township Giuga's Town, small-scale peasant economy and tertiary industry integration, efforts to reconcile the situation of information asymmetry of urban and rural, rekindle the Moganshan this livable hot spot, reshaping rural farmland sansei value.

[Keywords] Moganshan Planning project; PastoralProduction; Pastoral Life; Pastoral Business; Rural Ecological Circle

[文章编号] 2015-69-P-110

1-3.莫干山现状
4.清境农园规划构成
5-6.清境农园现状
7-8.清境农园相关活动项目

一、项目背景

浙江省德清县境内的莫干山为天目山余脉，因干将、莫邪在此铸剑而得名。莫干山正处于最为富庶的沪宁杭三角的地理中心的位置，山峦起伏，景色秀美，被誉为“江南第一山”，历来是江南休闲游憩避暑胜地。20世纪二三十年代，莫干山吸引了大批政要名士来此，兴建大量的别墅离馆。这里山林竹海中隐藏着一幢幢不同时代的精致别墅老房，所以又被称为“世界建筑博物馆”。

“乡村生态圈”的规划建设理念是在台湾生产•生态•生活“三生”一体的建设模式的概念基础上形成的。不同于台湾的“三生”，清境的莫干山计划[1]是由在建设绿色城市中进行反思的专业规划设计者所发起的一场城乡互动运动，力图在这个美丽的莫干山建立“农垦、乡居加集镇的乡村生态圈”。“农垦关乎农业生产、乡居关乎群体生活、市集关乎生意”[2]，生产、生活、生意围绕土地相互关联，构建活化乡村的生态圈聚落。在竹山间、在村庄里、在集镇上，该计划涵盖农耕、民宿、农品与产业平台的建设，联动经营，并借此形成一种有价值的、良性的村镇改造模式，走农业精品化路线，提升土地价值，带动第三产业共生，让乡村社区重生的力量向下扎根，向上开出丰收的成果。在这种可持续复制的模式下，乡村生态将得以改良，城乡互融共通，乡村生活将会更加美好。

二、规划范围

莫干山计划位于德清县莫干山镇的南路村，基地沿山道主路晓于线一字排开。原舍分为三期，原址分别为废弃的溪北小学、破败的村公所和一座荒废的养鸡场，规划总用地面积约为1.2万m^2，改造的总建筑面积约为3 500m^2。其中农园原为被清空的苗圃，农地以及一部分茶地，规划用地面积约为3.5万m^2。庾村1932文创园位于莫干山集镇中心旁边的黄郛西路上，由民国时期黄郛在此兴办蚕种场时遗留下的废旧厂房改造而成，规划用地面积约2.5万m^2，改造建筑面积约1万m^2。

三、总体构思

1. 基地概况

改造基地位于浙江德清县莫干山镇区西部，紧邻莫干山景区，由莫干山镇通往莫干山景区的黄郛路穿过基地，距离各城市均交通便利（距杭州60km，上海239km，南京270km）。基地所在的德清县是闻名的茶乡，亦有莫干山“三胜”之首的壮观竹海；多处农田承载着乡土文化的气息，传延着农耕文化；丰富的水网为莫干山的开发奠定了资源基础；同时，基地还拥有黄郛旧居、莫干小学、黄郛墓等历史文化资源。

基地周边自然条件丰富，但改造基础条件却相对恶劣：周边莫干山风景名胜区是“中国四大避暑胜地”之一，却无法在本地以门票进行盈利；本地有湖州水源保护地，却因此限制各项农牧业及加工业的发展；多年来赖以为生的小农经济正在衰退，业态发展停滞，区域生态毫无改善，基地中部分耕地和房屋被废弃。

2. 乡村生态圈：生产、生活、生意三生价值

代表“生产”的“清境•农园”，是对土地价值的正确认知，是乡村生态圈良性循环的根本；代表“生活”的“清境•原舍”则是乡村生活美学的共识，是乡村生态圈风貌的决定因素；而代表生意的“庾村1932文创园”作为信息交汇点，市集的建立、内容与流量分别是乡村生态圈的原动力、业态与效益。

3. 设计目标及业态功能

设计目标：基地改造将通过农田的开发和建筑的整体外观设计创造基地的艺术性，以此吸引都市人

回归乡村；由次引发多样特色业态的创建，使商业氛围与当地文化艺术气质相结合，稳固基地发展构架，结合庾村1932文创园衍生出的复合文化基调，促进当地的文化互动体验，从而达到活化乡村，建立乡村生态圈的目的。

业态功能：基地业态的设置是建立在现状资源的合理利用的基础上的，主要运用一体化的开发建设和运营管理模式，将“三农（农民、农业、农村）、三生（生产、生活、生意）、三品（品质、品位、品牌）”联合发展，吸引各方有志之士进驻乡村，除民宿内部附属业态外，还创办咖啡厅、主题餐厅、青年旅社、烤面包窑等具有现代气息的商业，提升乡村品质，带动当地经济发展。

四、项目理念与规划策略

1. 项目理念

对于乡村改造，我们需要有一个思考：城乡发展的本源是什么？我们从哪里来？我们要到何处去？在今天的城乡发展过程中，乡村的生态与文化正逐渐被城市急功近利地扩张和占有所消抹。

乡村是城乡发展的本源，城市是乡村发展生长的体现。城市的发展应该作为乡村的传承而不是取代。这意味着，城市与乡村应当以相互交融的方式并存共生，使乡村生态和文化以可持续发展的方式延续生长。

“城镇化”概念的提出，为乡村可持续化发展提供了有力的理论奠基。在改造发展乡村生态和产业的同时，乡村对于城市的反作用价值也逐渐被发掘和利用。建立系统的乡村生态圈，充分发挥乡村的引导和拯救作用，成为城乡互动计划极其重要的一环。莫干山计划正是建立于这一思考之上，作为打造乡村生态圈的可推广、可持续模式发展起来。

2. 开发策略

莫干山计划通过清境农园、清境原舍和庾村文化集市三个部分的规划达到改造乡村，建立乡村生态圈的目的。其中，清境农园处于改造二期和三期之间，开发土地，种植农产品，提高当地农业发展；清境原舍包括了三个阶段四个板块的规划建设，是乡村生态圈建设过程中最直观的一环；而庾村1932文创园因据守景区与两乡道路的重要节点位置，承接了城乡文化互动的交易平台。整体项目计划以庾村1932文创园为集中，以清境农园开发和清境原舍分期规划为手段，以周边莫干山风景区资源为底蕴，建设形成系统的莫干山乡村生态发展圈。

（1）空间文化策略

城市和乡村，因其不同的空间区域和发展方法，使得二者的生产生活及文化表现方式都有所不同。利用这种各具优势的差异化发展在一定程度上形成的互补，在保留各自特点的基础上建立新型城乡关系，开发出顺应当代发展模式的乡

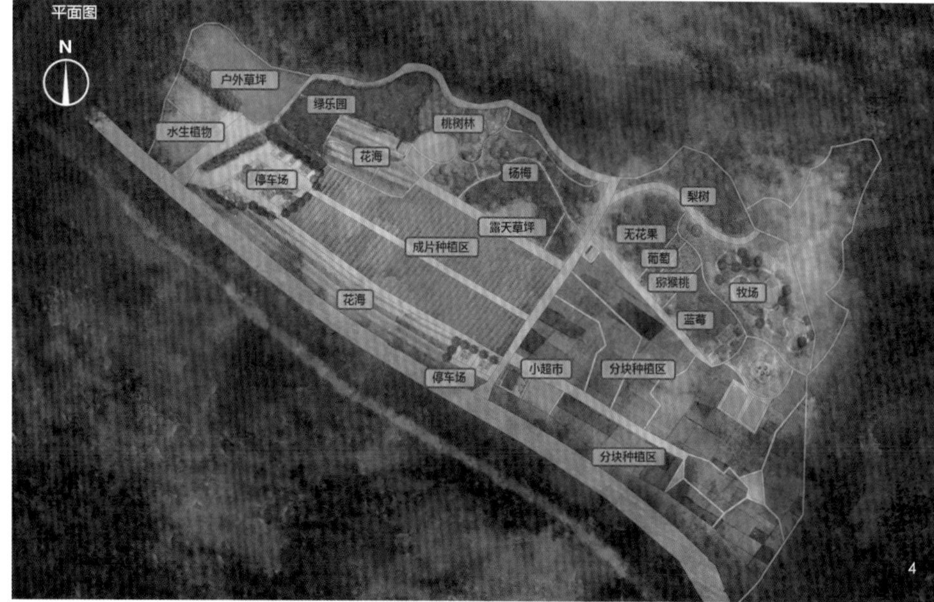

9-11.清境原舍业态
12-14.清境原舍建筑特色
15.清境原舍二期设计鸟瞰图
16.清境原舍三期设计鸟瞰图
17.庾村1932文创园模型
18-19.庾村文化市集业态构成

村改造体系，即活化乡村，将生产、生活、生意合为一体，通过农垦、乡居和集镇的实现方式，完成乡村生态的改良、乡村经济的发展以及乡村文化的保护传承，三者构成乡村生活的生态。这一策略的提出，是建立在对乡村生态文化价值的探索和思考的基础上得出的。乡村生态圈的规划建立不仅延续乡村的地域特色和文化，同时也为城市生态问题的复兴提供了保障。

清境农园的开发和清境原舍的设计建造利用建筑和农田的空间关系，营造舒适紧密的“微型社区”，通过极具乡情的乡村生活美学的打造，引发都市人对乡村文化、城市转型、社会主体“人”与乡村的共存价值进行思考；庾村文化集市则利用市集文化互动，通过城乡的业态和文化交流保存乡村文化脉络。

（2） 品牌发展策略

莫干山计划开创五大品牌实践项目，实现城乡互动发展、乡村活化，增加土地价值，创造一种良性循环的村镇改造模式。具体通过形成农村发展精品路线、建立乡村休闲产业平台、提升乡村土地总体价值、带动第三产业共荣共生和创造生态活力乡村社区五大并行递进的实践项目，完成莫干山计划的品牌发展，成功打造和谐可持续的乡村生态圈。

五、规划蓝图

项目包括位于莫干山北部的清境农园和清境原舍，以及山脚下的庾村1932文创园。就乡村建设格局而言，原基地中的空间结构和自然风貌已经形成一种天然的良性循环。项目在此基础上，承载了生产、生活和生意三大环节，有效利用现状资源，营造乡村共生空间，利用多样的业态为不同客群提供不同种类和等级的服务，提高基地生态、景观和文化品质，调动乡村文化积极性，使各发展版块相互协调、联动发展且又各具特色。在尊重场地的前提下，重新塑造乡村价值。以原舍一期的建设运营带动二期和三期的建设发展，并在原舍建筑的同时，同步进行有机种植与农趣体验规划设计，让都市人和当地人共同参与到莫干山的改造计划当中。

1. 清境 • 农园

清境农园的建设目的是恢复当地的农业生产，将观光、体验和回归本真的生活方式重新植入到莫干山中，在乡村土地上进行农业示范，让都市人参与其中，拉近城乡生活距离，对农业生产过程及其价值产生新的认识，并使之成为建立乡村生态圈的重要组成部分。

（1） 农园背景

土地现状及资源：农田所在10.5亩的区域现被道路切割成三块成片土地和两小块分散田地，贯穿其中的三条道路均为1.5～2m宽，三条土路中的一条将被规划成硬化路面。建设农田中现有泵房和一条贯穿土地的灌溉主管道，以及一个蓄水池。在此基础上将会规划再建一个小的蓄水池。

初期农园改造范围的土地条件极其恶劣，难以进行农耕活动。经过两年休耕，以及期间同步进行的恢复土地肥力、处理周边水系、提高土地平整性等举措，原土地条件极大改善，得以进行有序种植。

（2） 农园构成及建设

清境农园将原有荒芜的土地进行水系和土壤的系统恢复，以尊重自然法则的种植生产方式进行耕种规划，同时从农品的选择、产品的销售渠道及产品的包装设计三方面分别入手，制定一份详尽的农业运营计划，形成从种植，到生产加工，到品牌销售和人文互动的完整线状规划。

农田规划中，除路面、水域、停车场、配套服务设施及为三期预留的空间场地之外，剩余的农田被规划成了六大板块：成片的或分块的农作物种植区、果园、花田、水生蔬菜、牧场，以及绿乐园。不同的板块提供不同的功能策划，业态上与清境原舍相结合，组织体健活动、田野露营、土篝晚会等项目，让入住者在生活之余有机会体验种植乐趣，享受乡村农地生活，了解农业生产过程，反思农地乃至乡村价值。

（3）农园建设价值

清境农园致力于打造集农业生产、观光和体验与一体的农耕田园，遵循自然农法与乡村风味，展示生态、健康的农产品培育方式。复耕后的农园，不只产出果蔬，其生态景观已吸引城市人前往进行自助游、烧烤野炊、下地采摘等衍生活动。这一开发田园风貌的观光休闲，提供亲事农耕的园地体验，将生态生产和亲身参与相结合，最大程度地挖掘了基地的可开发性，建立多业态结合的高效农园模式，提高了当地农业生产的价值。

2. 清境 • 原舍

（1）原舍背景

原舍的创始者朱胜萱认为，“中国的乡村富有独特的美，它是从历史中传递出来的，也是从原野中传递出来的”。面对当今日益凋敝的乡村，城乡间日益渐增的裂缝，本着“原色乡土，原本生活”的理念，莫干山计划中开启了三组统一生活品质倡导的原乡民宿，试图复苏那片乡土的记忆，并带给人们一种回归本原的生活方式体验。清境原舍原址是废弃的溪北小学，建筑先天条件并不被看好，但是拥有独特的地理优势，即青山、茶园及未及开垦的农地。

（2）设计理念

朱胜萱先生对清境原舍的定位是：“以乡宅示范出乡村建筑与环境的相谐。”原舍之名，取自古语“探究”之意，意在引发都市人深思，追溯乡村居住的本源，追求与乡村生态融为一体、自然而至的生活意境。本着“原色乡土，原本生活”的理念，原舍的建筑景观设计将营造浓重的乡村氛围，让都市人从整体到细节都能感受到高端生活品质的同时，还能获得一份“田园生活的认可”。

在建筑风格和施工工艺上，要求打造“质朴当代乡村建筑”的建筑概念，要体现浙北民居的朴素。

（3）规划结构和特色

规划结构：清境原舍呈一个整体，以望山、依田、归乡、怀谷为构想思路，将三块不同的建筑组团串联起来，形成一个乡村生态建筑体系，利用得天独厚的原乡环境，经由三位设计师不同风格的设计演绎，与农园和市集结合，打造“山腰原舍住、山间农田耕、山脚市集游”的空间互动交流模式。

特色：清境原舍最大的特色就是以当地人为原舍经营的主导。由于不同的原舍主人具有不同的特色，从而使得每间原舍都可以体验到不同的归家之感。

在业态功能上，原舍除了提供高质量的住宿条件外，还提供自行车骑行的相关服务；针对家庭中的不同需求，还设有儿童花园、预约式的中西餐饮和点心制作、户外的面包窑、季节性的染布手工艺体验及农耕活动的体验项目。

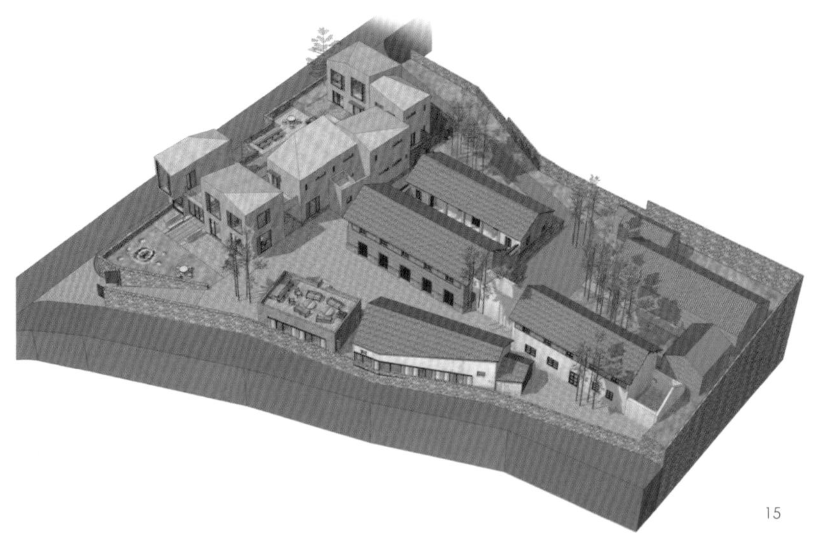

15

16

17

18

19

20.庾村文化市集业态构成
21.庾村1932文创园活动-百年庾村影像展
22-23.庾村1932文创园活动-营草书屋
24.庾村文化市集活动-窑烧面包坊

原舍的建筑大量使用当地传统手工青砖、嘉兴土屋手工小瓦来还原浙北的朴素式民居样式，再利用地方特色的竹材料营造乡村生活风貌。

在民宿经营过程中，还有考虑文创品牌的创立和研发。研究当地的扎染文化进行传承，并制作出针对扎染文化的品牌参与市场营销，成为莫干山计划中独具特色的一环。

项目充分利用当地的原生态资源，因地制宜，创造迎合乡村特点的增值产品，提供向教育拓展、旅游度假、消费工艺产品、会展、工艺研发衍生的支持。

（4）开发模式

莫干山项目中的大部分员工都是来自莫干山的本地人。这就引发了莫干山计划的开发运营模式，即自下而上的模式——首先经由村民自主经营，取得一定成果后，开发商进行适度介入，打下经济基础，引入政府对莫干山相关产业进行基础建设提升。

这一开发模式，不仅带动城乡间的互动，让都市人了解乡村，感受乡村，也为乡村带来新的生机和就业机会，改善村民的生活，并推广乡村特色。

（5）分区详细介绍

①原舍一期——望山

原舍一期原本为废弃的溪北小学，经由景观设计师贾少杰夫妇和建筑师孔锐精心规划，保留与小学堂相似的结构，将建筑与山景相融合，旨在恢复对乡村的记忆。原舍一期于2012年年末正式对外营业。

原舍一期采用动静结合的方式，将空间景观设计和人文活动相结合，二者相辅相成，互为发展动力。原舍通过主题景观的打造，例如茶田、竹海、农耕、生态泳池等，以及原舍内颇具乡村风情特色的景观小品的摆置，营造浓郁的乡村生活气息，吸引都市人入驻参与各项农家活动，感受乡村氛围，回归自然。

②原舍二期——依田

在原舍一期的成功规划的前例之后，莫干山计划展开了对原舍二期及三期的建设与运营规划。同时，原舍旁的清境农园同步进行有机种植与农趣体验规划设计。

原舍二期原址为南路村的村公所，依农园而建，名曰“依田”。是由南京大学周凌教授设计。

③原舍三期——怀谷

原舍三期在荒废养鸡场的旧址上改造设计，由东联时代建筑院的张项院长设计，目前正在建设中。因地处两座小竹山所形成的山坳中，故而有了个诗意的名字，“怀谷”，同时与望山、依田、归乡串联成完整的原舍规划项目。

a.建筑理念

“天然野奢，品质生活”，是原舍三期建筑所要创造的建筑品质。在乡村环境中，建造与乡村景观融为一体的自然生态建筑，和环境完美统一。山野的朴素与居住条件的奢华的结合，不仅为都市人提供生活保障，精神上也是种愉悦的享受。这一设计方向也符合清境原舍“乡村朴素”的设计理念。

b.建筑形态构架及特色

基于设计所处的地理位置，三期的建筑个体在构成组团时，充分考虑每个独立个体的朝向问题，考虑每个房间的景观朝向和人的视线关系；建筑单体各具独立有特色的景观布置和空间格局，形成独特的空间表达；建筑单体之间不规则的排列构成形成不同的空间组织，作为建筑单体的配套庭院，构思巧妙。

三期建筑旨在打造一套生态化的绿色建筑，作为三期建筑的特色，即建筑屋顶覆土绿化，建筑墙面亦布置绿化。

作为建筑单体本身，设计采用极简的手法和表现形式来表达乡村生态建筑的理念，结合绿色元素，表达出对周边自然环境的尊崇和融合，进而满足人的需求。

c.建筑与周边关系

三期怀谷建筑组团与一期望山、二期依田、农园归乡呈线状分布，依托周边自然竹山景观，打造集建筑风貌、农田体验和生态景观观赏为一体的原舍建筑群落。一期是整个群落的先导部分，二期和三期的建筑则是一期的生长和升华。三个分期组团之间均以茶田或农田相连接，形成了秩序中有富有节奏变化的空间排列格局。

3. 庾村1932文创园

（1）庾村背景

庾村位于莫干山镇，在去往莫干山景区的必经之路上，相较于莫干山旅游景区的人流攒动，这里仍旧保留着乡村淳朴的气息。1931年，曾历任民国政府外交署长，上海市长的黄郛携夫人在此隐居，面对不尽如人意的乡村面貌发起了长达二十年的“莫干山农村改造实验”计划，通过植树造桐、蓄水抗旱、改良农品、兴办教育、发展农品经济产业、建立信用合作社、卫生自治防卫系统等措施，对当时的凋敝乡村进行全面的改造。八十年代后，几乎同样的乡村改造计划在同样的这片土地上戏剧化地开展进行，让人感到温暖、自然，又富有诗意。计划中的庾村1932文创园便是在黄郛为发展农村桑蚕养殖业而建的蚕种场旧址上改造而成，基地内原有黄郛旧居、莫干小学、黄郛墓等历史文化资源，为文创园概念的形成创造了深厚的历史底蕴。

（2）庾村1932文创园的规划改造

在改造中充分尊重当地的历史文化，尽量保留修复原有建筑，将民国时期的11幢老式厂房进行翻新整修，装点设计，使之焕发出新的样貌；市集内随处可见设计师的奇思妙想：墙上颇具风格的手绘、带有工业感波普风的色彩装饰，还有院落外夸张鲜明的铁艺院墙。从建筑外观到市集细节，无一不体现乡村与现代气息和谐地相互交融。建筑师庄慎设计的“搭棚计”，将户外空间所需的双廊建筑群的现代感与当地竹制材料结合起来，串联活动空地，统一规划屋顶，充分改造的同时仍旧保留乡村风貌和当地特色。

（3）庾村1932文创园的功能业态

市集中拥有颇具规模的自行车主题餐厅、乡村艺术展厅、城乡互动论坛会场、诸多艺术家工作室、乡村书屋、乡村生活展售铺、主题青年旅社、乡村咖啡屋及传统的“窑烧”手感面包坊等；未来还将扩建出文创农艺展售店、山顶景观艺术公园、亲子游乐区等文化休闲空间。这些业态的构成为周边村民带来新兴文化，也是对前蚕种场的一种活力复苏。

（4）庾村1932文创园的活动

文创园内有着丰富的业态构成，并为市集活动的开展打下了基础。市集内，朱胜萱先生投资的萱草书屋利用有机生长的经营方式，将盈利的30%存入基金以用于不断开启更多书屋，为乡村带来雄厚的知识储备；市集开展莫干山计划展览，展示莫干山的改造过程及未来的改造计划，引导和吸引更多的人投入到莫干山的乡村生态圈改造计划当中；百年庾村影像展则是唤起人们对莫干山这篇土地的记忆；定期设摊开展的农夫集市，为城市和乡村的文化交流提供了平台；本地团体组织各类文化活动，加强当地村民的参与度。通过种种活动的开办，带动周边业态的远期发展。

六、项目效益分析

莫干山乡村改造计划的最终目的，是构建莫干山的乡村生态系统，提升乡村社会、文化和生态价值，因此，能够创造成果可见的效益是体现项目改造价值的有效手段。

1. 社会效益

通过莫干山计划的建成，完善了莫干山景区及其周边的乡村文化产业发展，促进区域经济的增长的同时推动了当地经济增长方式的转变。另一方面，介于清境农田项目的开发复苏，增强了当地的土地优势，从而吸引更多都市人回归乡村，带动土地增值。清境原舍的建设和庾村1932文创园的开发，为当地带来许多新增业态，各类业态之间的互动也促进了项目区内其他相关产业的发展，增强了区域竞争力，提高了莫干山地区的旅游价值。

2. 经济效益

莫干山计划的初步完成，成功建立了莫干山乡村生态圈系统，营造了新型的田园生活经营模式，通过清境原舍的经营和农田的附属运营，获得莫干山计划的基本运营收入，包括物业、接待、住宿等；莫干山景区的自然游览资源及文创园中相关文化产业的投入，为莫干山片区带来区域旅游业态的发展机遇，成为项目中旅游收入的来源；项目中规划的外来产业，如相关工艺品的市场经营、各类活动场地的提供等，刺激消费，带来了客观的产业收入。

3. 生态效益

项目基于原有地理优势进行开发打造，使基地发展成为交通便利、拥有合理空间布局的场所，与周边自然环境的和谐共荣共生，形成了乡村生态圈的良性循环；项目中对单一环境进行改造，遵循当地有机生长态势，丰富了生态多样性，提高了生态效益。

莫干山计划成功打造了一个兼具生态、景观、农耕、民宿、市集等多功能复合的乡村生态圈，提升了莫干山风景区的生态空间功能，提高了乡村的生活环境品质，实现了推进资源保护与开发、推进“三生”复合产业的经营与发展等多重目标。

七、总结

莫干山计划作为首次提出乡村生态圈并进行乡村改造的先驱，同时也成为了设计师们实现梦想的所在。原舍的建筑设计构思、内部装饰细节、运营管理模式；文创园中各类构筑物的建造，各个不同商铺的设计装点，无一不体现了设计师对莫干山改造计划投入的热情和付出的心血。而吸引众多设计师投入其中的最大原因，就是对于乡村生态和文化的保存和延续。城市化发展和经济增长，不应以乡村传统文化的消融为代价。因此，莫干山乡村生态圈的建设计划的开发，为之后的乡村生态圈的建设项目提供了成功的范本，让都市人对乡村文化和农地价值进行了深刻的反思，并积极投入到乡村建设中。

注释

[1] 莫干山计划由。

[2] 朱胜萱。

参考文献

[1] 郝大鹏，马敏．“地域营造”：四川美术学院虎溪校区之“公共性”解析[J]．装饰杂志社．2013（9）：37-42.

[2] 沈亦云．亦云回忆[Z]．台北：传记文学社，1968.

[3] 朱胜萱．“造乡”：从土地、民宿到激活文脉：莫干山的乡村改造试验[Z]．同济大学建筑与城市规划学院讲座．2014.

[4] 张雍容，梅茂森．莫干山庾村1932文创园、原舍建设实践[Z]．新田园主义规划，2014：32-37.

作者简介

张　顼，东联设计集团 时代建筑设计院，院长，建筑师；

黄砚清，东联设计集团 时代建筑设计院，助理规划师。

新型城镇化背景下的“农业休闲综合体”规划探索
——以永靖县黄河湿地健康养生养老绿色产业园概念规划

The Ideas of Agricultural and Recreational Complex under New Urbanization
—A Case Study of Huanghe Wetland Healthy Nursing Estate Park in Yongjing

张金波
Zhang Jinbo

[摘　要]　城市与乡村如何互动是当今城镇化进程中必须面对的重要问题，对于建设和谐社会具有重要意义。本次永靖县黄河湿地健康养生养老绿色产业园规划基于沿黄河自然资源、农业资源与土地利用，将农业和休闲游憩相结合，以农业为切入点，以景观打造为基础，引入泛旅游产业，形成以旅游休闲为导向的土地综合开发，为新一轮乡村规划提供借鉴。

[关键词]　新农村；休闲农业；旅游度假

[Abstract]　The paper emphasis on how cities interact with rural area under new urbanization.The plan of Huanghe wetland healthy nursing estate park in Yongjing based on the natural and agricultural resources, combined agriculture with recreation. In this project, agriculture as an approach introduced the broad concept of tourism industry to create distinctive landscapes, eventually formed comprehensive land development guided by tourism recreation.

[Keywords]　New Rural Area; Agricultural Recreation; Tourism

[文章编号]　2015-69-P-116

1.交通区位图
2.规划结构图
3.空间结构规划图

一、项目背景

永靖县位于甘肃中部西南，临夏回族自治州北部，境内旅游资源相对富集。黄河呈“S”形流经县域，形成炳灵峡、刘家峡、盐锅峡三大峡谷景观，构成了黄河三峡风景名胜区。同时保存着马家窑文化、齐家文化、辛甸文化、寺洼文化等古文化遗迹，被誉为“彩陶之乡”“傩舞之乡”“西北花儿之乡”及“西北工匠之乡”等，其境内古现代文化交相呼应，是黄河上游文化资源最为密集的地域之一。

发展农业休闲综合体是在“休闲农业”和“旅游综合体”的概念基础上形成的，是新型城镇化发展进程中，都市周边乡村城镇化发展的一种新模式。中国旅游在经历了20多年的快速发展后，以观光旅游为主的市场逐步向休闲度假、康体养生等多元化、中高端市场过渡，旅游产业进入系统升级新阶段。因此，旅游景区的品质也必须适应市场的文化诉求和产业升级的大趋势，并提供具有文化内涵和品位的旅游产品。永靖县域城乡二元化结构尤为突出，县域城镇首位度较高，农村发展相对滞后、“三农”问题越来越突出。因此打破城乡二元结构，实现永靖城乡一体化发展迫在眉睫。伴随着永靖城市建设的发展，人们对生态环境需求不断提高，同时贯彻临夏州政府针对黄河区域湿地在开发中保护生态的核心指导政策。作为黄河上游的罕有的处女地，绿色产业园肩负着特色功能建设与生态发展的双重使命。

二、规划范围

永靖县黄河湿地健康养生养老绿色产业园位于永靖县城西侧沿黄河水岸的五个半岛片区，太极岛的白家川村与大川村、孔寺村月亮湾、罗家川村及恐龙地质公园，永靖黄河玉带上秀美的五片锦缎编织在山水之间。总体规划面积约15km^2。

三、项目机遇与展望

伴随兰刘快速路的建设，永靖与兰州车程距离缩短仅为1小时，区域势必成为兰州都市圈最舒适休闲旅游度假胜地。基地生态景观资源良好，鱼塘、田园、果林资源丰富，清幽休闲、静心养性的绝佳胜地。此外，发展生态型健康养生养老产业不仅是国家大势所趋，也将会是园区核心主题特色。在政策驱动下，利用基地得天独厚的生态优势，可开发高品质的健康养生养老业态产品，使其成为临夏地区生态健康颐养的先驱典范。因此，在背景条件分析下，项目总体功能定位为：集健康休闲、度假养生、养老疗养及绿色观光体验农业于一体的健康颐养主题绿色产业园。在进行农业生产以及产业经营的同时，展现农业文化和农村生活，从而形成一个多功能、复合型、创新性的产业综合体。项目形象定位为：黄河养心仙境，永靖悦活绿谷。

四、规划策略

1. 空间衔接策略

结合永靖总体规划、沿黄河景观规划的空间联系，规划其空间衔接策略。永靖西侧新生态核心，最引人入胜的生态氧吧，永靖城市外围最具趣味的休闲娱乐大生态乐园。沿黄河湿地产业园形成“大区—小镇”的开发模式，打造沿黄河农业休闲旅游综合体。

永靖沿黄河景观带新空间节点：五片区作为永靖沿黄河景观带规划的延伸空间新衔接点，串联盐锅峡与刘家峡两大重要设施，与永靖沿黄河一系列结构点，形成永靖市独有的文化、景观、休闲、生态绿廊。

2. 文化融入策略

黄河沿岸及周边生态功能区旅游度假项目较多，同类竞争激烈。惯例型开发不足以带动基地活力功能，差异化开发是必然选择；包罗本土文化是生态园个性内涵。应深层挖掘太极镇，罗家川村、白家川村、孔寺村等村庄历史内涵与民俗习惯内涵，结合恐龙地质公园这一知名资源点，重点打造本地村镇主题文化景观延续传统村庄肌理、民俗养生养老活动空间及设施、恐龙主题商业休闲娱乐等个性内容，是永靖民间生活休闲健康养生文化的缩影。

3. 产业策略

在农业的基础上延伸产业链条，增加服务功能，以沿黄河湿地资源和农业为依托，集合观光休闲、农业生产、商务疗养、养老养生相关功能为一体。依托水塘与农田果林资源开辟一产与三产结合的新型绿色休闲农业。永靖大枣，栽种历史悠久，产品附加价值极高，利用现状果林条件，通过大枣的深加工延伸产业链，如栽种休闲体验、枣类主题文化展示交易、枣品养生加工贸易等新型服务业。黄河鲤鱼作为特色水产资源，基地适宜发展鱼文化博览、鱼文化休闲娱乐、鱼养生加工、鱼养生烹调科普体验等高附加值的三产服务业。结合现状优质生态自然条件与永靖生态旅游发展思路，适宜发展以健康为主题的产业业态与活动。健康休闲农业、健康乐活运动、健康养老服务、健康商企休闲疗养可作为各板块核心产业积极发展。

五、规划蓝图

1. 规划结构

一带、五区、多环、多节点镶嵌的总体空间结构，使场地成为多功能，多体验，多亮点的完善休闲系统。

一带：黄河生态风光带；

五区：分别为都市田园区、仙踪趣园区、鹤发颐园区、荷塘驿园区和美丽乡村区；

多环：为各分区休闲游憩环；

多节点：各功能节点。

太极岛大川村片区：健康休闲田园——都市田园。以绿色休闲农业、绿色养生和休闲娱乐等为核心的功能板块。

太极岛白家川片区：健康乐活运动——仙踪趣园。以户外健康运动、养心休闲为主体功能的生态板块。

孔寺村月亮湾片区：健康养老社区——鹤发颐园。以适老化服务、适老化居住、助老保健康复护理等主要功能的生态养老片区。

恐龙地址公园片区：健康商企天地——荷塘驿园。以商务疗养、休闲活动、商务旅游和商务高端接待为特色功能的度假旅游板块。

罗家川村片区：健康度假小镇——美丽乡村。以田园度假、乡村生活体验为主的城市旅游服务基地。

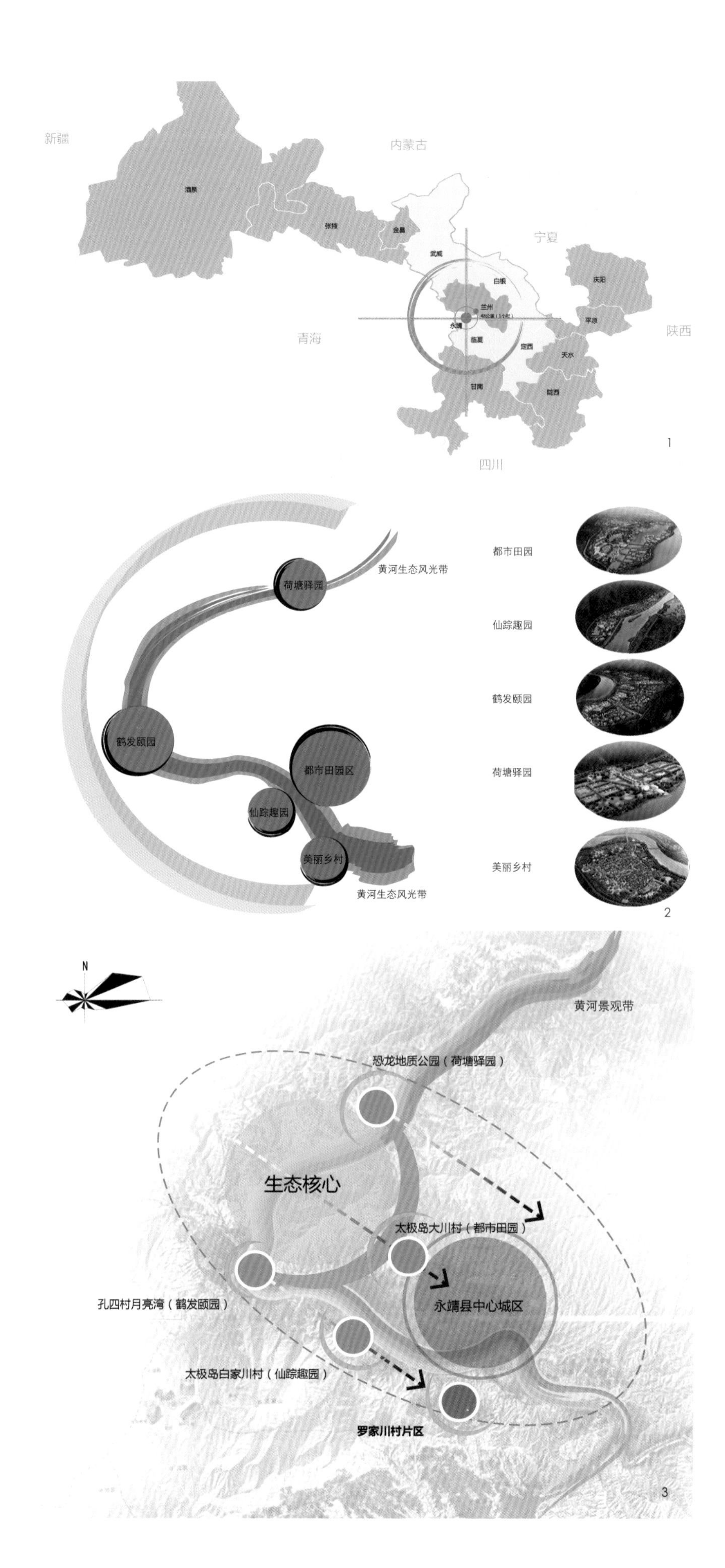

4.都市田园、仙踪趣园平面图
5.鹤发颐园平面图
6.都市田园鸟瞰图
7.鹤发颐园鸟瞰图

2. 分区详细介绍

(1) 黄河生态风光带——让永靖回归黄河

依托秀美的黄河自然风光资源，保留滨河防护林生态功能的连续性、完整性。将旅游通道设计成一条运动道、观光道、休闲道。横向串联滨河各旅游景点和城市开放空间。形成永靖县一条生态游憩绿道。

(2) 都市田园区 (太极岛大川村片区) ——生态农业+城市第二居所+文化创意+休闲度假游憩

都市田园紧邻城区，面积约5.48km^2。场地内田、林、水、村作为特色景观资源，是整个田园景观形成的重要元素。规划后的都市田园区生态枣林和农田环绕村庄，水网交织、功能复合、充满活力。都市农业园、水乡小镇、婚庆小镇三类健康绿色休闲产品可促进传统农业转变为现代乡村景观风貌，形成园区内一站式综合游憩目的地。都市乡村通过对大川村村庄的空间优化和环境品质提升，形成一个兼具旅游与休闲度假于一体的特色乡村旅游小镇，为园区提供餐饮、住宿、休闲商业和文化展示等配套服务。都市农庄提供了规模化的休闲农业体验综合体，并且为回归田园的都市人提供创意办公空间和第二居所。现代农业研发展示、农产品生产吸引城市富裕阶层投资，租赁村民住宅或土地成为其第二居所，为各业精英提供田园修养和交流空间。水乡小镇在现状坑塘的肌理上进行生态营造和恢复，利用湿地的自然恢复治理能力及对雨水的收集，为水生生物、水鸟等提供栖息地。开发湿地生产、教育和体验功能，并与渔业生产生活、养生休闲度假相结合形成以渔文化为主题的养生度假中心。婚庆小镇以田园为背景，滨临中央景观湖。利用优质的景观资源，开发婚庆旅游产品，打造浪漫户外婚纱摄影基地。

(3) 仙踪趣园 (太极岛白家川村片区) ——城市第二居所+户外运动休闲

仙踪趣园呈带状，与城市隔河相望，面积约3.15km^2。场地现状资源以坑塘、林地和村庄为主。规划依托良好的场地资源打造以汽车营地和露营地、垂钓为主的都市户外运动休闲基地，以静修和锐意建筑设计展示为主的都市高端度假中心。

(4) 鹤发颐园 (孔寺村月亮湾片区) ——绿色健康养老

鹤发颐园位于黄河河道转弯处，山体环抱、面朝宽广的水面，面积约3.50km^2。特色的场地位置形成宜居的小气候区。规划利用场地特色进行以养老养生为主要功能的产品开发，打造黄—湟经济带上的特色生态养老社

6

7

8

9

8.荷塘驿园鸟瞰图
9.美丽乡村鸟瞰图
10.荷塘驿园平面图
11.美丽乡村平面图

区。规划尊重生态的自然过程，依据周边山体径流形成的指状发散的结构特征作为场地规划的结构特色，并进行场地的雨水收集与利用，形成环状的开放空间。保留一部分现状村庄，通过梳理融入业态，并结合老年大学、医院和中心酒店形成社区的公共服务中心。以台地为特色，利用地形高差，形成高低错落的台地院落式社区，以梯级药草花田为特色的花田社区两种类型。中央雨水收集形成的康体公园带，配以各种养生体验馆和老年护理院形成的养生服务带。对于现状的滨水滩涂地，则通过场地梳理形成湿地公园，营造良好的生态氛围。

（5）荷塘驿园（恐龙地质公园片区）——健康休疗养

荷塘驿园位于城市郊区，紧邻恐龙地址公园，面积约1.69km^2。具有良好的自然环境、区位和交通条件。场地现状为大面积的坑塘湿地。该区规划依托地质公园的人气拉动、良好的自然资源优势及周边城市企业需求。规划以林地、荷塘为基底，发展体检、休疗养、度假，满足商务和高端客户的需求。

（6）美丽乡村（罗家川村片区）——田园度假、乡村生活体验

美丽乡村片区位于城区南侧罗川村，紧邻罗家洞寺，面积约1.2km^{2}场地现状以田、林和民居为主的乡村景观资源以及罗家洞寺宗教文化。该区是位于城市的入口，与沿黄河湿地产业园形成大区——小镇的开发模式，打造未来承载城市旅游服务中心。并将该项目作为绿色产业园的引爆点。以乡村体验为特色的旅游接待中心结合乡村集市和都市农园为都市游客提供诗意的栖息地。

六、结束语

规划“大景区”的复合结构形态，是资源整合的“驱动器”，产业价值的“放大器”，城乡共生的“交响曲”，是区域发展的“发动机”。依托良好的自然资源，制定1+3的产业发展策略，走有机农业之路提升一产，走休闲农业之路做强三产。三产与一产相结合，拳拳组合。同时，将都市人群引入农村带来新产业、新技术及资金与消费需求。激活农村的潜力，成为农村发展的新契机，实践当代新三农主义。

作者简介

张金波，上海同济城市规划设计研究院，规划设计师。

诗意田园的度假生活：有机农业与度假项目的互动发展
——福建省永定 “碧云深”台湾农民创业园概念规划

Garden Life: Interactive Development of Organic Agriculture and Resort Projects
—Concept Planning of "Green Blossom" Pioneer Park for Taiwan Farmers, Yongding County

杨 迪
Yang Di

[摘 要] 永定“碧云深”台湾农民创业园概念规划结合当地人文山水优势，把握国际生态旅游与有机农业发展趋势，深度挖掘特色农业资源和地域人文资源，以“生态度假、有机农业”为发展基调，以“山景四奇”“水景四绝”“生态五谷”“人文四居”为开发主题，融健康、休闲、文化、浪漫、田园、度假、运动、体验、生态等功能于一体，打造成独具特色与风情的国际化生态旅游度假区——“碧云深”台湾农民创业园。

[关键词] 农民创业园；生态旅游度假区；有机农业；有机生活

[Abstract] The Yongding "Deep Green" Taiwan farmers Pioneer Park concept plan combs local cultural landscape advantage, and grasps the international eco-tourism and organic agriculture trends, also explores feature agriculture resources and regional human resources. With "eco-resort, organic agriculture" for the development of the tone, "the four Mountain View", "four greet waterscape", "eco-grains", "four Humanities houses" for the development of the theme, combing health, leisure, cultural, romantic, idyllic, holiday, sports, experiences, ecological and other functions in one, to build a unique style and international eco-tourism resort - "Deep Green" Taiwan farmers Pioneer Park.

[Keywords] Farmers Pioneer Park; Eco-tourism Resort; Organic Farming; Organic Life

[文章编号] 2015-69-P-122

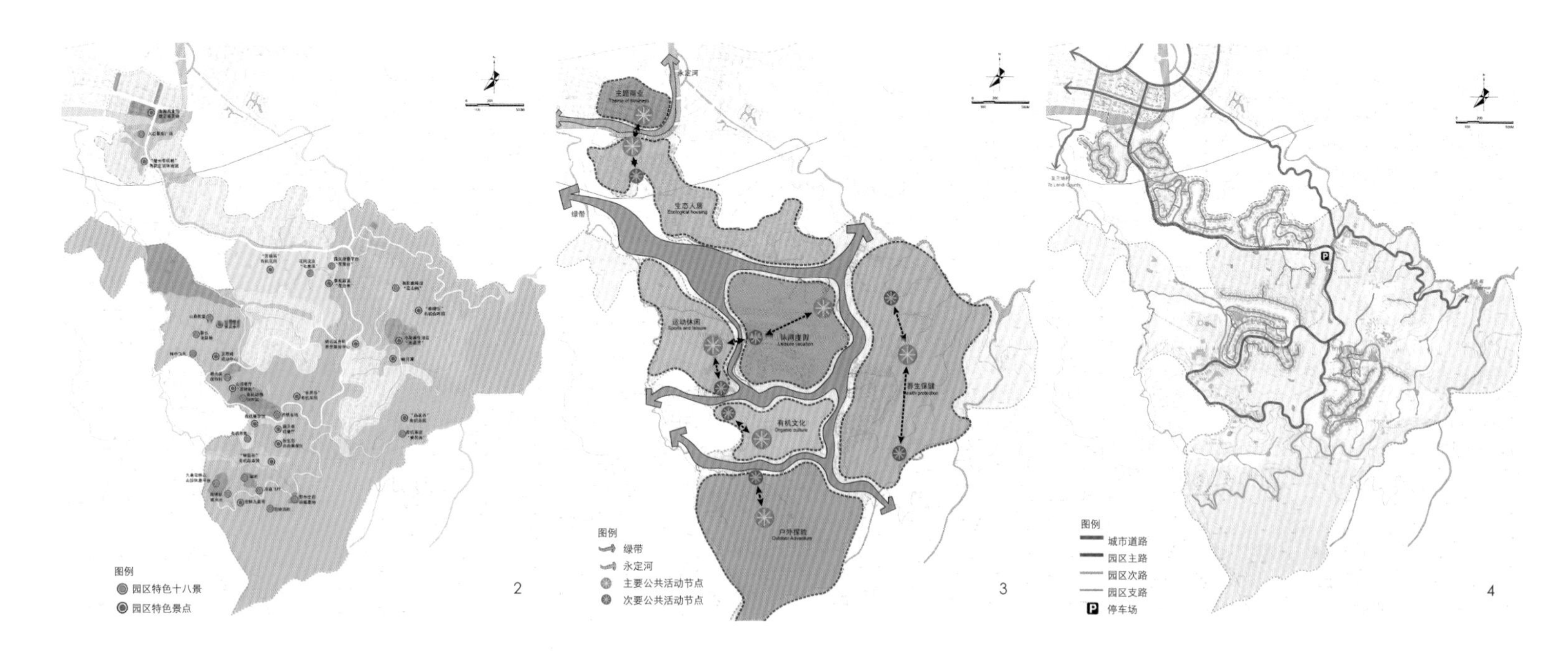

1.总鸟瞰图
2.景点分布图
3.功能结构规划图
4.道路体系规划图

一、引言

台湾农民创业园是政府为促进两岸农业交流合作，在已有的合作政策上，为台湾农民提供更土地优惠、税收扶持、减免地方规费等创业扶持政策，由农业部会同有关部门设立的针对台湾农民和台资农企的创业园。始于福建，推向全国。自2005年起，约已有29个国家级台湾农民创业园建成。

这些园区能够运用先进的有机种植技术、供应新鲜有机的农产品、培育优良品种繁育，但除了媒体宣传和农业技术人员研究外，基本不被广大的普通民众关注。因为这些园区主要功能都是农业生产，功能单一，其开放性、游览性、互动性都较低，对于有机农业、有机文化的宣传上效果并不显著。

本项目借永定台湾“碧云深”农民创业园发展的契机，充分发掘项目潜质，开拓其复合性功能，营造中国首屈一指的有机农业基地，发展具有国际视野的生态旅游度假区，在度假中感受有机农业、有机生活理念。

二、项目概况

本项目位于中国福建省龙岩市的永定县，距厦门142km、泉州216km、福州376km。本项目占地746hm^2，西南接广东省梅州市大埔，东边是永定县一级水源地——龙硿水库，大部分的用地为永定果林场，植被茂盛，永定河自西向东从基地北部穿过。

本项目业主方拥有大量先进有机农业技术的台湾客户，永定气候温润，人工、土地成本低，很多客户对在永定发展有机农业有较大的投资意向。

“十二五”期间福建旅游业对休闲度假产品开发大力扶持，本项目立足全省宏观环境与业主方自身的优越条件，利用当地频繁的闽台交流、优良的农业基础，打造高端、家庭化、养生化的有机休闲度假旅游区。

三、项目整体定位

永定县有世闻名的世界文化遗产——永定土楼，周边也开发了很多人文及自然景观类旅游项目，如初溪土楼群（人文景观）、中川古村落（人文景观）、王寿山（自然景观）等，但大多都停留在旅游度假最初级的观光阶段，景区项目较单一并缺乏联动性，旅游配套不足，家庭度假式旅游产品缺乏，缺少高品质的居住度假空间，无法留住游客，也无法满足周边人群日益升温的休闲度假需求。游客大多以一日游为主，对于当地旅游业发展助益不大。

通过整体大环境研究及现状村庄、植被、水系、景观性等各方面资料的梳理，立足区域内独特的原生态风貌、丰富的山地自然资源、可供挖掘的客家文化特色，借台湾农民创业园在内地大力发展的契机，突出“生态之谷”“浪漫之山”“温润之泉”“品味之家”的主题，以绿色为脉，以生态为魂，巧妙串起“碧云新天地”“缤纷七里溪”“浪漫水中央”“动感云霞峰”“生态翠微岭”“密林九曲弯”等七大主题休闲度假功能项目和“芳菲谷”、“香茗谷”“水果谷”“咖啡谷”“鲜蔬谷”五大特色生态农业项目。以有机农业为基础，完成“有机农业－有机产品－有机理念－有机生活”转化，引导度假区游客及周边人群步入“有机生活”，营造中国首屈一指的有机农业基地和生态有机度假区。

本项目的规划不仅在永定周边，整个福建省都具有独特性。它不仅仅是一个两岸农业合作交流基地和生态度假区，一个开展有机农业体系和有机生活理念的推广平台，一个提供有机生活有机环境的生态宜居社区，而且它还将成为永定周边的旅游链上重要的一个节点，与周边景点形成互补，产生联动，完善和提升了当地旅游市场体系及配套。

四、项目理念

近十几年来，社会高速发展带来的环境的污

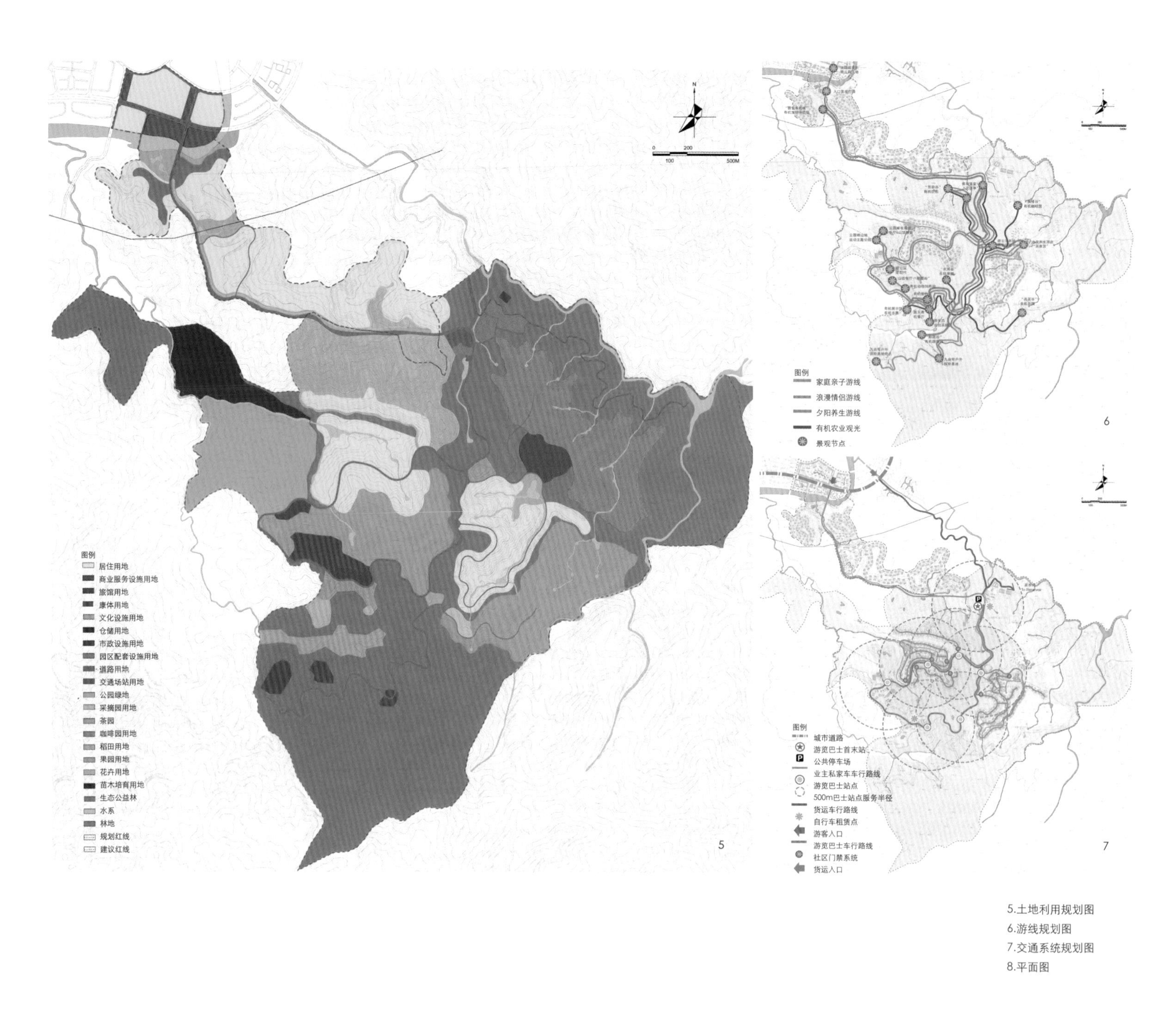

5.土地利用规划图
6.游线规划图
7.交通系统规划图
8.平面图

染、生活节奏的加快等让都市居民越来越身心俱疲，人们在反思与探索中，开始关注国外引进的有机农业及有机生活理念。

“有机生活”，是一种对环境友善、有利身心健康的、负责任的生活方式。普遍的观点包含以下方面：重拾敬仰自然的价值观；尽量选择本地当季有机食材，支持公平贸易；在护肤、家装和服饰等方面尽量选择天然无污染、低碳环保的产品；养成健康的生活习惯，按时作息，坚持锻炼身体；在点滴小事中实践环保；拥有积极的生活态度，追求内心世界的丰富和宁静等。

有机生活最根本的基础就是有机农业。有机农业是遵照特定的农业生产原则，在生产中不采用基因工程获得的生物及其产物，不使用化学合成的农药、化肥、生长调节剂、饲料添加剂等物质，遵循自然规律和生态学原理，协调种植业和养殖业的平衡，采用一系列可持续的农业技术以维持持续稳定的农业生产体系的一种农业生产方式。

本项目将养生度假与有机农业相结合，将适合当地种植的农业产品——蔬菜、水果、茶叶、咖啡、花卉这五大类分成五个有机种植园区，以有机农业和生态的自然风光吸引度假人群，游客在节假日里举家出游，花香鸟语中，感受有机农业，体验绿色健康。游客们在游乐的同时，也购买了有机产品，带动了有机农业的发展，传播有机生活理念。

不仅仅是农业产品采用有机方式种植，园区中的生活社区用品、交通出行、道路设计、水处理、垃圾处理方式等，有遵循可持续发展的有机生活理念，采用生态环保的方法，从而达到人与自然和谐发展，充分符合“生态型”“有机型”国际旅游度假区的定位。

五、布局

在规划过程中，遵循地形地貌，秉承自然资源合理利用及人性化尺度开发原则，以确保本案成为一个高品质生活与美好环境及旅游项目开发共生的高端旅游度假区。设计的整体目标是利用当地独特的生态资源和自然环境，保留其特色并实现可持续发展。

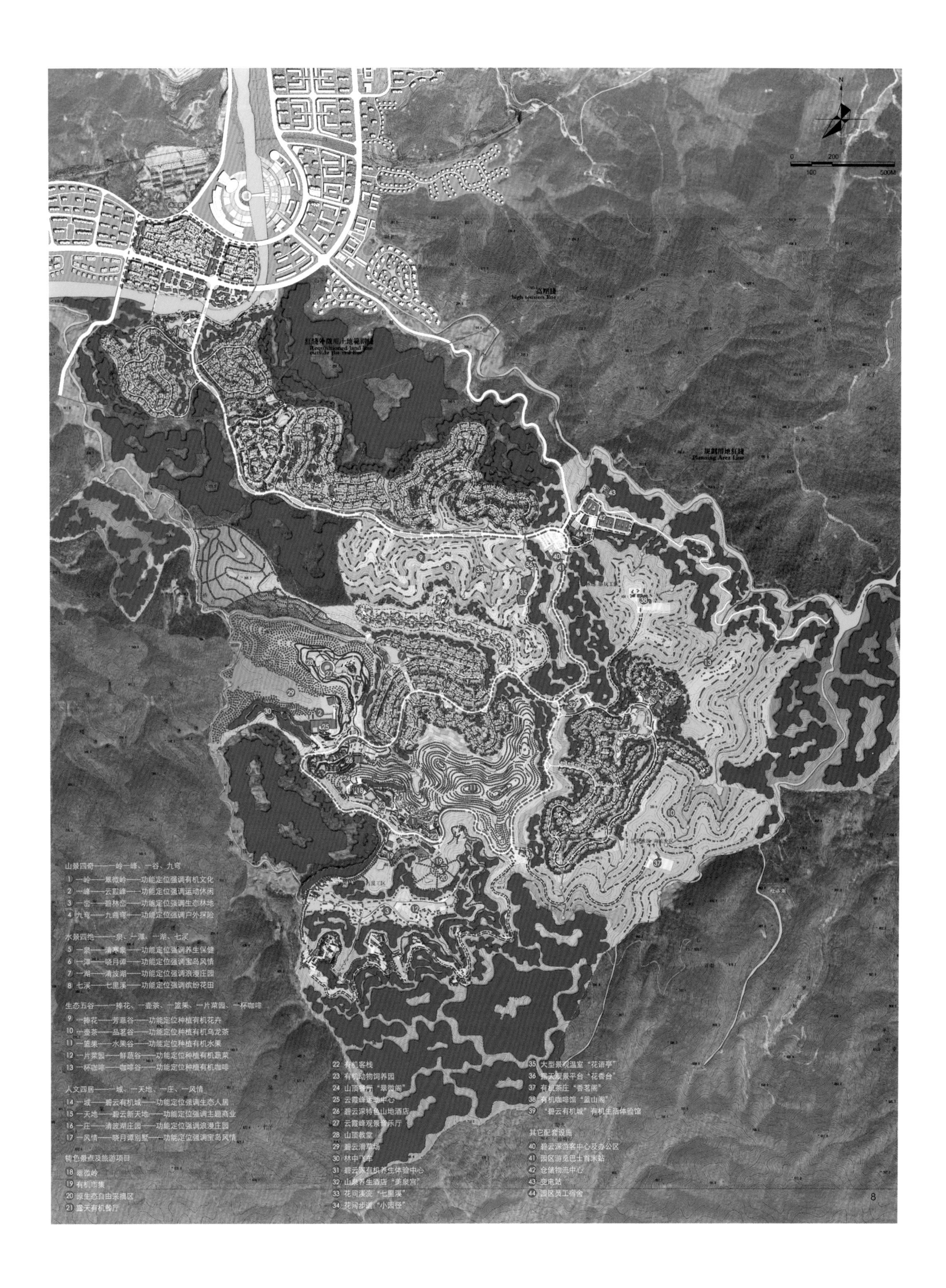
N
0 100 200 500M
高压线
High tension line
规划用地红线
Planning Area Line
山景四奇——一岭一峰、一谷、九弯
1 一岭——翠微岭——功能定位强调有机文化
2 一峰——云霞峰——功能定位强调运动休闲
3 一峦——碧林峦——功能定位强调生态林地
4 九弯——九曲弯——功能定位强调户外探险
水景四绝——一泉、一潭、一湖、七溪
5 一泉——清寒泉——功能定位强调养生保健
6 一潭——晓月谭——功能定位强调宝岛风情
7 一湖——清波湖——功能定位强调浪漫庄园
8 七溪——七里溪——功能定位强调缤纷花田
生态五谷——一捧花、一壶茶、一篮果、一片菜园、一杯咖啡
9 一捧花——芳菲谷——功能定位种植有机花卉
10 一壶茶——品茗谷——功能定位种植有机乌龙茶
11 一篮果——水果谷——功能定位种植有机水果
12 一片菜园——鲜蔬谷——功能定位种植有机蔬菜
13 一杯咖啡——咖啡谷——功能定位种植有机咖啡
人文四居——一城、一天地、一庄、一风情
14 一城——碧云有机城——功能定位强调生态人居
15 一天地——碧云新天地——功能定位强调主题商业
16 一庄——清波湖庄园——功能定位强调浪漫庄园
17 一风情——晓月谭别墅——功能定位强调宝岛风情
特色景点及旅游项目
18 翠微岭
19 有机市集
20 原生态自由采摘区
21 露天有机餐厅
22 有机客栈
23 有机动物饲养园
24 山顶餐厅“翠微阁”
25 云霞峰运动中心
26 碧云深特色山地酒店
27 云霞峰观景音乐厅
28 山顶教堂
29 碧云滑草场
30 林中飞车
31 碧云深有机养生体验中心
32 山泉养生酒店“美泉宫”
33 花间溪流“七里溪”
34 花间步道“小园径”
35 大型景观温室“花语亭”
36 露天观景平台“花香台”
37 有机茶庄“香茗阁”
38 有机咖啡馆“蓝山阁”
39 “碧云有机城”有机生活体验馆
其它配套设施
40 碧云深游客中心及办公区
41 园区游览巴士首末站
42 仓储物流中心
43 变电站
44 园区员工宿舍
8

园区主路道路断面2

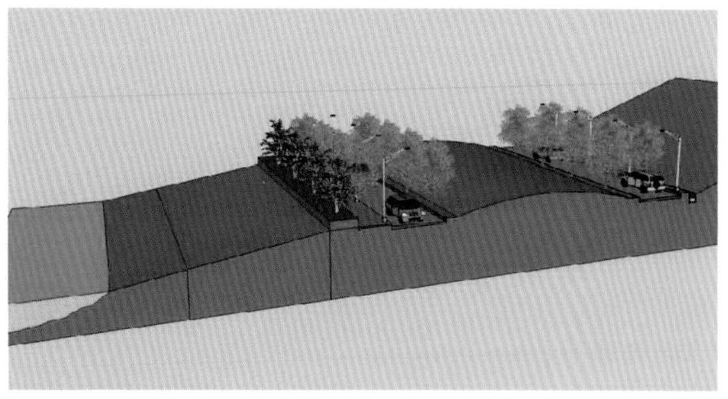

园区主路道路断面3

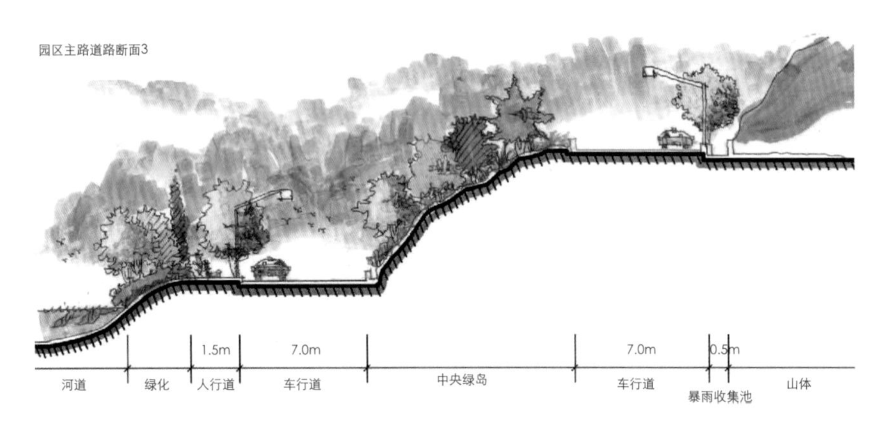

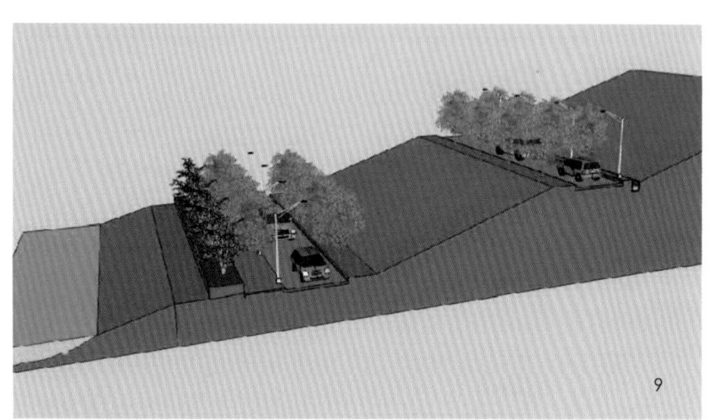

9

9.道路断面设计
10.生态翠微岭鸟瞰图
11.碧云新天地鸟瞰图

根据对度假区功能定位及场地研究，主要分为主题商业、有机社区、山地运动、休闲度假、养生保健、有机文化体验、户外探险七个功能组团，由一条园区主路串联起这七个功能区，五个种植园区穿插其中，与各个功能组团形成互动关系。整体空间结构形成“七组团、七中心、多节点”的格局，各个分区以林地或花田、果林所组成的绿带分隔。

各个功能组团的开发依据现状地形及用地功能，合理的开发用地。基地南部山地丘陵较多，开发强度相对较低；基地北部地势较好利用改造，而且作为主题商业与有机社区，人流量较大，开发强度也相对较高。

七大组团功能策划：

（1）以“岭”为主题，翠微岭为核心，功能定位强调有机文化的“生态翠微岭”

“生态翠微岭”作为整体碧云深度假区的核心区，是一个让游客们感受有机文化、体验有机生活的平台。所以这里不仅有有机会议中心、有机农业展示馆等展示和交流的空间，还有山顶餐厅“翠微阁”、有机集市、有机客栈、原生态自由采摘区等生活体验项目，让游客在远离都市繁忙、放松身心的游乐和度假生活中感觉有机文化对日常生活的改善。

山顶餐厅与观景平台坐落在区域至高点，可以俯瞰整个山谷，景观私密性好。露天的有机集市，同时也是有机农产品的批发拍卖中心，并配有专业物流，提供便捷周到的交易服务。

（2）以“谷”为主题，一谷九弯为核心，功能定位强调户外探险的“密林九曲弯”

在项目的最南侧，密林如雾，高山如幕，小路弯弯，流水潺潺，地形最为复杂，也是生态植被最为丰富的地块，规划了较为小众的户外探险功能，利用现状的九曲山路与密林，在每个转弯处设置丰富的户外项目，如嬉水、弹跳、拓展、攀岩、滑道等，随着道路的前行，项目难度逐步加大，让游客充满挑战与刺激感。

九曲山路下的山谷中种满了有机稻谷，还可吸引游客前来采摘和体验农业生活，并作为青少年生态营地的主要活动场所，为青少年提供有机农业知识的科普基地，小溪天然分隔出各个种植区，田头溪边，散落着数个农家小院，为探险归来的游客们提供美味可口的有机农家菜。

（3）以“峰”为主题，云霞峰为核心，功能定位强调运动休闲的“动感云霞峰”

“动感云霞峰”组团环云霞峰而布，以山地运动为主打，规划了带有标准泳池的运动中心、滑草场、小孩子游乐的林中飞车，而山顶上是360°观景音乐厅和悬挑出去的婚礼教堂，它能俯瞰整体区域山景。

运动中心的旁边还有依地形层层渐退的五星级特色山地酒店，设施与服务皆以高端为准，打造尊崇度假体验，酒店拥有VIP独栋观景客房、度假景观套房及各种娱乐配套设施，满足不同人群的度假需求。

（4）以“泉”为主题，一泉一潭为核心，功能定位强调养生保健的“浪漫水中央”

绿色的咖啡树缭绕眼前，淙淙山泉涤荡心灵，美泉宫以此得名。外观质朴的酒店建筑及多栋度假小筑，配备特色开放汤池及其他一流设施，为游客提供放松身心的休闲住宿体验。集茶叶与咖啡的加工、展

10

11

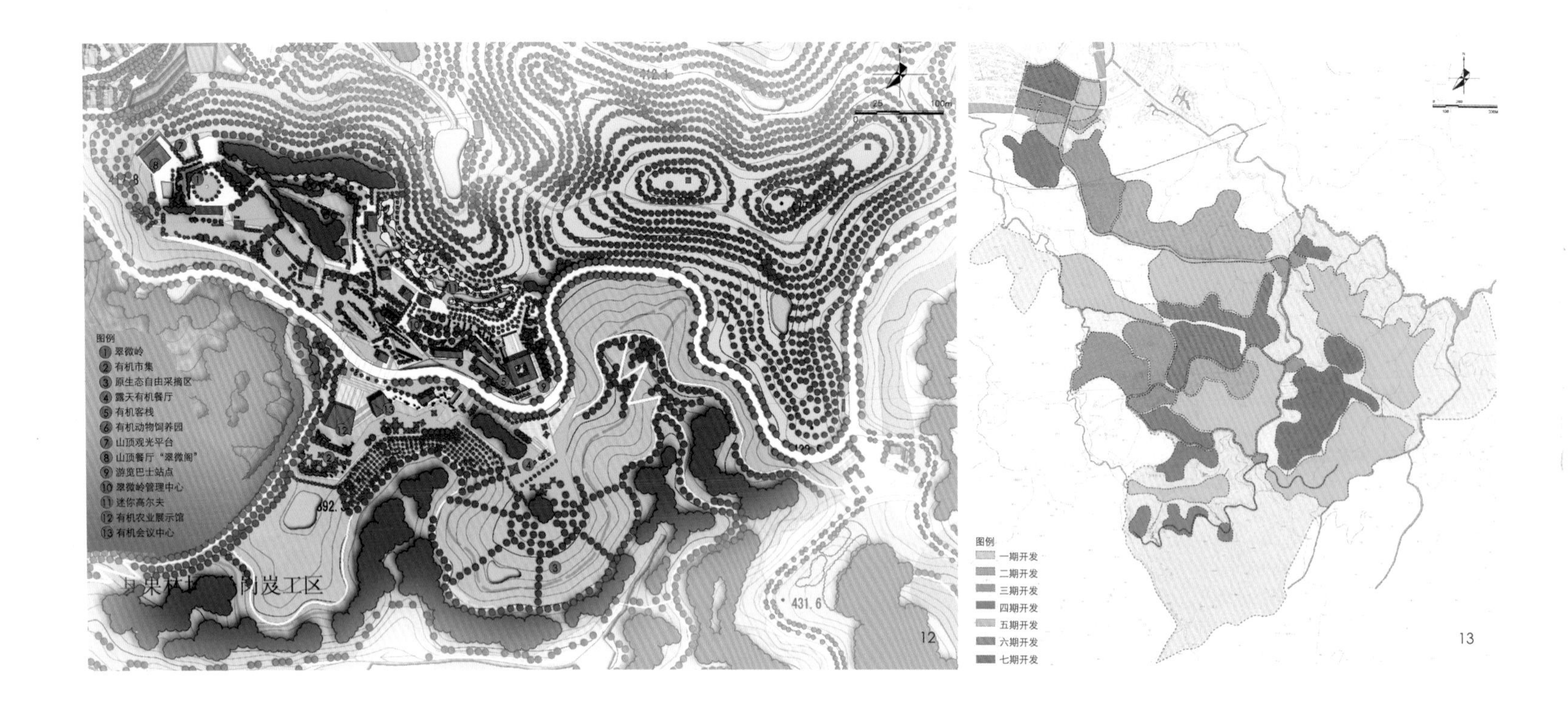

12.生态翠微岭平面图

13.分期开发规划图

示、品尝、观赏于一体的种植园，充分利用山地的地势，登高远眺，观览山水，心无挂虑，品茗休闲。

（5）以“溪”为主题，一湖七溪为核心，功能定位强调休闲度假的“缤纷七里溪”

芳菲谷里栽种各种有机花卉，内部还有小巧的休息亭、蜿蜒的小径、幽静的水池、流淌的溪水供人们在花田中散步、游玩，小憩……沐浴于千百种颜色，千百种芬芳的满园美景之中。大型温室花语亭，玻璃结构与流线造型营造出轻盈与透澈感，与整个山地生态融为一体。电脑自动化管理的温室系统培育各种花卉植物。温室内有原始生态区、热带植物区、珍稀花卉区、风情咖啡吧等。

（6）以“有机”为主题，功能定位强调生态人居的“碧云有机城”

入口景观广场塑造入口的开阔空间，是园区与外界道路的分界点，入口处利用山体落差巧妙造出入口的标志，气势恢宏。连接城区和景区的桥梁由飞舞的蝴蝶为原型，演变成了美丽的蝴蝶桥。作为入口的生态景观大道，“绿谷大道”宛如一串珠链，将沿路的山光、水色、建筑、人文串连起来。大道两侧种植常绿高大乔木，衬以灌木和草坪，点缀以四时花卉，配合大小不一的中心绿岛，演绎移步换景的道路景观。造型精致的有机生活展示馆不仅为社区居民提供有机生活用品，还可让游客参观体验有机生活的点点滴滴。

（7）以“休憩”为主题，功能定位强调主题商业的“碧云新天地”

碧云新天地主题商业街不仅为园区游客与社区居民提供休闲娱乐的空间，也让人与当地传统特色文化有了沟通与交流的平台。主题商业街分为东西两个街区，西区主要以特色商业为主，集台湾美食街、超市购物城、童心游乐园于一体，东区主要有文化娱乐为主，小型露天表演舞台、时尚电影院、滨河风情吧等特色文化娱乐项目。

六、结语

有山有水，天时地利。福建永定“碧云深”台湾农民创业园将会是：对接新政策的台湾农民创业，建立两岸农业合作交流基地；面向全中国的有机农业示范区，开展有机农业体系推广平台；辐射大福建的生态度假养生地，营造健康快乐宜人生态之谷；服务永定县的滨河品质文化居，建设最美最绿宜居旅游名镇。

参考文献

[1] 福州市规划设计研究院．永定县城市总体规划（2009—2020年），2009．

[2] 中国旅游设计院，陕西省旅游设计院．永定县旅游发展总体规划（2008—2020年），2008．

[3] 上海同济城市规划设计研究院．永定县书院古镇片区城市设计，2010．

[4] 龙岩市统计局．龙岩市统计年鉴，2012．

作者简介

杨　迪，美国W&R国际设计集团，项目总监。

项目组成员：刘江泉 孙璐 沈靓晔 付顺鹏 傅谈君 葛岚 Sara Gala Domingo